文化伟人代表作图释书系

非凡的阅读

从影响每一代学人的知识名著开始

知识分子阅读，不仅是指其特有的阅读姿态和思考方式，更重要的还包括读物的选择。在众多当代出版物中，哪些读物的知识价值最具引领性，许多人都很难确切判定。

"文化伟人代表作图释书系"所选择的，正是对人类知识体系的构建有着重大影响的伟大人物的代表著作。这些著述不仅从各自不同的角度深刻影响着人类文明的发展进程，而且自面世之日起，便不断改变着我们对世界和自身的认知，不仅给了我们思考的勇气和力量，更让我们实现了对自身的一次次突破。

这些著述大都篇幅宏大，难以适应当代阅读的特有习惯。为此，对其中的一部分著述，我们在凝练编译的基础上，以插图的方式对书中的知识精要进行了必要补述，既突出了原著的伟大之处，又消除了更多人可能存在的阅读障碍。

我们相信，一切尖端的知识都能轻松理解，一切深奥的思想都可以真切领悟。

The System of
the World

潘海璇 / 译

宇宙体系 （全译插图本）

〔英〕艾萨克·牛顿 / 著

重庆出版集团 重庆出版社

图书在版编目（CIP）数据

宇宙体系 / (英)艾萨克·牛顿著 ; 潘海璇译. —重庆：
重庆出版社，2023.2
ISBN 978-7-229-17519-1

Ⅰ. ①宇… Ⅱ. ①艾… ②潘… Ⅲ. ①宇宙学
Ⅳ. ①P159

中国国家版本馆CIP数据核字（2023）第024823号

宇宙体系
YUZHOU TIXI

〔英〕艾萨克·牛顿 著　 潘海璇 译

策 划 人：刘太亨
责任编辑：赵仲夏
责任校对：杨　媚
封面设计：日日新
版式设计：曲　丹

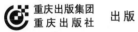 重庆出版集团 重庆出版社 出版

重庆市南岸区南滨路162号1幢　邮编：400061　http://www.cqph.com

重庆市联谊印务有限公司印刷
重庆出版集团图书发行有限公司发行
全国新华书店经销

开本：720mm×1000mm　1/16　印张：21.75　字数：310千
2023年4月第1版　2023年4月第1版第1次印刷
ISBN 978-7-229-17519-1
定价：58.00元

如有印装质量问题，请向本集团图书发行有限公司调换：023-61520678

对于牛顿，没有什么可说。他开启了物理学，以后，我们的世界便有了"物理学"。

这本书，是两部英文版图书的翻译合集。一部是《宇宙体系》，一部是《笛卡尔与牛顿》。前一部是牛顿的原著。后一部从《牛顿研究》中选出，为哈佛大学1956年版本，是对笛卡尔和牛顿的比较研究，可以作为补充材料，或者阅读的延伸。

我们不遗余力地维护"原本翻译"，故说明。我们编辑这本书，目的是重新点燃"火炬"，一股"天才"之火。这"火炬"揭示了万有引力，洞烛黑暗天空。自中学一年级开始，初学力学，便知牛顿。但唯有读罢原著，才能晓悟何为"万有引力"——我们生活在大地上，大地生存在无边无际的宇宙中，相邻物体，引力勃发。

《宇宙体系》，根据英文版书名*The System of the World*，应是误译，译为"世界及以外的体系"，或"太阳系体系"，更为恰当。但因约定俗成，我们仍沿用此译名。宇宙万物中，我们不知道的，如恒河沙数。本书脚注，除特别注明之外，均为译者注。

翻译是一门艺术也是一门技术，是终身劳作，绝非一日之功。毫无疑问，在本版本中，或有词不达意处，或有理解偏移处，在所难免，还望各位读者海涵。在阅读本书之后，如欲深研，还望阅读英文原版。是为序。

艾萨克·牛顿（Isaac Newton，1642—1727年），英国科学家。他第一次构建了宇宙体系，定义了一个完备的宇宙。这幅牛顿像现由大英博物馆收藏。

牛顿故居，位于英格兰林肯郡沃尔斯索普内。此房屋现为牛顿博物馆。

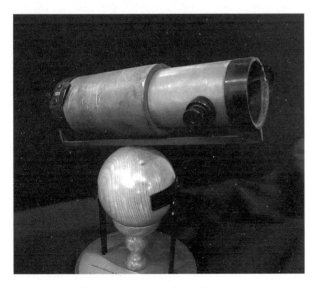

牛顿1672年使用的6英寸反射望远镜复制品，现为英国皇家学会所拥有。

目 录 CONTENTS

附录 / 85

宇宙体系

　　于自然界中，要发现真相，并没有想象的那么简单，往往十分隐秘。上帝说："让牛顿出世吧。"

　　于是，光明便来到了。

——萧柏

[1] 天体是运动的

在哲学的最早期，古人认为天上的恒星是固定不动的，它们位居世界的最高部分。在恒星之下，行星群绕着太阳周而复始运行。地球，作为行星之一，每年绕太阳运行一周。与此同时，地球的日夜运动，揭示出地球有自己的轴。太阳位于宇宙中心，是"公共的火焰"，温暖整个宇宙。

这不仅是菲洛劳斯的思想。萨莫斯岛上的阿利斯塔克，盛年的柏拉图，以及一整个毕达哥拉斯学派，亦是此思想。这也是阿那克西曼德（希腊哲人阿那克西曼德，生物学家，地理学家，天文学家，绘制过世界地图）的思想。古罗马的贤王，努玛·彭皮留斯，建造了圆形的寺庙，在其中心点燃一堆永不熄灭的火焰，以此象征太阳为中心的世界，并供奉罗马女神维斯塔。

一开始，埃及人就观察过天空。或许从那时开始，哲学便从埃及传遍世界，流行于各国。与埃及人相邻的古希腊人——一个喜爱研究哲学胜过研究"自然"的民族，正是由此首创了他们最初也是最完美的哲学。在供奉维斯塔的典礼中，我们依然能感觉到何为古代的"希腊人"的精神。他们以宗教仪式和象征文学的形式，表达了他们的神秘主义、他们的哲学。他们关于事物的看法高于一般的思维方式。

无可否认的是，在这一时期前后，阿那克萨戈拉、德谟克利特以及其他人，提出了地球作为中心，行星绕此中心向西旋转运行的学说，这些行星有的运行较快，有的运行较慢。

天体是自由运行的，不受阻力影响。前文提到的两派学说均持此观点。至于"天体具有实体轨道"的设想，则产生较晚，是后来的事。由欧多克索斯、卡利普斯、亚里士多德提出。其时，古埃及哲学已开始衰退，被古希腊哲学代替。

可是，彗星却是个例外，彗星现象不能用当时的轨道学说解释。迦勒底人，那个时代最博学的天文学家们，认为彗星（在此之前，彗星被普遍认为属于行星），是特别的行星。它们沿偏心轨道而行，当其公转一周，并下降至其轨道的较低部分时，才会被人们观察到。

□ **彗核喷射**

本图描绘的是彗核喷出气体射流和尘埃的情景。抛离彗星的气体被太阳风吹到了后面。

当"实体轨道"的假说流行时，学者们必然得出这样的结论：彗星应位于月球之下的空间中。所以，当后来天文学家观测到彗星位于它们古时所处的较高位置时，就必须把"实体轨道"这一累赘的假说从天体空间中清除掉。

[2] 在自由空间中圆周运行的原则

在这之后，我们就不清楚古人如何解释下面这个问题：行星是如何在自由空间中，偏离其本应遵循的直线轨道，而有规律地按曲线轨道环行的呢？或许用"实体轨道"的假说来解决这一问题，也能让人感到些许满意。

再后来，仍有哲学家试图解释这一问题。他们要么是像开普勒和笛卡尔那样，认为这是涡旋的作用；要么是像博雷利、胡克和英国的某些学者那样，认为是其他推动原理或吸引原理。因为按照运动定律，行星的这些现象无疑是由某些力的作用或别的作用引起的。

但我们的目的，仅仅是从现象里探究这种力的总量和性质，并利用我们在某些简单情况里发现的原理，以数学的方式来预测较为复杂情况下的效果。因为直接地、实时地观察每个特例，是件无穷无尽的事，也是不可能的事。

□ 笛卡尔

笛卡尔，西方近代哲学之父，解析几何之父，是一位深受西方人尊敬的科学家、思想家。

我们曾用数学的方式探讨过，要避免一切涉及这种力的本性或属性的问题。这些问题不是我们用某种假设就能弄清楚的。

因为这种力指向一个中心，我们用"向心力"来称呼它；又因为它与位于中心的特定物体相关，所以我们称之为"环绕太阳的力"（简称环日力），"环绕地球的力"（简称环地力），"环绕木星的力"；和其他中心物体相关的力，也同样用这种方式称呼。

[3] 向心力的作用

如果我们思考一下抛物运动，就能轻易理解行星是依靠向心力维持在一定轨道上的。因为抛出的石头受自身重力作用而偏离直线路径，也就是偏离了它初始抛出时应走的路径，而在空中掠过了一段曲线。

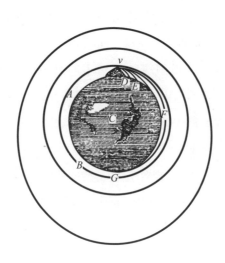

而石头最终会沿着这一弯曲路径落到地上。石头抛出的速度越快,在落到地面之前会飞得越远。所以,我们可以假设抛出的速度非常快,以至于它在落到地面之前飞过了1英里、2英里、5英里、10英里、100英里的圆弧,直到最后超出地球的限制,它就会在太空中飞行,而不接触地面。

设AFB构成的圆为地表,C点为地心,VD、VE、VF是物体从高山山顶上,沿着地平线方向以越来越快的速度抛出时所画出的弧线。因为在太空里天体运动几乎没有阻力(或完全没有阻力),所以我们为了保持情况类似而假设地球周围没有空气,起码要假设几乎没有空气阻力(或完全没有空气阻力)。而按照同样的道理,抛出速度较慢的物体,飞过了较短弧线VD;抛出速度较快的物体,飞过了较长弧线VE。而随着抛出速度变得更快,物体飞得更远,飞到了F点和G点。如果速度依旧继续变快,它就会最终超出地球圆周,而回到抛出它的山上。

而因为物体在这一运动里,其引向地球中心的半径所扫过的面积与其扫过的时间成比例(根据《自然哲学的数学原理》第1卷命题1可知),所以当被抛出的物体回到山上时,它的速度不会比初始速度慢。而根据同样的定律,物体将保持着原来的速度,画出一圈又一圈同样的弧线。

但如果我们现在想象:在更高的高度,例如在5英里、10英里、100英里、1000英里处或更高处,或者在数倍于地球半径的高度处,沿着地平线方向抛出物体的话,那么这些物体会随着它们的不同速度和在不同高度处受到的不同引力,而画出绕地球的同心圆或偏心圆,并在天空中绕这些轨道公转,就像行星所做的轨道运动那样。

[4] 确定的证据

因为当石头斜抛,即沿着垂直方向以外的任何方向抛出时,它会从它的抛出方向不断地偏向地球,因此这就是它受到地球引力的证明。这一证明是很确定的，就和它自由落体时垂直下降一样确定。所以，物体在自由空间里偏离直线路径并不断地从该点偏向任何空间的表现，确切证明了任何位置都有某种驱使物体朝向该空间的力。

而且，根据引力存在这一假定，接近地球的物体肯定都受到向下的力，所以它们要么在自由落体时直接落向地球，要么在斜抛时不断地偏向地球的方向。所以，根据存在指向任何中心的力这一假设，必然得出：该力所作用的所有物体，要么直接向该中心下落，要么起码在它们沿斜线运动时，不断地偏离该斜线的方向。

至于如何由已知运动推导出力，或是如何由已知力推导出运动的问题，已经在《自然哲学的数学原理》的前两卷里说明过了。

如果假设地球不动，而恒星要于24小时内在自由空间里做公转运动的话，那么无疑有某些力拉住了恒星，使之在轨道上保持运行。但这些力不指向地球，而指向其轨道中心，也就是指向几个相似圆的圆心。这些相似的圆，是恒星每天在赤道一侧落下、另一侧升起而形成的。而恒星引向轨道中心的半径所扫过的面积，与其扫过的时间严格地成比例关系。而因为周期时间相等（根据《自然哲学的数学原理》第1卷命题4推论3可知），所以向心力与各个轨道的半径成比例关系，且恒星会继续在同样的轨道上旋转。根据行星做周日运动的假设，也可推出类似的结论。

有种假说认为，这些力不指向与它们在物理上相关的物体，而是指向在地球轴上想象出来的无数的点。这是不恰当的。还有种假说认为，这些力要随着到地球轴距离的增大，而严格地按比例增大。这更不恰当，因为这意味着力要变得极大，或者说要增大至无穷。但自然事物的力通常会因为远离其产生之处而变小。然而更加悖谬的是，同一颗恒星不仅扫过的面积不与时间成比例，而且它也不在相同的轨道上旋转。因为恒星在远离两极附近时，面积和轨道都增大了；而面积增大就证明了，力不指向地球的轴。而这一困难

（根据《自然哲学的数学原理》第1卷命题2推论1）是由观察到的恒星二重运动引起的：一重是围绕地球轴的周日运动，另一重是以地球黄道为轴的缓慢运动。为了说明这一情况，需要将十分复杂和变化的力组合起来。这使得任何物理理论都很难与之协调一致。

[5]凡行星皆存在向心力，向心力指向每个行星的中心

所以我推断，向心力实际指向太阳、地球和其他行星的星体。

显然，比较月球速度和其直径可知：月球绕我们的地球转动，并且月球引向地球中心的半径所扫过的面积，与其扫过的时间近似成比例关系。因为当其直径更短（因而其距离更远）时运动更慢，当其直径更长时运动更快。

木星的各颗卫星绕木星转动更有规律；因为就像我们所看到的那样，它们以木星为中心，做匀速圆周运动。

同样，土星的各颗卫星，也近似于绕土星做匀速圆周运动。迄今为止，几乎未发现过偏心干扰现象。

金星和水星绕太阳转动，它们类似月相的变化可以证明这一点。当它们为满月状时，它们所在的轨道比地球到太阳的距离更远。当它们为半月状时，它们处在和太阳相对的轨道上；当它们为月牙状时，处在地球和太阳的中间；有时它们掠过太阳表面，这时它们恰好处于地球和太阳之中。

金星绕太阳转动，近似于做匀速圆周运动。

但水星的运动轨迹则是偏心圆，它明显地趋近太阳，而后又远离；而当水星接近太阳时，它的速度总是变快。所以，它朝向太阳的半径所扫过的面积，仍然和扫过的时间成比例。

最后，地球朝向太阳的半径（或是太阳朝向地球的半径）所扫过的面积，与扫过的时间严格地成比例关系。比较一下太阳的直径和运动，就能证明这一点。

□ **宇宙中心**

哥白尼依据其大量的精确观测数据，运用当时的三角学成就，分析了行星、太阳、地球之间的关系，最终得出"太阳是宇宙的中心，地球和其他行星围绕太阳运行"的结论，即"日心说"。

这些都是天文学实验；从《自然哲学的数学原理》第1卷第1章、第2章、第3章及其推论可知，向心力的确指向（不管是精确地指向还是没有明显误差地指向）地球中心、木星中心、土星中心和太阳中心。而对于水星、金星、火星和其他更小的行星，还需要一些实验。但按照类比可知，其结论肯定一致。

[6] 向心力与到行星中心的距离平方成反比

《自然哲学的数学原理》第1卷命题4推论6表明，木卫受到的向心力和每个木卫到木星中心的距离平方成反比；因为木星各个卫星的周期时间之比等于它们到木星中心的距离的 $\frac{3}{2}$ 次方之比。这一比例关系早已在这些卫星上被观察到了；弗拉姆斯蒂德先生经常通过测微仪和木卫交食现象来测量它们到木星的距离[1]。他曾写信给我说，该比例具有的精确性能够满足我们感官的一切要求。他寄给我他通过测微仪所测量到的木卫轨道大小，并换算为木星到地球或到太阳的平均距离，以及木卫公转时间，其内容如下：

---

〔1〕这里所说的天体间的距离，指角距离，即观测者在观测两个不同物体时与两个物体所连直线形成的夹角。所以此处不用长度单位，而用弧度单位来表示。

从太阳上所看木卫到木星中心的最大角距离			木卫公转的周期			
	分（′）	秒（″）	秒（″）	天（d）	时（h）	分（m）	秒（s）

	分（′）	秒（″）		秒（″）	天（d）	时（h）	分（m）	秒（s）
木卫一	1	48	或	108	1	18	28	36
木卫二	3	1	或	181	3	13	17	54
木卫三	4	46	或	286	7	3	59	36
木卫四	8	$13\frac{1}{2}$	或	$493\frac{1}{2}$	16	18	5	13

由此，我们可以比较容易地看出周期与距离之间的 $\frac{3}{2}$ 次幂关系。例如：

16天18时5分13秒除以1天18时28分36秒，就等于 $\left(493\frac{1}{2}\right)'' \times \sqrt{\left(493\frac{1}{2}\right)''}$ 除以 $108'' \times \sqrt{108''}$，此处忽略在观察中无法精确测量的小分数。在测微仪发明之前，同样的距离换算为木星半径如下：

距离	木卫一	木卫二	木卫三	木卫四
伽利略的观测	6	10	16	28
西蒙·马里乌斯的观测	6	10	16	26
卡西尼的观测	5	8	13	23
博雷利的观测（较准确）	$5\frac{2}{3}$	$8\frac{2}{3}$	$14\frac{2}{3}$	$24\frac{2}{3}$

在测微仪发明出来之后：

距离	木卫一	木卫二	木卫三	木卫四
汤利的观测	5.51	8.78	13.47	24.72
弗拉姆斯蒂德的观测	5.31	8.85	13.98	24.23
通过卫星交食的观测（较准确）	5.578	8.876	14.159	24.903

根据弗拉姆斯蒂德先生的观测，这些卫星的周期时间分别为：1天18时28分36秒、3天13时17分54秒、7天3时59分36秒、16天18时5分13秒。

因此，计算出的距离是5.578、8.878、14.168、24.968。这与观测的距离精确吻合。

卡西尼想让我们相信，土星的卫星上也能观测到同样的比例。但我们还需要更长久的观测，才能得到关于这些行星的肯定无误的理论。

根据最优秀的天文学家确定的轨道尺寸，在太阳的卫星中，水星和金星也精确地保持着这一比例。

[7] 远距离行星绕太阳运行，其接近太阳的半径所掠过的面积正比于时间

火星绕太阳公转，这从它显示出的相面变化和其视直径的比值可以得知。因为它在将要合日 [1] 时为满相 [2]，而在方照 [3] 时为凸相 [4]，这说明它确实绕太阳公转。因为火星在冲日 [5] 时的视直径，约比合日时的大五倍，且它到地球的距离与它的视直径成反比，所以，火星冲日时到地球的距离是合日时的五分之一。但它在这两种情况下到太阳的距离，和它位于方照并显示凸相时到太阳的距离几乎相等。又因为它绕太阳公转的距离几乎均等，而相对于地球的距离十分不均等，所以太阳接近火星的半径所扫过的面积近似于均匀，而地球接近火星的半径掠过时，有时较快前行，有时驻留，有时则逆行。

木星轨道比火星的更高，同样几乎匀速地绕太阳公转。所以我推断，它在到太阳的距离和扫过的面积上也会是均匀的。

弗拉姆斯蒂德先生在信中向我保证：迄今为止，所有详细观测到的内层卫星的交食现象都与他的理论十分吻合，偏差时间从不超过两分钟。而外层卫星的偏差则较大。外层卫星里，除了一例以外，偏差几乎没有超过三倍

---

〔1〕行星合日，指观测者看到行星和太阳在同一方向上，就像重合一样。
〔2〕满相，指行星的一面全部被太阳照亮。
〔3〕方照，指观测者观测太阳和行星时，两者连线的夹角为90°。
〔4〕凸相，指行星被太阳照亮的部分大于一半。
〔5〕冲日，指太阳、地球和地外行星在同一直线上，且地球在两者中间。

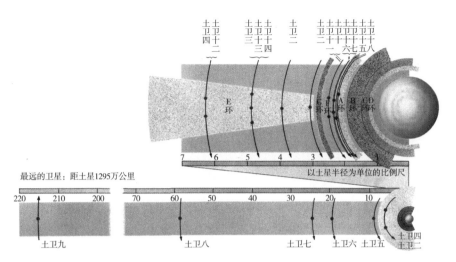

土卫十二
土卫十四
土卫十三
土卫十四
土卫二
土卫一
土卫十六
土卫十七
土卫十五
土卫十八

E环

G环 F环 A环 B环 C D环

7   6   5   4   3   2   1

最远的卫星：距土星1295万公里

以土星半径为单位的比例尺

220   210   200   70   60   50   40   30   20   10

土卫九   土卫八   土卫七   土卫六   土卫五   土卫四
土卫二

□ **绕土星旋转**

　　最靠近土星的是较小的土卫十五（它看守着A环）、土卫十六、土卫十七（F环的牧羊犬卫星）和土卫十八。在外层的卫星群中，有几颗较大的卫星共用一条轨道，这可能是因为它们曾属于同一天体。土卫九是位于最外围的卫星，又被称为"菲比"。它绕行土星的方向和其他卫星相反。

的。而内层卫星里，只有一例确实有很大的偏差。但他的计算结果之精密，不亚于月球运动与通用星表的匹配程度。罗默先生发现并引入了光行时差（equation of light），他仅仅靠用光行时差矫正后的平均运动来计算这些交食时间。那么，假设该理论与迄今为止所描述的外层卫星运动的偏差不超过2分钟，取周期时间16天18时5分13秒比上2分钟，相当于360°的圆比上1′48″的圆弧，所以弗拉姆斯蒂德先生的计算误差，换算到卫星轨道上的误差，将小于1′48″。这也就是说，从木星中心看去，卫星的经度误差小于1′48″。但是当卫星在阴影中时，这一经度与木星的日心经度相同。所以，弗拉姆斯蒂德先生所秉持的假说，即由哥白尼提出、开普勒改进、而后他自己（相对于木星的运动）修正过了的假说，在反映经度的准确性上，存在小于1′48″的误差。但通过这一经度和历来易于观测到的地心经度，我们就能确定木星到太阳的距离。所以，结果肯定和假说所认为的那样相同。因为日心经度上的

□ **尘埃粒子云**

　　恒星和气体云在一个扁平的盘面上密集，从侧面看，这个盘面像一条光带。盘面上的"洞"是巨大的尘埃粒子云，它们挡住了后面的恒星所发的光。

1′48″的最大偏差，几乎无法发现，所以可以略去。或许它来源于某些尚未发现的卫星偏心。但因为准确测定出了经度和距离，所以木星接近太阳的半径必定扫过假说所要求的面积，即与时间成比例的面积。

　　并且，按照惠更斯先生和哈雷博士的观测，根据土星的卫星，也可以对土星得出同样的结论。但为了确证这一结论，还需要长期的观测和足够精确的计算。

[8] 控制地外行星的力不指向地球，而指向太阳

　　如果从太阳上看木星，木星不会出现地球上偶尔看到的逆行或驻留的情况，而总是以几乎匀速的方式顺行。而从其视地心运动的极不均匀情况来看，我们可（根据第1卷命题3推论4）推知：使木星偏离直线运动并按轨道环行的力，并不指向地球中心。火星和土星也符合同样的结论。我们要另外为这些力寻找中心，使引向该中心的半径所扫过的面积是均匀的（根据第1卷命题2和命题3及其后的推论），而这一中心就是太阳。我们已对火星和土星作了近似证明，而对木星的证明足够精确。也许有人会声称，太阳和各行星都受到了大小均等且方向平行的力的推动。但（根据运动定律的推论6）这样的力既不能使行星间的位置发生变化，也不会产生任何明显效应。但我们的任务，正是探究产生明显效应的原因。所以，让我们忽视任何虚构的、不可靠的、且无法解释天体现象的力。剩下所有推动木星的力，便是指向太阳中心的力

（根据第1卷命题3推论1可知）。

[9] 在所有行星空间里，环绕太阳的力与到太阳的距离平方成反比

　　不管是像第谷那样把地球放在体系中心，还是像哥白尼那样把太阳放在体系中心，行星到太阳的距离都是相同的。我们早已在木星的例子中证明了这一点。

　　开普勒和布利奥曾用极大的精力来计算行星到太阳的距离。因此，他们的星表能与天象极好地吻合。而在木星、火星、土星、地球、金星和水星这些所有的行星上，它们到太阳距离的立方，与它们周期时间的平方成比例。所以（根据第1卷命题4推论6可知），环绕太阳的向心力贯穿所有行星区域，并与到太阳的距离平方成反比。为了验证这一比例，我们要采用平均距离，或者是轨道的横轴半径（根据第1卷命题15可知），并忽略掉那些细微的分数。这些分数可能来自测定轨道时未感觉到的观测偏差，又或者是来自我们之后将要解释的其他原因。所以我们能看到，我们所说的比例是严格成立的。因为天文学家观测所得的土星、木星、火星、地球、金星和水星到太阳的距离，在开普勒的计算数值里是951000、519650、152350、100000、72400、38806，而在布利奥的计算数值里是954198、522520、1523950、100000、72398、38585，而按照它们的周期时间计算是953806、520116、152399、100000、72333、38710。按照开普勒和布利奥的计算，这些距离几乎没有任何视觉上的差别，由周期时间所计算出的最大距离介于这些距离之间。

[10] 环绕地球的力，与到地球距离的平方成反比。这一结论以地球是静止的为假设

　　所以我推断，同样地，环绕地球的力与到地球的距离平方成反比。

　　根据托勒密、开普勒的《星历表》（*Shepherdess*），布利奥、赫维留和利

奇奥里的说法，月球到地球中心的平均距离是地球半径的59倍。而按弗拉姆斯蒂德的说法是59$\frac{1}{3}$倍，按第谷的说法是56$\frac{1}{2}$倍，按文德林的说法是60倍，按哥白尼的说法是60$\frac{1}{3}$倍，按基歇尔的说法是62$\frac{1}{2}$倍。

但是，第谷和所有依据第谷折射星表的人，都让太阳和月球的光折射大于那些恒星的光折射（完全与光的本性相悖），大约是地平线上四分到五分的角度。这就使月球的地平线视差增大了同样大小的角度，即整个视差增大了约$\frac{1}{12}$或$\frac{1}{15}$。修正这一偏差后，月地距离应当是地球半径的60倍到61倍。这和其他人所得出的结果差不多。

接着，让我们假设月地之间相距60倍地球半径，月球周期时间根据恒星来计算的话是27天7时43分，就像天文学家所测算的那样。（根据第1卷命题4推论6）假设地球静止，那么物体在地球表面的空中，凭借和月地距离平方（即3600比1）成反比的向心力（排除空气阻力后）而绕地球公转，公转周期为1时24分27秒。

假设地球周长是12349600巴黎尺[1]（就像近来法国人所测量的那样），那么同一物体，如果摆脱了其环绕运动而受相同的向心力牵拉的话，会在一秒钟内下落15$\frac{1}{12}$巴黎尺的距离。

这是我们根据第1卷命题36计算得出的，和我们观测到地球附近的物体相一致。惠更斯曾根据单摆实验计算出，所有靠近地球表面的、受向心力作用的物体（不论其本性如何），在一秒之内都会下落15$\frac{1}{12}$巴黎尺。

［11］假设地球在运动，也能有同样的证明

但如果地球在运动，地球和月球将一起环绕它们的公共重心旋转（根据

---

〔1〕巴黎尺，当时法国使用的长度单位。1巴黎尺＝1.06575英尺＝0.3248406米。

第1卷命题57和运动定律的推论4）。而月球将在同样的周期时间27天7时43分
（根据第1卷命题60）内，在和地球的距离平方成反比的同一绕地力作用下，
沿一个轨道运动，这一轨道与前文提到的月球轨道（即60倍地球半径）之间的
比例相当于地球与月球体积的总和，比上该总和与地球体积之间的两个比例中
项之中的第一个。也就是说，如果我们（根据月球$31\frac{1}{2}'$的视直径）假定月球的
体积是地球的$\frac{1}{42}$的话[1]，这一比例为$43:\sqrt[3]{(42\cdot43^2)}$，或者是128∶127。
所以，在这一情况下，这一轨道的半径，即月心到地心的距离，是地球半径
的$60\frac{1}{2}$倍。这和哥白尼的假说几乎一致，也和第谷的观测没有什么差别。所
以，力在该距离上成平方反比递减，这是十分确定的。我已经略去了太阳运
动所引起的无法察觉的轨道增量，但如果减去这一增量，实际距离将是$60\frac{4}{9}$
倍地球半径。

［12］向心力反比于到地球或其他行星的距离平方，这也可由行星的偏
心率和回归点的缓慢运动证实

　　进一步来说，行星偏心率和它们回归点的缓慢运动，已经证实了这种
向心力与距离的平方成反比递减。因为其他任何的比例都不能使环日行星在
每次公转过程中到达近日点一次、远日点一次，并保持这些距离的位置不变
（根据第1卷命题45的推论）。平方比率上的小偏差，会给每次公转的回归点带
来不可忽略的偏移，而在多次公转后，偏移会变得十分巨大。

　　但在经过无数次的公转后，我们很难察觉环日行星有这样的轨道运动。
一些天文学家坚持认为不存在这样的运动，而另一些天文学家则认为这一运
动不大于某些原因容易引发的另一运动，后面我们会提及该原因，它不是当

---

〔1〕现代天文学测得月球体积约为地球的$\frac{1}{49}$。

前迫切需要解释的问题。

我们甚至可以忽略掉月球的回归点运动。这一运动要比环日行星的运动大得多，每次公转达到3°。这一运动可以证明，环地力的减小不小于其距离平方的反比，但远大于其距离立方的反比。因为，如果平方逐渐变化到立方，回归点的运动就会增大到无穷。所以，很小的变化就能使月球回归点运动发生巨大变化。正如我们后面将阐述的那样，这一缓慢的运动是由环日力所引起的。但排除这一原因后，月球回归点或者说远地点将是固定的，环地力随到地球的距离作平方递减的关系也将准确成立。

[13] 指向各个行星的力的强弱；强大的环日力

既然已经确定了这一比例，我们就可以比较这些行星中的力了。

在木地平均距离上，离木星中心最远的卫星的最大距角（根据弗拉姆斯蒂德先生的观测）是8′13″。所以，该卫星到木星中心的距离，比上木星到太阳中心的平均距离，等于124比上52012。而它比上金星到太阳中心的平均距离，等于124比上7234。它们的周期时间之比是$16\frac{3}{4}$天比上$224\frac{2}{3}$天。由此（根据第1卷命题4推论2），我们可以用时间的平方除以距离来推断，木星吸引卫星的力，比上太阳吸引金星的力，等于442比上143。如果我们根据124比上7234的距离平方反比，来减小该卫星所受到的力，那么我们会得知：在金星到太阳的距离上，环绕木星的力比上金星环绕太阳的力，等于$\frac{13}{100}$比上143，或者是1比上1100。所以，在相等距离上，环绕太阳的力是环绕木星力的1100倍。

而当土星离我们有3′20″的平均距离时，用土卫的公转周期15天22时和它到土星的最大距角进行类似的计算，从而得知：该卫星到土星中心的距离比上金星到太阳的距离，等于$92\frac{2}{5}$：7234。因此，环日力的绝对大小是环土力的绝对大小的2360倍。

[14] 弱小的地球力

金星、木星和其他行星的绕日运动有规律，而绕地运动没有规律。这显然说明了环绕地球的力相比起环绕太阳的力，十分微弱（根据第1卷命题3推论4）。

利奇奥里和文德林都曾试图用望远镜所观测到的月球二分来求出太阳的视差，他们都认为视差不超过半分。

□ **土星环**

土星环位于土星的赤道面上，其成分主要是与土星球状本体不相接触的卫星岩屑。

开普勒按照第谷的观测和他自己的观测，发现无法察觉到火星上的视差，甚至在火星冲日时（那时其视差要比太阳视差还大）也是如此。

弗拉姆斯蒂德先生试图用测微仪在火星近日点观测同一视差，但发现它没有超过25″，因此得出结论，认为太阳的视差最多是10″。

根据以上观测结果可知，月地距离比上日地距离，不会超过29比10000；月地距离比上金日距离，不会超过29比7233。

通过上述方法，我们可以很容易根据这些距离和周期时间，推断出环日力的绝对大小至少是环地力绝对大小的229400倍。

尽管我们只能根据利奇奥里和文德林的观测而确定太阳的视差不小于一分的一半，但由此可知，环日力的绝对大小超过了环地力的绝对大小的8500倍。

[15] 行星的直径

我根据相似的计算，意外发现了一种类似现象。这是在行星星体与它们所受的力之间观测到的现象。但在我解释这一类似现象之前，必须解释行星在其到地球平均距离处的直径。

弗拉姆斯蒂德先生根据千分仪，测量出木星的直径是40″或41″，土星环的直径是50″，而太阳的直径是32′13″。

但根据惠更斯先生和哈雷博士的观测，土星直径比上土星环的直径是4比9。而根据加莱的观测，则是4比10。胡克（用60英尺长的望远镜）的观测结果是5比12。根据中位数5比12来算，可推知土星星体的直径是21″。

［16］视直径的更正

此前我们所说的都是视星等。但因为光的不相等折射，望远镜将所有肉眼可见的点都扩大了，所以物镜焦点上出现了宽度是物镜口径$\frac{1}{50}$的圆形空间。

虽然朝向四周漫射的光线确实模糊到难以观察的程度，但朝向中心方向处的光线强度则更大，且足够可感，形成了清晰的小圆。虽然其宽度随可见点的亮度而变化，但一般是整个宽度的$\frac{1}{3}$、$\frac{1}{4}$或$\frac{1}{5}$。

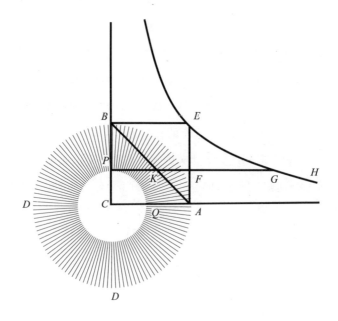

设ABD表示整个光圈，PQ是由较密集且较清晰光线组成的小圆，而C是两圆的中心。CA、CB是在C处构成直角的大圆半径，ACBE是这两个半径组成的正方形。AB是这一正方形的对角线。EGH是以C为中心，以CA、CB为渐近线的双曲线。PG是BC线上任意点P所作的垂线，与双曲线相交于G点，并与直线AB、AE相交于K点、F点。而根据我的计算，光线在任意点P的密度，正比于直线FG，在中心处无穷大，而在四周时则极小。小圆PQ的总光量相对于其外的总光量，等于四边形CAKP的面积比上三角形PKB的面积。而我们能够理解的是，在小圆PQ消失的地方，光线强度FG开始小于视觉所需。

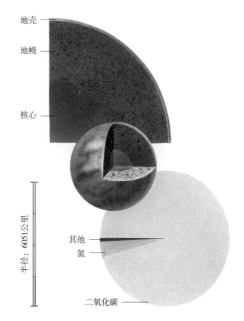

地壳

地幔

核心

半径：6051公里

其他

氮

二氧化碳

□ **金星内部图**

金星的结构与地球相似：核心是铁质、外层是石质的地幔和地壳。不过，金星自转的速度较慢，其铁质核心因此不会产生磁场。金星的空气由二氧化碳和微量的氮组成，硫化物质则呈雾状飘浮于其间。金星的大气压力，是地球的90倍。

因此，皮卡德先生用3英尺长的望远镜，观测191382英尺开外的一团3英尺的火，得出8″的宽度，而它本应该是3′14″。因此，通过望远镜的观测，较亮的恒星有5″或6″的直径，光线大而亮，但光线较暗时，其宽度显得更大。因此同样地，赫维留通过减小望远镜孔径的方式，确实消除了很大一部分向四周散射的光线，使恒星的圆盘变得更清晰。虽然散射以此种方式减小了，但恒星直径依旧呈现为5″或6″。但惠更斯先生仅仅通过一些烟使目镜变暗，就十分有效地消除了散射光，以至于恒星看上去仅仅是个点，而没有任何可察觉到的宽度。惠更斯先生还根据挡住了行星光的物体宽度指出，它们的直径要大于其他人用千分仪测出的直径。因为散射光在较强的行星光线面前不可见，而当行星被遮挡时，光就能在各个方向上散射得更远。最后，正是由于这一原因，当行星投射到太阳的圆盘上时，行星会因为扩散的光线被削弱，而看上去非常小。按赫维留、加莱和哈雷博士的观测来看，水星看上去并没有超过12″或15″。按克卜特瑞先生的观测来看，金星是1′24″，而按霍罗克斯来看是1′12″，虽然根据赫维留和惠更斯在太阳光盘以外的测量结果，它至少是1′24″。在1684年日食前后的几天内，位于巴黎的天文台测得月球视直径为31′30″，而在日食时从未超过30′或30′05″。所以，在太阳范围外时，行星视直径要减小几秒，而在太阳范围内时要扩大几秒。但这些偏差似乎要比千分仪通常所测量的小。所以，弗拉姆斯蒂德先生从卫星交食来确定阴影的直径，得出木星半径比上外层卫星的最大距角，等于1比24.903。所以，因为这一距角是8′13″，木星的直径就是$39\frac{1}{2}$″。而排除散射光后，测微仪所测得的距离40″或41″就要减小为$39\frac{1}{2}$″。土星直径21″也应作类似的修正，计算为20″或者更小。但（如果我没弄错的话）太阳的直径，会由于其较强的光线而减小得更多，约为32′或32′6″。

[17] 为什么一些行星密度小，另一些密度大，且所有行星的力皆与该星的质量成正比

星体的大小差别如此明显，而又是如此相似地与它们的力成比例，这其中并非没有奥秘。

或许更遥远的行星因为缺少热，而没有我们地球上所富有的金属物质和沉重的矿物。而金星和水星的星体，因为更多地暴露在太阳的炙热之下，被烤得更猛烈，所以也更致密。

因为，我们从凸透镜取火实验中发现，温度随着光线强度的增加而增

加，光线强度又与到太阳的距离平方成反比。所以可以证明，水星接受的太阳热量是我们夏季接收的热量的七倍。但当达到这一热度时，我们的水就会沸腾，而汞、硫酸这些重的流体会缓慢蒸发，就像我用温度计实验过的那样。所以，水星上没有流体，而只有沉重的、能够忍受极高温度的物体。这只有密度极大的物体能做得到。

而如果上帝曾经把不同的物体放置在离太阳不同距离的位置

□ 引力坍缩

引力坍缩是恒星发生猛烈变化的过程，包括恒星形成、衰亡和Ⅱ型超新星的三种引力坍缩，但其过程不一，各自所包含的物质变化也有别。在引力坍缩的过程中，恒星中心部分形成致密星，并伴有能量释放和物质的抛射。

上，那么为什么不把密度较大的物体放在较近的地方，让每个物体所承受的热都与它的情况和组成相匹配呢？从这一考虑出发，所有行星间的彼此重量之比与它们的力成比例，这是最好的呈现。

但如果行星直径能更精确地被测量出来，我会更高兴的。如果有一盏放在极远距离的灯，它发出的光通过圆孔，并使圆孔缩小，灯光变暗，以至于通过望远镜看起来就像是行星一样，那么或许会有同样的测定结果：孔的直径比上它到物镜的距离，等于行星的真实直径比上它到我们的距离。或许可以通过蒙上布或者用烟熏玻璃来减弱灯的亮度。

[18] 天体还展示了力与被吸引物体间的另一种类似关系

我们曾经描述的另一种类似关系，是力与其所吸引物体之间的关系。因为行星上的向心力，和距离平方成反比递减。而它的周期时间和距离的 $\frac{3}{2}$ 次

□ **星的相互吸引**

　　图中的两个星球距离较近，却又保持着必要的距离，不再继续靠近，主要原因是两者产生的向心力刚好等于它们的离心力，因此，它们既不能彼此靠近，也不能彼此疏离。

方成正比增加。这显然说明：到太阳等距处的相同行星，其向心力作用和周期时间是相同的。而不等距的不同行星，其向心力的全部作用与行星星体质量成正比。因为如果这些作用不与运动的星体质量成比例的话，它们就不能在相同时间内同样地拉回位于轨道切线上的星体。

　　而如果环日力不是同样与木星及其所有卫星的重量成比例的话，木星卫星的运动不会如此规律。根据第1卷命题65推论2和推论3可知，同样情形也适用于土星及其卫星，我们的地球相对于月球也同理。所以，在同等距离上，向心力的作用根据这些星体质量或这些星体的物质拥有的总量，同等地作用在所有的行星上。出于同样的理由，它对构成行星且大小相同的微粒的作用，肯定也是相同的。因为如果这一作用因与物质拥有的总量成比例，而对某类微粒的作用大于对另一类微粒的作用的话，那么它将不仅仅与物质拥有的总量成比例，而且将同样与某类物质在不同行星上的富集程度成比例，而在一切行星上的作用有些较大，有些较小。

[19] 地球表面物体亦遵循此规律

　　我曾用我们地球上发现的、许多种这样的物体，来详细检验这一比例关系。

　　如果环地力的作用与运动物体的质量成比例的话，它将（根据运动第二定律）使之在相同时间里以相同速度运动，使所有下落的物体在相同时间里下落相同距离，使所有以等长细线悬挂的物体按相同周期摆动。如果力的作用越大，用时越短；而如果作用越小，则用时越长。

但很久以前就有人观察过，（在允许空气带来微小阻力的情况下）所有的物体都在相同时间内下落相同距离。而凭借单摆，能测量出极为精确的相同时间。

我尝试了金、银、铅、玻璃、沙子、食盐、木头、水和小麦。我用了两个相同的木箱。我在一个木箱装入木头，而把相同重量的金（我尽可能做到相同）悬挂在另一个

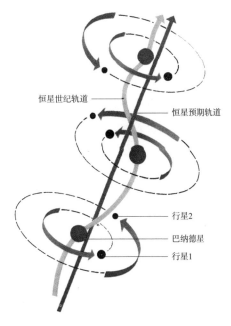

恒星世纪轨道

恒星预期轨道

行星2
巴纳德星
行星1

□ 巴纳德星

有天文学家认为，有两颗质量与木星和土星相似的行星正在吸引着巴纳德星，使它偏离轨道。

木箱的摆动中心。两个箱子都同样用11英尺长的细线悬挂着，构成一对重量和形状完全相同、所受空气阻力也相同的单摆。而我把两个单摆并列放置，并长时间观察了它们以相同摆幅进行的前后摆动。所以（根据第2卷命题24推论1和推论6），金子这一物质拥有的量比上木头这一物质拥有的量，等于推动金子运动的力的作用比上同样推动木头运动的力的作用，即等于一个物体的重量相比于另一个的重量。

通过这些实验，在同样重量的物体中，人们所能发现的物质上的差异，小于其整体的千分之一。

［20］类推的同类性

因为在相同距离下，向心力对所吸引物体的作用与该物体的重量成比例，所以该作用也理应与所吸引物体的物质拥有的总量成比例。

因为所有作用都是相互的，并且（根据运动第三定律）使不同物体彼此接近对方，所以在两方的物体上都会产生相同的作用。我们确实可以把一个物体看作是吸引，而另一个物体被吸引，但这种区分不是自然意义上的区分，而更多的是数学意义上的区分。吸引力真实地存在于每个物体和其他物体之间，所以二者属于同一类力。

［21］类推的一致性

于是，星之间彼此存在吸引力。太阳吸引木星和其他星体。木星吸引围绕它的卫星。出于同样理由，卫星对木星和其他卫星也有相同作用力。所有星球相互间也有吸引力。

虽然可以把两颗行星的相互作用区分为两部分，变成一颗吸引另一颗，但这些作用是在两颗星之间的一次作用，而不是两次。两个物体可以像彼此间有绳子收缩牵引那样吸引着对方。产生作用的两个原因：一是两个物体的位置排列；二是两个物体上有一对作用力。但因为该作用力存在于两个物体之间，所以仅仅有一次作用，且是单一的作用。这不是太阳吸引木星的一次作用，也不是木星吸引太阳的一次作用，而是太阳和木星在相互吸引的作用下彼此靠近的一次作用。太阳吸引木星的作用，使木星和太阳努力彼此靠近（根据运动第三定律）；木星吸引太阳的作用，同样也使木星和太阳努力彼此靠近。但太阳不是因为受双重作用而被引向木星，木星也不是因为受双重作用而被引向太阳，而是一次单一的作用使得两者相互靠近。

于是，铁吸引着磁石，磁石也吸引着铁，因为所有在磁石附近的铁都会吸引别的铁。但是磁石和铁之间的作用是单一的，哲学家们也认为这是单一的。事实上，铁对磁石的作用就是磁石自身对铁的作用，这一作用使两者努力向对方运动，这是十分显然的。因为如果你移走磁石，铁的全部力几乎都消失了。

在这一意义上，我们要把两颗行星间一次单一的作用看作是由两颗行星的本性引起的。而这一作用和双方有着相同联系，如果它与一颗行星的重量成比例的话，那么它也会与另一颗行星的重量成比例。

［22］相对极小的物体，吸引力微不足道

或许有人会质疑：根据这一哲学，所有的物体都相互吸引，但这违背地球上物体的实验证据。但我认为，地球上的物体实验不能得出这一说法，因为均匀球体表面的吸引作用与它们的直径相关（根据第1卷命题72）。所以，直径为一英尺、有着和地球同样性质的球体，它吸引一个靠近其表面的小物体的力，只有地球吸引靠近地球表面的小物体的力的 $\frac{1}{2000000}$ 倍。如果这样两个球体相距不远，只有 $\frac{1}{4}$ 英尺的话，那么它们即使在无阻力空间里也不会在短于一个月的时间内，因相互吸引力而靠在一起。而更小的球体，则以更慢的速度靠在一起，即引力与其直径相关。并且，整座山也不会产生任何可感觉到的效果。一座三英里高、六英里宽的半球形的山，它的吸引力不会使单摆偏离垂线两分。而这种力仅仅在行星这般大的物体上才能感知到，除非我们按以下的方式考虑小物体的力。

［23］朝向地表的力，和物体量成正比

设 $ABCD$ 为地球球体，并被任意平面 AC 分割为 ACB 和 ACD 两部分。靠着 ACD 部分的 ACB 部分以全部重量挤压着 ACD 部分，而如果 ACD 部分不用相等的力来抵挡的话，它就无法承受这一压力而保持不动。所以，这两部分以它们的重量相等地压向对方，即按照运动第三定律、相等地吸引着对方。而如果分开它们并使之离开，它们会以反比于球体质量的加速度向对方下落。这些所有的现象，我们都能在磁石上试验并发现：被吸引部分没有去推动吸引它的部分，而仅仅是停下并维持在那。现在，假设ACB表示地球表面的某个小物体，那么：因为这一物体与地球ACD部分的相互吸引是相等的，但小物体对地球（或其重量）的吸引与小物体的物质相关（就像我们用单摆实验证明过的那样），而地球对微小部分的吸引同样与微小部分的物质相关，所以地球上所有物体的吸引力都与它们各个物质拥有的总量相关。

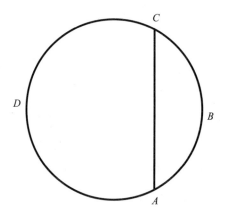

[24] 这说明，指向天体的是同样的力

这种力与一切类型地球物体的物质的量成比例，所以不会随物体的形态而变化。无论在什么类型的物体中，不管是天体还是地球物体，都能发现该种力。它都与该物质拥有的总量成比例，因为这些物体仅仅是形式和样态不同，而实质没有不同。而在天体之间，相同的事情可以同样得到证明。我们已经证明：所有行星（设为相同距离）受到的环日力，与这些行星具有的物质的量成比例。环木卫星受到的环木力，也遵循同样的规律。所有行星间的相互吸引力也服从这一规律，前提是它们的引力与物质拥有的总量成比例（根据第1卷命题69）。

[25]这种力随着行星表面向外而与距离的平方成反比递减，向里则与到行星中心的距离成正比减小

　　所有行星的各部分都相互吸引，就像地球各部分相互吸引一样。如果木星和其卫星合在一起并形成一个球体的话，那么它们无疑会像之前那样继续吸引对方。而另一方面，如果木星星体被拆分为许多个球体，这些球体相互之间的吸引力肯定不会小于它们现在对卫星的吸引力。由于这些引力，地球和所有行星的星体都是球体形状，而它们的各部分结合在一起，在穿过以太（ether）时不会分散。但是此

□ **万有引力**

　　牛顿创立的万有引力定律，自面世以来就引起了极大的轰动。本图是对万有引力定律的直观想象。

前我们已经证明，这些力来自物体的普遍本性，因而整个球体的力是由各个部分的几个力组成的。而据此可知（根据第1卷命题74推论3），每个微粒的力都会与别的微粒的距离平方成反比递减。而整个均匀球体的力，从其球体表面向外，与其距离平方成反比递减，但从其表面向里，简单地与其中心距离成一次方减小（根据第1卷命题73和75）。然而，当球体从其中心到表面之间的物质分布不均匀的时候，从表面向外的力与距离平方成反比递减（根据第1卷命题76）。其前提是到离中心等距的球面处有同样的不均匀性。而两个这样的球体吸引着对方，这一吸引力与到两者中心的距离平方成反比递减（同样根据命题76）。

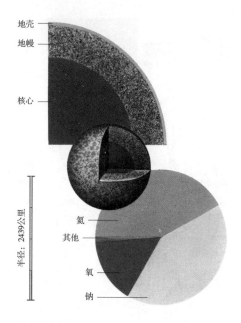

地壳
地幔
核心
半径：2439公里
氦
其他
氧
钠

□ **水星内部图**

水星的核心由铁和镍构成，核心覆盖着石质的地幔和地壳。地壳之上是一层稀薄的大气，其主要的气体是氦和钠。

［26］力的强度以及在个别情况下引起的运动

所以，每个球体的力的绝对大小，与球体所包含的物质拥有的总量相关。但是，对于地球上的物体，使每个球体被另一个球体吸引的推动力，我们一般称它为重量。该力与两球的物质总量除以两球中心间的距离平方成正比（根据第1卷命题76推论4）。该力与每个球体在给定时间内相互靠近对方的运动量成比例。而每个球体都有因其物质拥有的总量，而被另一球体所吸引的加速力。这一加速力，与另一球体的物质拥有的总量除以两球中心间的距离平方成比例（根据第1卷命题76推论2）。被吸引的球体拥有的这种力，与它在给定时间内向另一球体的运动速度成比例。现在牢牢把握这些原理，就能轻易求解天体间的运动了。

［27］所有的行星皆围绕太阳运行

通过比较上述行星的相互作用力，我们可以发现，环日力要比所有行星的力大1000倍以上。但由于该力的作用是如此大，不可避免地导致行星体系以内和以外的所有天体都落向太阳，除非有别的运动将它们拉向别处。我们的地球也无法排除在这些天体的序列外。而可以肯定的是：月球是和行星有着相似本性的天体，并和行星一样受到太阳吸引，是环地力使其维系在轨道上的。但我们已经在前面证明过了，地球和月球都同样受太阳吸引。且我们在前面同样证明了，所有的物体都遵循上述的一般引力定律。而且，假设这些物体中的任何一个物体不再有对太阳的环日运动，那么我们可以根据它到太阳的距离算出它需要多长时间落到太阳上（根据第1卷命题36）：此前一半距离处运行时的一半周期时间，或是一段相比于该行星周期时间为$1:4\sqrt{2}$的时间。金星落向太阳需要40天，而木星需要2年零1个月的时间，地球和月球需要66天19时的时间。但由于没有发生这样的事，所以这些天体肯定正在向别的方向运动，而并非所有运动都满足这一目的。为了阻止这一下落，需要有适当的速度大小。因此，这取决于使行星运动延迟的力。除非环日力的减小正比于它们延迟程度的平方，否则多余的力还是会使得这些物体落向太阳。例如，如果这一运动（当其他情况相等时）速度放慢至一半，那么行星就会在之前$\frac{1}{4}$的环日力作用下在其轨道上运行，而其余的$\frac{3}{4}$环日力会使其向太阳下落。所以，行星（土星、木星、火星、金星和水星）在它们的近地点处实际上并没有减速，也没有驻留或缓慢地逆行。所有的这些现象只是看上去如此而已，而行星一直保持着在其轨道上的绝对运动，并总是前行且几乎匀速。但我们已经证明过，这种运动是环绕太阳运行的。所以，太阳作为绝对运动中心，是静止的。因为我们无法使地球静止，又不至于使行星在它们的近地点上真的减速至驻留和逆行，并因失去运动而落向太阳；而且，既然各行星（金星、火星、木星和其他行星）引向太阳的半径画出的轨道是规律的，且其扫过的面积（如我们所观察的那样）与其扫过的时间近似地成比例，那么太阳就不会受显著的力而运动（根据第1卷命题3和命题65推论3），除非所有行星按照它们物质拥有的总量，以平行线的方式跟着做同样的运动，使得整个体系以直线方式移动。除了整个体系在移动外，太阳在体系中是几乎静止的。如果太阳围绕地球公转，并带着其他行星一起围绕地球运行，那么地球应该以极大的力吸引着太阳，但是环绕太阳的各个行星没有出现该力带来的明显效应，这和第1卷命题65推论3相悖。此外，如果说迄今为止人们都因为地球各部分的重力而把地球放置在宇宙的最低位置的话，那么如今则有更好的理由：太阳有着超过地球引力一千倍以上的向心力，所以要把太阳放在最低位置，以当作宇宙体系的中心。这样，人们能够更全面且更准确地理解宇宙体系的真正布局。

[28] 太阳和所有行星的公共重心处于静止状态；太阳以非常慢的速度运动；太阳运动的解释

因为恒星彼此间相互静止，所以我们可以把太阳、地球和其他行星看作是天体的体系。这一体系里有相互往来的各种运动。而这一整体的公共重心（根据运动定律的推论4）要么静止，要么做匀速直线运动。而在后一情况下，整个体系同样会跟着做匀速直线运动。但这一假说没有得到公认。所以我们放弃这一假说，而认为公共重心保持静止，这样太阳就不会移动太远。太阳和木星的公共重心落在太阳的表面，即便所有行星都位于木星相对于太阳的同侧，太阳和它们的公共重心也很难超出该重心到太阳中心的两倍距离。所以，尽管太阳因行星位置的不同而受到各式各样的扰动，并总是缓慢地来回振荡，但它退离整个体系的静止中心的距离从不超出自身直径。根据前文确定的太阳和各行星的重量，以及它们相互间的位置，可以找到它们的公共重心。按这一结果，可以推知太阳在任何假定时间的位置。

[29] 行星绕太阳旋转，形成椭圆，其焦点位于太阳中心；其接近太阳的半径所掠过的面积，与时间成正比

围绕着受到扰动的太阳，其他行星以椭圆形轨道公转。其接近太阳的半径所扫过的面积几乎与时间成正比，这已在第1卷命题65里解释过。如果太

阳是静止的，且其余行星不和别的行星相互影响，那么行星的轨道将会是椭圆的，且它们扫过的面积与时间严格地成正比（根据第1卷命题11和命题68推论）。但是行星间的相互作用相比于太阳对行星的运动，是微不足道的，不会产生可感觉到的偏差。而行星绕受扰动的太阳公转时的偏差，要小于绕静止太阳公转时的偏差（根据第1卷命题66和第1卷命题68推论），尤其是当每个轨道的焦点都放置在所有较低轨道行星的公共重心时，即：水星轨

□ **水星**

　　水星是太阳系里最接近太阳的行星。水星朝向太阳的一面，温度可高达400℃以上，背向太阳的一面，可低至−173℃。

道焦点落在太阳中心上，金星的轨道焦点落在水星和太阳的公共重心上，地球的轨道焦点落在金星、水星和太阳的公共重心上，并以此类推。按照这一方式，除土星以外的所有行星的轨道焦点，都不会被察觉到和太阳中心有偏离。土星的轨道焦点，也不会被察觉到与木星和太阳的公共重心有偏离。所以，当天文学家认为太阳位于所有行星轨道的公共焦点时，我们已经离真相不远了。土星自身的偏差不会超过1′45″。如果把焦点放置在木星和太阳的公共重心上的话，其轨道恰好与这一现象吻合。这就进一步确证了我们所说的一切。

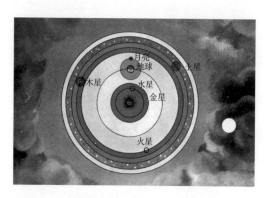

□ **太阳系**

太阳系是一个以太阳为中心，各天体受太阳引力约束而环集在一起的天体系统，包括太阳、行星及其卫星、矮行星、小行星、彗星和行星际物质。

［30］轨道的大小，及其远日点和交点[1]的运动

如果太阳是静止的，且行星不与其他行星相互作用的话，那么它们运行轨道的远日点和交点都同样会是静止的（根据第1卷命题1、命题11以及命题13推论）。而它们椭圆轨道的长轴会与它们周期时间平方的立方根成比例（根据命题15）。所以，根据给定的周期时间，也能求出长轴。但是这些周期时间不是从二分点开始测算的，而是从白羊座的第一颗星开始测算。把地球轨道半轴计为10000，则根据土星、木星、火星、金星和水星的周期时间，计算出其轨道半径分别为953806、520116、152399、72333和38710。但由于太阳运动，每条半轴都增加大约三分之一的距离，该距离为太阳中心到太阳和行星的公共重心的距离（根据第1卷命题60）。而按照地外行星对地内行星的作用，地内行星的周期时间延长了一些，尽管其延长量几乎难以察觉。而它们的远日点则十分缓慢地向前运动（根据第1卷命题66推论6和推论7）。而根据相同的理由，如果有彗星位于土星轨道之外的话，那么所有行星特别是地外行星的周期时间，将会因彗星运动而延长。而且，所有行星的远日点都会向前运动。但随着远日点的前移，交点则向后退（根据第1卷命题66推论11和推论13）。而如果黄道面是

[1]交点，天体沿轨道运动时与参考平面形成的交会点。若天体以太阳为中心，则以黄道平面为参考平面；以地球为中心，则以赤道平面为参考平面。

静止的，则交点的后退（根据第1卷命题66推论16）比上每个轨道的远日点的前进，约等于月球轨道交点的前进比上它远地点的前进，约等于10比21。但天文观测似乎确证了，对恒星而言，远日点的前进和交点的后退十分缓慢。因此彗星可能是在行星以外的区域，环绕着十分偏心的轨道，快速地飞过它们的近日点，又以极为缓慢的速度飞过远日点，并在行星以外的区域度过了它几乎全部的环绕时间。我们将在后面做出更详细的解释[1]。

[31] 天文学家早已清楚的一切月球运动，都可根据上述原理推出

环绕太阳旋转的行星，同时携带着环绕其自身而旋转的卫星或月球，就像第1卷命题66所说的那样。但从太阳的运动来看，我们的月球必须以更快的速度运动，且其接近地球的半径要扫过比当时更大的面积。它的轨道必定弯曲得更小，因而在朔望时比在方照时更接近地球，除非偏心运动阻碍了这些效应。因为当月球的远地点在朔望时，其偏心率最大；而当月球的远地点在方照时，其偏心率最小。所以，近地点的月球在朔望时的运动，比方照时的更快，也更接近我们；远地点的月球在朔望时的运动，比方照时的更慢，也更远离我们。此外，远地点有前进运动，而交点有后退运动，两者都不相等。因为远地点在朔望时前进得较快，在方照时后退得较慢，前移超过后退，造成了它的年度前移。但交点在朔望时静止，在方照时后退得最快。进一步说，月球在其方照时的最大经度，要比其在朔望时的大；它在地球远日点的平均运动，要比在地球近日点的运动快。迄今为止，天文学家没有发现

---

　　[1] 第30节注释："对遥远行星的预测？" J. Ph 沃尔弗斯（德文版《牛顿的原理》，柏林，1872年，第659页）认为这一节非常有趣（特别是"因此彗星可能是在行星以外的区域……度过了它几乎全部的环绕时间"这部分内容），因为它预示了天王星的存在。天王星在当时尚未发现，要到了1781年才首次被威廉·赫舍尔发现。牛顿认为，彗星和行星是天界中紧密相关的天体，这与近代的观点十分相符。——原注

月球运动表现出来的更多不等性，但所有这些不等性都可以通过我们在第1卷命题66推论2至13里的原理得出，并实际存在于天空中。如果我没有弄错的话，这或许是霍罗克斯先生提出的最富才华、最为精巧的假说了。弗拉姆斯蒂德先生已证明它与天象一致。但是这一天文假说需要由交点运动修正，因为交点允许它们的八分点[1]上出现最大的差或是"积化和差"（Pre-Raphaelite），而当月球位于交点时这一不均等性是最明显的，所以同样在八分点上显著。所以，第谷及其后来人将这一不均等性归因为月球的八分点，并认为它逐月变化。但我们所举出的理由表明，它应当被归因于交点的八分点，它是逐年变化的。

[32] 由此可以推导出一些不规律运动，但迄今为止未能观察到

除了天文学家所观测到的这些不等性，还有其他不等性存在。它使月球运动受到了干扰，以至于到目前为止还不能约化出任何确定的规律。因为在一年的运行过程中，月球远地点和交点的速度或小时运动、它们的行差（equation）、朔望时最大偏心率和方照时最小偏心率的差别以及我们称为二均差（variation）的不均等性，都与太阳视直径的立方成比例增减（根据第1卷命题66推论14）。此外，二均差几乎与两次方照之间的时间平方成比例（根据第1卷引理10推论1和推论2，以及命题66推论16）。而所有这些不均等性在面对太阳的轨道部分，要比背对太阳的轨道部分略大，但其差别难以察觉或者是几乎无法察觉。

---

[1] 八分点，观测者观测太阳和行星（或其他天体）时，两者连线的夹角为45°。

［33］月球到地球的距离（在既定时刻）

我通过一项计算（为行文简洁而略去不论）得以发现：月球接近太阳的半径在若干相同时间内所扫过的面积，与 $237\frac{3}{10}$ 和月球两倍距离的正矢[1]之和，近似地成比例关系。该距离是月球在以半径为单位的圆的最近方照时的两倍距离。所以，月球到地球距离的平方，与该和除以月球的小时运动成比例。这时，月球在

□ **金星**

金星是能在地球上看到的除了太阳和月亮外最亮的星。我国古代天文学家称它为"太白"。在民间，黎明时分的金星叫启明星，傍晚时分的金星叫长庚星。

金星上的陨石坑

金星卡涅茨火山口

金星凌日

金星表面

八分点时的二均差等于它的平均值；但如果二均差较大或较小，那么正矢肯定按相同的比例增大或减小。希望天文学家们去检验如此求得的距离和月球视直径之间精确到了什么样的程度。

［34］由月球的运动，推导出木星和土星的运动

我们可以由月球的运动，推导出木星和土星的月球或者说卫星的运动。根据第1卷命题66推论16，因为木星最外层卫星的交点作用力，比上在月球交点的平均作用力，等于地球环绕太阳的周期时间比上木星环绕太阳的周期时间，再乘以木卫环绕木星的周期时间和月球环绕地球的周期时间的简单比。所以，这些交点在一百年的时间内，会前移或后移8° 24′。根据相同的

---

〔1〕正矢，旧时的三角函数之一，为 $1-\cos\theta$。

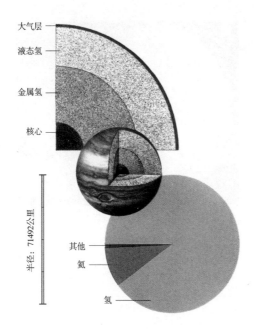

大气层

液态氢

金属氢

核心

半径：71492公里

其他

氦

氢

□ **木星的成分**

　　木星大部分是由呈气态、液态和金属态的氢组成的，不过它的中心也有一个小的石质核心。它的大气层主要含氢，还有一些氦和极少量的甲烷和氨。

推论，内层卫星交点的平均运动比上一颗外层卫星（交点的平均）运动，等于它们两者的周期时间之比，因此可以求出。根据相同的推论，每个卫星轨道回归点的向前运动比上其交点的向后运动，等于月球的远地点运动相比于其交点的运动，因此也可以求出。交点和各行星轨道拱线的最大差，分别比上交点和月球拱线的最大差，等于前一个差在一次公转时间内的交点运动和其卫星轨道的拱点线运动，比上后一个差在一次公转时间内的交点运动和月球远地点的运动。根据相同的推论，在木星上看见的一颗

木卫的二均差相比于月球的二均差，在该卫星和月球（在离开太阳后又）绕回太阳的时间内，分别与它们交点的整个运动成比例。所以，最外层卫星的二均差不超过5″12‴。由于这些不均等量很小、运动很慢，所以卫星的运动是如此的规律，以至于近代有比较多的天文学家要么否认其交点的任何运动，要么认为它们缓慢地后退。

［35］行星绕自身轴均匀地相对于恒星旋转，这一运动良好适用于测量时间

　　在行星沿轨道围绕遥远的中心公转的同时，还围绕它们自己的轴自转：

太阳完成自转的时间是26天，木星是9时56分，火星是24$\frac{2}{3}$时，金星[1]是23时。轴自转平面和黄道平面稍微有些倾斜，这也是天文学家按这些星体依次出现的斑点而验证过了的。而我们的地球在24时内完成类似的自转。根据第1卷命题66推论22，向心力既不加速这些运动，也不使之减速。所以，在所有的运动中，它们是最匀速的，最适合测量时间。但是这些匀速旋转，不是相对于太阳而言的，而是相对于其他恒星而言。正如行星相对于太阳的位置是不均匀变化的，它对太阳的公转也是不均匀的。

[36] 月球以类似方式绕其轴自转，由此产生了天平动

月球以类似的方式围绕其轴而自转。这相对于恒星而言是最均匀的，也就是在27天7时43分，即一个恒星月内旋转一周。所以这一周日运动和月球在其轨道上的平均运动是相等的。因此，月球的同一个面总是朝着其平均运动运行的中心，也就是接近月球轨道的外焦点。因此，依据它所朝向的焦点位置，月球的面有时会偏向地球的东侧，有时偏向西侧。而这一偏转等于月球轨道的差，或等于其平均运动和实际运动的差。而这就是月球在经度上的天平动。但它也类似地受到纬度上的天平动的影响。纬度上的天平动，来自于月球轴相对于轨道平面的倾斜，即相对于月球绕地球转动时的轨道平面的倾斜。因为这条轴保持着相对于恒星的近似不变位置，所以我们轮流看见它的两极，就如同我们从地球运动的例子中所理解的那样：因为地球的轴相对于黄道平面是倾斜的，所以太阳轮流照射地球两极。对天文学家来说，准确地确定月球轴相对于恒星的位置以及该位置的二均差，是个很有价值的问题。

---

[1] 现代天文学发现金星自转周期为243天。

［37］地球与行星的二分点岁差和轴的天平动

　　由于行星每日自转，行星中的物体努力远离自转轴，所以在赤道处的流体部分要比在两极处的更高。这就使得赤道处的固体部分如果不升起的话就会淹没在水下。按照这一计算，行星的赤道略厚于两极，所以二分点变为逆行，而它们的轴由于章动[1]而两次摆向黄道，又两次返回到它们之前的倾角上来，就像第1卷命题66推论18所解释的那样。因此，借助十分长的望远镜可以观测得知，木星不完全是圆的，它平行于黄道方向的直径要比南北方向的直径略长。

［38］海洋每天必定涨落各两次，且在日月到达地方子午线后的第3小时，水位最高

　　由于地球每日的自转运动以及太阳和月球的吸引力，我们的海洋应当每天有两次潮起潮落，既有月球引起的也有太阳引起的（根据第1卷命题66推论19、推论20）。而最高水位出现在每天的第6小时之前和前一天的第12小时之后。由于自转运动较慢，潮水会在第12小时退去，而往复运动的力会使之延续至大约第6小时。而直到这时，我们才能根据现象来准确地解释它。那我们为什么不推测在两端中间的第3小时，潮水水位最高呢？按这一方式，在日月举起潮水的力较大时一直是涨潮，而在力较小时是落潮。也就是，从第9小时到第3小时，该力较大，从第3小时到第9小时，该力较小。我是从日月到达地方子午线且位于地平线上下时，开始计算时间的。月球的每小时是月球日的 $\frac{1}{24}$，月球日是月球从视周日运动再次回到地方前一日的子午线所经过的时间。

---

　　[1] 章动，自转物体的轴发生摆动。

[39] 在日月位于朔望点时潮汐最大，在方照点时潮汐最小，且发生在月球到达子午线后的第3小时；在朔望点和方照点以外，潮汐产生的时间会从第3小时，稍微移向太阳达到中天后的第3小时

太阳和月球所引起的两种运动不会消失，而是会形成某种复合运动。当日月在合点或交点时，它们的力将会联合，带来最大的涨潮和落潮。在方照时，太阳将会让月球按下的潮水升起，而让月球抬起的潮水落下。两种力的差距带来了最小的潮汐。而（正如经验所告诉我们的）因为月

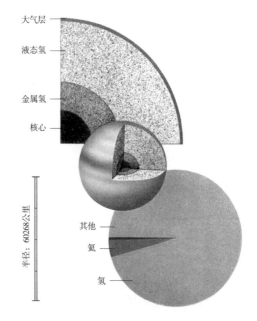

□ **土星的成分**

土星几乎全由氢和氦组成。其岩质核心可能比木星大，但因压缩的程度低于木星，金属氢的部分较少，磁场因此也较弱。

球的力比太阳的力更大，而潮水会在月球的第3个月球小时达到最高位。在朔望点时和方照点时以外，单独由月球的力所引起的最大潮汐应该发生在第3个月球小时，单独受太阳的力所引起的最大潮汐应发生在第3个太阳小时，而受两者合力所引起的最大潮汐肯定发生在这两者之中，更接近于月球第3个小时而不是太阳的第3个小时。所以，当月球从朔望点向方照点运行时，此时的第3太阳小时比第3月球小时早，最大潮汐会因稍微晚于月球八分点后的最大间隔，而发生在第3个月球小时之前。而当月球从方照向朔望点运行时，最大潮汐会由于类似的间隔，发生在第3个月球小时之后。

[40] 当日月最接近地球时，潮汐最大

但是日月带来的效果，取决于它们到地球的距离：当这一距离较小时，它们的效果就较大；当距离较大时，效果较小。这与它们视直径的三次方成比例。所以，冬天位于近地点的太阳会产生更大的效果。在其他条件相同下，冬天朔望时的潮汐比夏天朔望时的略大，冬天方照时的潮汐比夏天方照时的略小。而每个月，位于近地点时的月球会比位于远地点、在十五日前后的月球，带来更大的潮汐。因此，在两个相继的朔望之后，不会接连发生两次最大的潮汐。

[41] 二分点时潮汐最大

日月的效应同样取决于其到赤道的倾斜角或距离。因为如果日月位于极点时，它们会持续吸引所有的潮水，其作用不会有任何的增强或衰减，也不会导致往反运动。所以，由于月球由赤道偏向任意一极，它们的力会逐渐消失，而在二至点朔望时的潮汐会比二分点朔望时的潮汐更小。但二至点方照时引起的潮汐会比二分点方照时的潮汐更大，因为此时，月球位于赤道，其效应远远超过太阳的效应。所以最大的潮汐发生在朔望时，最小的潮汐发生在方照时，这些都发生在二分点附近。朔望时的最大潮汐总是紧跟着方照时的最小潮汐，就像我们所观察到的那样。但因为太阳在冬天时到地球的距离比在夏天时的短，所以在春分点之前的最大潮汐和最小潮汐都比在春分点后要频繁出现，而秋分点后的要比秋分点前的更频繁出现。

［42］在赤道外地区，大小潮汐交替出现

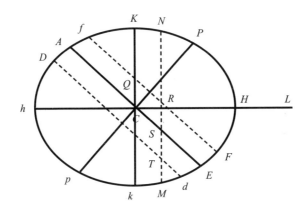

此外，日月对潮汐的影响取决于其位置的经度。设APEP四点表示各面都覆盖了深水的地球，C点是地球中心，P、p两点是地球两极，AE表示赤道，F表示赤道外任意一点，Ff表示地方的纬线，Dd表示赤道另一侧与之对应的纬线，L表示3小时前月球所处位置，H表示L落到正下方地球上的位置，h表示H对应到地球另一侧的位置，K、k两点表示与之成90度的地方，CH、Ch表示海面到地球中心的最大高度。CK、Ck表示海面到地球中心的最小深度。如果轴Hh和轴Kk构成了椭圆，让该椭圆绕长轴Hh旋转形成椭球体HPKhpk，这个椭球体近似代表海洋形状。而CF、Cf、CD、Cd表示位于F、f、D、d的海洋。但进一步说，如果所说的椭圆里，任意点N旋转形成圆NM，分别与平行线Ff、Dd相交于R点和T点，与赤道AE相交于S点，那么CN表示海洋位于该圆R、S、T这些所有点上的高度。因此，在任意点F的每日自转中，最大涨潮将在月球接近地平线上子午线的第3小时，在F点发生。而之后，最大退潮在月球落下后的第3小时，在Q点发生。而后，最大涨潮在月球接近地平线之下的第3小时，在f点处发生。最后，最大退潮在月球升起后的第3小时，在Q点发生。而在f点的后一涨潮小于前面在F点的涨潮。因为整个

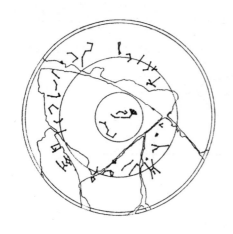

□ **恒显圈和赤道**

　　1965年，考古人员在杭州玉泉山下钱元瓘墓中发现一天文图，图刻在墓的后室石板上，有断裂。图呈圆形，内中有两个同心圆，分别代表恒显圈和赤道。图为该天文图的摹本。

海洋被划分为两个硕大的半球形，一部分是位于北部的*KHkC*，另一部分是*KHkC*的对侧。所以，我们可以称之为北部潮水和南部潮水。这些潮水总是彼此相对的，以12个月球小时为间隔轮流经过所有地方的子午线。而流经北方国家的更多的是北部潮水，南方国家则更多的是南部潮水。因此，在日月出没的赤道以外的所有地方，大小潮汐会交替出现。但当月球向地方天顶倾斜，大约在月球接近地平线上子午线后的第3个小时，会产生较大的潮汐。

当月球改变了其赤纬，则较大的潮汐会变为较小的潮汐。而潮汐之间最大的差将发生在二至点，当月球的升交点在白羊座的第一星附近时尤其如此。所以，冬天早潮比晚潮更大，而夏天时晚潮比早潮更大。根据科尔普雷斯和斯图米的观察，在普利茅斯的潮水有1英尺高，但在布里斯托尔的却高达15英寸。

[43] 潮汐差因外加运动的持续而减小，最大潮汐可能在每个月朔望后的第3次潮汐出现

　　我们所描述的运动会受到某种力的影响。该力是海水由惯性而短暂具有的往复力（一旦它具有这种力的话）。因此，尽管日月的作用停止了，潮汐却可以持续一段时间。这种持续施加运动的能力，使前后潮差减小了，使紧随朔望后的潮汐较大，使方照后的潮汐较小。因此，在普利茅斯和布里斯托尔两地的相继潮差，不超过1英尺或15英寸。而在所有的港口，最大潮汐不是

出现在朔望后的第1次潮汐，而是第3次潮汐。

此外，一切潮汐运动在它们通过浅海峡时都会减速，以至于在某些海峡或河口，潮汐会在朔望后的第4次甚至第5次时达到最大。

［44］海洋运动会受海底阻碍而减速

因为海洋运动从浅海涌向海岸时会减速，所以最大潮汐会在朔望后的第4次潮汐或第5次潮汐甚至更晚的时候发生。因此，潮汐在第3个月球小时到达爱尔兰西海岸，而又在1个小时或2个小时后到达同一岛屿的南部港口。在卡西特里德斯群岛（它通常被叫做索灵岛），也是如此的情况。接着，潮汐继续到达法尔茅斯、普利茅斯、波特兰、怀特岛、温切斯特、多佛、泰晤士河口以及伦敦桥，这一过程一共花了12小时。此外，如果海洋不够深的话，潮汐的传播甚至可能受海峡自身的阻碍。而加那利群岛，以及像爱尔兰、法国、西班牙和所有非洲国家乃至好望角那样面向大西洋的所有西海岸，都会在第3月球小时涨潮。那些受阻碍的浅海除外，它们是在第3月球小时之后涨潮。而在直布罗陀海峡，因为有地中海传播出来的海洋运动，潮汐流动更快一些。但是，潮水从遍布在海洋上的这些港口出发，涌向美洲海岸，大约在第4月球小时或第5月球小时，率先到达巴西最东边的海岸。而之后在第6小时到达亚马逊河口，但其旁边的岛屿则只用4个小时到达。而后，在第7小时到达百慕大群岛，在第7.5小时到达佛罗里达的圣奥古斯丁港。所以，潮汐在海洋间传播的速度，比它应按月球轨道而做出的运动要慢一些。而这一减速是十分必要的。它使得海洋在相同时间可以在巴西或新法兰西之间回落，而在加那利群岛和欧洲与非洲的海岸涨起，反之亦然。因为海洋不能从一个地方涨起，而不在别处落下。而太平洋可能受同样的规律推动。因为据说智利和秘鲁的港口，总是在第3月球小时涨潮到最高。但我尚不清楚，它以什么样的速度传播到日本、菲律宾和毗邻中国的其他岛屿的东海岸。

［45］海底和海岸的阻碍带来了各种现象，例如大海每天也许只涨潮一次

此外，潮汐也许会从海洋经过不同的海峡而传播到相同的港口。也许经过一些海峡更快，而别的更慢。这样，同样的潮汐，被划分为两个或者更多个相继的潮汐，会合成不同类型的新运动。让我们假设一个潮汐被划分为两次相同的潮汐。前一次潮汐比后一次潮汐早6小时，并从月球接近抵达港口子午线的第3小时或第27小时开始。如果月球在接近子午线时位于赤道，那么每6个小时的涨潮会和相同数目的退潮相遇，它们之间是如此的平衡，以至于在那一天的潮水会平静不动。如果那时月球和赤道有偏离，那么海洋的潮水会如前所说的那样，交替出现大潮汐和小潮汐。因此，两次大潮汐和两次小潮汐交替到达那个港口。但两次较大潮汐的中间时刻会出现最高水位，而在较大潮汐和较小潮汐的平均时刻，潮水会到达平均高度。而在两次较小潮水的中间时刻，潮水会到达最低水位。所以，在24小时内，潮水只会涨到它们的最高点一次，也到达最低点一次，而不是两次。如果月球向较高的极点倾斜的话，它们的最高水位会发生在月球接近子午线的第6小时或第13小时。当月球赤纬改变，这一涨潮也会变为退潮。

所有的这些，我们都是以东京王国[1]的巴特沙港为例，它位于北纬20° 50′。在这个港口，在月球位于赤道上的次日，潮水平静。而当月球向北倾斜时，开始涨潮和落潮。并且每天只有一次涨落潮，而不是像其他港口那样有两次。月球落下时涨潮，而月球升起时，落潮最大。潮汐随着月球赤纬而增加，一直到第7天和第8天。而随后的第7天或第8天，它又开始减小，减小的比例如同它之前增加的那样。在月球改变了赤纬时，它就消失了。在

---

〔1〕指越南后黎朝，该王朝以东京（越南古地名，今河内）为首都。

这之后，涨潮立即变为退潮。从那时起，月球落下时退潮，而月球升起时涨潮，直到月球改变其赤纬为止。海洋到这一港口有两条通道：一条是位于中国海南岛和广东省沿岸之间的通道，较直且较短；另一条是从海南岛和交趾[1]沿岸绕道而至。潮水通过较短的通道，能较快地传播到巴特沙。

[46] 潮汐在海峡中的涨落时间，要比在海洋的涨落时间更不规律

在河道里，潮涨潮落取决于河流的流量。河道阻碍海水进入并促使海水回流大海，延缓和减慢海水流入，促进和加快海水流出。因此，退潮耗时比起涨潮耗时更久，在河流起源处尤是如此，因为在这里海水的力较弱。所以，斯图米告诉我，布里斯托尔下游三英里处的埃文河，涨潮只有5小时，而退潮却有7小时。而在布里斯托尔上游的卡勒山姆或者巴斯，差别无疑更大。这一差别同样取决于潮起潮落的水量。因为日月在朔望附近时，大海波动较猛烈，较容易克服河道阻碍，而使流入的水量更快且更持久，缩小了这一差别。但是当月球接近朔望时，河流水量较为充足。其水量会被大潮阻碍，所以河道对朔望后海洋退潮的阻碍，要稍微比其对朔望前海洋退潮的阻碍大。由此，在所有潮汐中，最慢的涨潮不会在朔望时发生，而是在朔望前发生。而我观察到，潮汐在朔望之前，会因受到太阳力而延缓。这两个原因共同导致涨潮的延迟在朔望前较大且较早。我所得出的一切内容，都基于弗拉姆斯蒂德先生从大量观察中汇总出来的潮汐表。

---

　　[1] 越南古地名，今越南红河三角洲地区。

［47］较大且较深的海洋里，潮汐较大；大陆海岸的潮汐比海洋中央岛屿的潮汐更大；以宽阔通道面朝大海的浅海湾，潮汐也更大

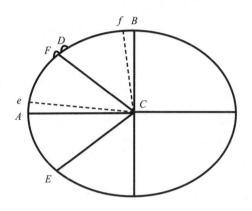

　　按照上述规律，可以确定潮汐时间。但潮汐大小取决于海洋的大小。设 C 点为地球中心，$EADB$ 为椭圆形的海洋，CA 为这一椭圆的半长轴，CB 是与 CA 相垂直的短半轴，D 点表示 A 和 B 之间的中点。ECF 和 eCf 表示以海岸 E、F 或 e、f 为宽度的海洋和地球中心形成的角。现在，设 A 点为 E 点和 F 点的中点，而 D 点为 e 点和 f 点的中点。如果高度 CA 和 CB 的差表示环绕整个地球的幽深海洋的潮汐量，那么高度 CA 超出高度 CE 或 CF 的部分，就表示以 E 点和 F 点为海岸的海洋 EF 中间的潮汐量。而高度 Ce 超过高度 Cf 的部分，近似于同一海洋的海岸 f 点的潮汐量。因此，海洋中间的潮汐比海岸边的小。而海岸边的潮汐近似等于 EF，即等于不超过四分之一圆弧的海洋宽度。因此，在非洲和美洲之间接近赤道的海洋是狭窄的，其潮汐要远小于有着开阔海洋的温带地区的任何一侧的潮汐，也远小于接近美洲和中国、在热带内外的太平洋上的所有海岸的潮汐。而在海洋中间的岛屿，涨潮很少超过2英尺或3英尺。但大陆海岸的涨潮则比这大3倍或是4倍，甚至更大。特别是当海洋传播的运动逐渐缩小至狭小的空间时，那里的海水依次涌上海湾后又撤离，使得狭小的地方

出现了极大的涨退潮力度，就像在英格兰的普利茅斯和切普斯托桥，在诺曼底的圣米歇尔山和阿夫朗什镇，在东印度的坎贝和勃固那样。在这些地方，海水极为汹涌地起落，有时将海岸淹没于水下，有时又退离海滩，形成几英里的干地。潮水甚至要涨起或落下40英尺到50英尺或更多时才会停歇。所以，那些入海口宽且深，其余部分长且浅的海峡（例如不列颠海峡和麦哲伦海峡的东出口）会有更大、时间更长的涨潮和落潮，潮水涨得更高、落得更低。据说在南美洲海岸上，太平洋的退潮有时达两英里，使海滩上的东西显露出来。在这些地方涨潮也会更高，但在较深的水域，涨潮和退潮的速度总是较慢，所以潮水涨起和下落的幅度也较小。在这样的地方，尚未听说过潮水上涨超过6英尺、8英尺或10英尺的。我按如下的方式计算上涨的量。

［48］从前文所讲的原理可推断月球运动受太阳扰动的力

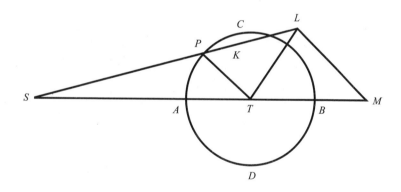

设S点代表太阳，T点代表地球，P点代表月球，PADB代表月球的轨道。在SP上取SK与ST相等，且SL比SK等于SK比SP的比值的平方。作LM平行于PT。设距离ST和SK表示指向地球的环日力的平均量，SL表示指向月球的力的量。但这个力是SM和LM部分的合力。其中，力LM和SM中由TM表示的部分，确实扰动了月球的运动（如同根据第1卷命题66及其推论所证明的那样）。只要地球和月球环绕它们的公共重心运行，地球就会受到类似力的作用。但是我们可以把这种运动与力的和归结给月球，且用与之成比例的线段TM和线段ML来表示这一和。力LM的平均量，比上月球在距离PT上环绕静止地球而行的力，等于月球环绕地球的周期时间的平方，比上地球环绕太阳的周期时间（根据第1卷命题66推论17）。这就是，27天7时43分比上365天6时9分，这一比值的平方，或者等于1000比上178725，或者等于1比上$178\frac{29}{40}$。月球在$60\frac{1}{2}$倍地球半径的距离PT上环绕着静止的地球，沿该轨道环绕的力，比上使它在60倍地球半径处相同时间内环绕地球的力，等于$60\frac{1}{2}$比上60。而这些力比上我们的重力，几乎等于1比上60^2。所以，平均力ML比上地球表面的重力，等于$1\times60\frac{1}{2}$比上$60^2\times178\frac{29}{40}$，或者是1比上638092.6。因此可以由线段$TM$和线段$ML$的比求出力$TM$。这就是月球运动受到太阳扰动的力。

［49］计算太阳对海洋的吸引力

如果我们从月球的轨道下落到地球表面，这些力会按距离$60\frac{1}{2}$比1的比率而减小。所以，这时力LM会变成重力的38604600分之一。但是这种力在地球任何地方都是均匀的，几乎不会对大海的运动产生影响，所以在解释这一运动时可忽略。另一个力TM，当太阳位于天顶或其天底时，是力ML的量的三倍，所以是重力的12868200分之一。

［50］计算太阳在赤道处引起的潮汐高度

现在，设$ADBE$代表地球的球形表面，$aDbE$代表覆盖它的水面，C表示两者的中心，A是太阳在天顶下的点，B点是A点的对侧。D点、E点在和前者成90度的位置。ACE、mlk是通过地球中心的直角圆柱水道。位于任意位置的力TM，与到平面DE的距离成比例。它和从A到C的直线成直角。所以，$EClm$所代表的水道部分的力为零，但在$AClk$的部分与不同高度的重力成比例。

因为在向地球中心下落的过程中，各处的重力（根据第1卷命题73）与高度成比例。所以，抬升水的力TM会让水柱$AClk$的重力按给定比例减小。由此，该段水柱的水会上升，直到其减小的重力和较大的高度相抵消。在其总重力和水柱$EClm$的重力达到相等之前，不会达成静止平衡。因为每个微粒的重力与其到地球中心的距离成比例，任何水柱的重量都会随着

□ 海洋

海洋是地球上最广阔的水体的总称，由于海洋面积远远大于陆地面积，人们因此把地球形容为一个"大蓝星"。

其高度的平方而增加，所以水柱$AClK$里水的高度比上水柱$ClmE$的高度，等于12868201与12868200之比的平方根，或等于25623053与25623052的比。而在支柱$EClm$的潮水高度比上其高度的差距，等于25623052比上1。而按近来法国人的测量，水柱$EClm$的高度是19615800巴黎尺。所以，根据上述比例，高度差会达到$9\frac{1}{5}$巴黎寸。而太阳力会使A点的海洋高度比E点的海洋高度高出9英寸。尽管可以设想水柱ACE、mlk遇冷凝固为坚冰，但A点和E点以及其他所有居间位置的海洋高度依旧保持不变。

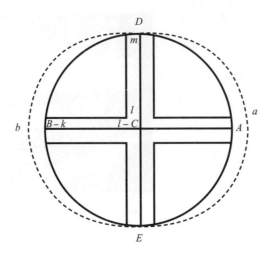

[51] 计算在纬线圈上由于太阳引力产生的潮汐高度

　　设 *Aa*（如下图所示）表示高出 *A* 点 9 英寸的高度差，而 *hf* 表示高出地球任何地方 *h* 的高度。在 *DC* 上作垂线 *fG*，*fG* 与地球球体相交于 *F* 点。因为太阳距离是如此遥远，以至于从中引出的所有直线都可被看作是平行线，且在任意点 *f* 的力 *TM* 与 *A* 点的同样的力相比，等于正弦 *FG* 比上半径 *AC*。所以，因为这些力以平行的方向指向太阳，它们都会以同样的比例产生平行高度 *Ff* 和 *Aa*。所以，海水 *Dfacb* 的形状是由椭圆绕其长轴 *ab* 旋转而形成的椭球。而垂直高度 *fh* 相对于倾斜高度 *Ff*，等于 *fG* 比上 *fC*，或者等于 *FG* 比上 *AC*。所以，高度 *fh* 比上高度 *Aa* 等于 *FG* 与 *AC* 之比的平方，也就是二倍角 *DCf* 的正矢比上两倍半径，由此可解。所以，在太阳环绕地球做视旋转的不同时刻，我们都可以推断出潮水在赤道下任何给定位置处涨起和回落的比例，以及涨起和回落的减小，而不管它是由地方纬度引起的还是太阳倾斜引起的。也就是说，在地方纬度上，任何地方的海洋涨起和回落，与纬度的余弦平方成比例递减。而就太阳的倾斜而言，赤道海面的涨起和回落，与倾斜角的余弦平方成比例递减。在赤道以外的地方，早上和晚上海水涨高之和的一半（即平均升高）近似按同一比例减小。

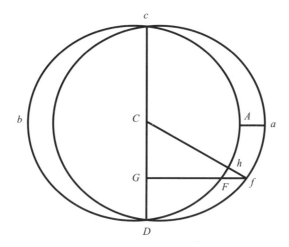

[52] 在朔望时和方照时，赤道上潮汐高度的比例，取决于太阳和月球的共同吸引力

令S和L分别表示太阳和月球在它们到地球的平均距离处施加给地球赤道的力。R表示半径，T和V表示太阳和月球在给定时刻倾斜角的二倍补角的正矢。D和E表示太阳和月球的平均视直径，再假设F和G表示在这一给定时刻它们的视直径，那么在赤道上它们引起涨潮的力，在朔望时会是 $\frac{VG^3}{2RE^3}\ L+\frac{TF^3}{2RD^3}\ S$，而在方照时会是$\frac{VG^3}{2RE^3}\ L-\frac{TF^3}{2RD^3}\ S$。如果在纬线圈上能观察到相同比例，那么我们就可以根据我们在北半球所作的精确观测，来确定力L与S的比例。之后，通过这一规律，就能预测潮汐在每次朔望和方照时的大小。

[53] 计算导致潮汐的月球吸引力，以及由此引发的潮汐高度

春秋时节，当日月位于合点或交点时，布里斯托尔下游3英里处的埃文

河河口处的水面总高度（根据斯图米的观察）大约是45英尺，而在方照时只有25英尺。因为不能确定日月在此的视直径，所以让我们假设它为平均值，且月球在二分点方照时的倾斜角也为其平均值，即（$23\frac{1}{2}$）° ；而假设其半径是1000，其二倍补角的正矢是1682。但太阳在二分点时的倾角和月球在朔望时的倾角都是零，其二倍补角的正矢都是2000。因此，这些力在朔望时是$L+S$，而在方照时是$\frac{1682}{2000}L-S$，分别与其潮汐高度45英尺和25英尺成比例，或与9步[1]和5步成比例。所以，乘以最大值和平均值，我们得出$5L+5S = \frac{15138}{2000}L-9S$，或者是$L=\frac{28000}{5138}S=5\frac{5}{11}S$。而且，我记得有人告诉过我，夏天朔望时潮汐高度比上方照时的潮汐高度，等于5比4。在二至点它们的比例可能略小，等于6比5。所以$L=5\frac{1}{3}S$［因为比例是（$\frac{1682}{2000}L+\frac{1682}{2000}S:L-\frac{1682}{2000}S$）＝6:5］。在我们根据观察更准确地确定这一比例之前，我们可以假设$L=5\frac{1}{6}S$。因为潮汐高度与引起它的力成比例，而太阳力可以抬升潮汐到9英尺高，月球的力则足以使之升至4英尺高。而如果我们让这一高度变为两倍或是三倍，那么在潮水运动中会观察到往复力。该往复力使运动一旦开始便持续一定时间，足以产生我们在海洋中所看到的任何大小的潮汐。

［54］太阳与月亮的引力难以觉察，唯有在海面涌起潮汐时才能被察觉到

　　于是，我们看到这些力足以使海洋发生波动。但据我所知，它们个会在

---

［1］1步＝2.5英尺＝0.762米。

地球上产生其他可感知的效应[1]。因为最好的天平也无法称出4000分之一格令[2]的重量。而太阳推动潮汐的力，小于地球重力的12868200分之一。日月力之和只以$6\frac{1}{3}$比1超过了太阳力，这依旧小于重力的2032890分之一。显然，二力之和仍然小于天平可感觉物体加减重量的500分之一。所以，它们不会给任何悬挂物体带来能感觉到的推动效应，也不会给单摆、气压计、在静水中漂浮的物体或者类似的静力学实验带来任何可察觉的效应。事实上，它们在大气层里会引发像大海里那样的涨落潮，但这一运动是如此之小，以至于无法产生可感受到的风。

[55] 月球密度约为太阳的6倍

如果月球和太阳所引起潮汐的效果，以及它们的视直径，彼此都是相等的，它们力的绝对大小会与它们的量级成比例（根据第1卷命题66推论14）。但月球的效应比上太阳的效应，等于$5\frac{1}{3}$比1。而月球的视直径比太阳的视直径，小于$31\frac{1}{2}$比上$32\frac{1}{5}$，或者是45比上46。现在，月球的力正好与其效果比值成比例增加，而与其视直径比的三次方成反比。所以，与月球量级相比的月球力，比上与太阳量级相比的太阳力，等于$5\frac{1}{3}$比上1，再乘以45与46反比的立方，也约等于$5\frac{7}{10}$比1。所以，月球从其星体量级而言的向心力的绝对大小，比上太阳从其星体量级而言的向心力，大于$5\frac{7}{10}$比1。所以，月球与太阳

---

[1] 第54节注释："类地行星的潮汐效应"。牛顿没有发现大地的潮汐效应，而迈克尔孙和盖尔发现了。1919年，他们在叶凯士天文台，借助十分精确的方式来观测单色光条纹干涉，在固体地球上发现了这一效应。这一结果可以衡量地球的刚性。（参阅《1919年11月28日至29日芝加哥会议纪要》，载于《物理评论》，1920年，15（2）：第144页；阿尔伯特·亚伯拉罕·迈克尔孙，亨利·戈登·盖尔，《地球的刚性》，载于《科学》，1919年，50（1292）：第327—328页；亨利·戈登·盖尔，《地球弹性特性的实验测定》，载于《科学》，1914年，39（1017）：第927—933页。）——原注
[2] 格令，英国旧时的重量单位。1格令= 64.79891毫克。

□ **太阳两极的引力**

太阳的引力主要表现在两极，这是引力的物质性所决定的。太阳两极的半固性与赤道地区的气态性相比，其物质壳厚得多，物质性也要强得多，因此太阳的引力就集中在两极。

的密度比有着同样的比例。

[56]月球与地球的密度比约为3∶2

设太阳的平均视直径为$32\frac{1}{5}'$。一颗距离太阳中心为18.954倍太阳直径的行星，环绕着太阳而公转，公转一周用了27天7时43分，即月球环绕地球的周期。在同样时间段内，距离地球为30倍地球直径的月球，环绕着静止地球公转一周。如果这两种情况的直径数相同，那么环地力的绝对大小比上环日力的绝对大小，等于地球量级比上太阳量级（根据第1卷命题72推论2）。因为地球直径数目按30比18.954而较大，则地球的体积应按这一比例的立方减小，即按$3\frac{28}{29}$比1。所以，根据星体量级的地球的力，比上根据星体量级的太阳的力，等于$3\frac{28}{29}$比1。因此，地球密度比上太阳密度，会是同样的比例。接着，因为月球的密度比上太阳的密度为$5\frac{7}{10}$比1，所以前者比上地球的密度等于$5\frac{7}{10}$比$3\frac{28}{29}$，或者是23比16。那么，因为月球的量级比上地球的量级，约等于1比$41\frac{1}{2}$，所以月球向心力的绝对大小比上地球向心力的绝对大小等于1比29，而月球的物质拥有的总量比上地球的物质拥有的总量也是同样的比例。因此，地球和月球的公共重心要比迄今为止所确定的更加精确。根据这些知识，我们可以极为精确地推断出月球到地球的距离。但我愿意等待更精确地用潮汐现象来推算月地间量级比例之时。同时我希望在比其他人的测量位置更远的站点上，测量地球的周长。

[57] 恒星的距离

至此，我已经给出了行星系统的说明。至于恒星，它们微小的年视差证明了它们和行星体系相距甚远。可以肯定地说，这一视差小于一分。由此可知，恒星的距离要比土星距太阳的距离远360倍。那些把地球看作行星、把太阳看作恒星的人，可以根据以下论证，把恒星放在更远的距离。从地球的年度运动来看，一颗恒星相对于另一颗恒星会发生视移动，这差不多等于它们的两倍视差。但迄今为止，尚未观测到较大的和较近的恒星相对于只能通过望远镜看到的遥远恒星有丝毫的运动。如果我们假设这一运动只小于 $20''$，那么较近的恒星距离会比土星的平均距离远2000倍以上。此外，直径只有 $17''$ 或 $18''$ 的土星的圆盘，只接收到了太阳光线的 $\frac{1}{2100000000}$。因为这一圆盘比起土星轨道的整个球面要小得多。而如果我们假设土星反射了 $\frac{1}{4}$ 的光线，则其被照亮的半球反射的全部光线，是太阳半球发射出来的全部光线的 $\frac{1}{4200000000}$。所以，既然光线与到发光体的距离平方成反比递减，如果太阳是土星距离的 $10000\sqrt{42}$ 倍的话，它就会像没有环的土星一样亮，即稍亮于第一星等的恒星。所以，让我们假设太阳在超过土星约100000倍距离处像恒星一样发光，而它的视直径会是 7^v16^{vi} [1]，地球年度运动所产生的视差为 13^{IV}。若一颗恒星的体积和光线与太阳的相等，当其表现为第一星等的视直径和视差时，它距离我们如此遥远。或许某些人会认为，恒星光线在辽阔空间的传播过程中因受阻拦而消失了很大一部分，所以恒星的距离应该更近些。但按照这一比例，更远的恒星几乎无法看见。例如，假设最近的恒星的光线传播至我们这里时损失了 $\frac{3}{4}$，那么双倍距离处就会再损失 $\frac{3}{4}$ 的光线，三倍距离处损失三倍，以此类推。所以，在双倍距离处的恒星会暗淡为 $\frac{1}{16}$，

---

[1] $x^{vi} = \dfrac{x}{60^6}$ 度。

即先因视直径减小暗淡为 $\frac{1}{4}$，又因光线损失再暗淡为 $\frac{1}{4}$。根据同样的论证，在三倍距离处的恒星会暗淡为 $\frac{1}{9\times4\times4}$ 即 $\frac{1}{144}$，而在四倍距离处的会暗淡为 $\frac{1}{16\times4\times4\times4}$ 即 $\frac{1}{1024}$。但光线如此快速地变暗，这与现象不吻合，也与恒星位于不同位置的假说不吻合。

[58] 彗星可见时，根据经度上的视差可知它们比木星更近

所以，彼此间相距甚远的恒星，它们之间既不相互吸引，也不被我们的太阳吸引。但不用怀疑的是，彗星肯定在环日力下运动。因为没有发现彗星的周日视差，天文学家就认为彗星在月球之外，所以它们的周年视差就确保它们下落在行星区域。对所有依据黄道十二宫顺序而按轨道方向运动的彗星而言，当彗星快消失时，如果地球正位于它们和太阳中间，彗星就会变得比通常的更慢或是逆行；如果地球接近它们和日心相对的位置，则会变得比通常的快。然而，另一方面，对于和黄道十二宫顺序相背、朝向它们尾部的彗星，当地球位于它们和太阳中间时，要比它们运动得更快；当地球位于其轨道的另一侧时，运动得较慢。这是由于地球在不同位置的运动而引发的。如果地球和彗星同方向运行且速度快于彗星，彗星会显示为逆行。但是如果地球速度慢于彗星，彗星则会显得较慢。而如果地球以彗星的相反方向运动，彗星会变得更快。通过确定较慢运动和较快运动的差，以及较快运动和逆行的和，并比较它们升起时地球的运动和位置，我通过这一视差发现，在肉眼将看不见彗星时，其距离总是小于土星的距离，甚至一般小于木星的距离。

[59] 纬度视差也可以证明这一点

由彗星路径曲率可推出同样的结论。当持续地快速运动时，这些星体近似沿大圆前进。但它们的路径将要结束时，当其视差的视运动部分与其全部

视运动成较大比例，它们通常会偏离该圆。当地球向一侧运动时，它们会偏向另一侧。因为这一偏离和地球运动相匹配，所以主要由视差引起。由此，根据我的计算，偏离量使得即将消失的彗星位于与木星非常近的位置上。因此，当它们的近地点和近日点更接近我们时，它们常常会在火星以及内层行星的轨道内。

[60] 视差也证明这一点

此外，轨道的周年视差也证实了彗星很近。所以，假设彗星做匀速直线运动，就可以近似推测出相同结论。根据这一假设，从四次观测来计算彗星距离（先由开普勒提出，而后沃利斯博士和克里斯托弗·雷恩爵士完善），这是众所周知的方法。彗星在行星区域中通过时，一般会有规律。所以，1607年和1618年彗星的运动被开普勒确定了，它们从太阳和地球中间通过。1664年的彗星在火星轨道以内通过；1680年的彗星在水星轨道以内通过，它们的运动是克里斯托弗·雷恩爵士和其他人确定的。赫维留根据相同的假说，将我们所观测到的所有彗星都纳入木星轨道内。所以，有些人想从彗星的规律运动出发，要么把它们放入恒星区域，要么否认地球的运动。这是错误的做法，与天文学计算相悖。但其实彗星的运动不能被约简为完美的规律性，除非我们假设它们通过地球附近的区域。这些是由视差得出的论证，是哪怕没有关于彗星轨道和运动的精确知识，也能得出的。

[61] 彗头的光表明彗星位于土星轨道附近

彗星离我们不远，这可由其头部的光得到进一步的确证。因为被太阳照射且向遥远处退离的星体，它的亮度与其距离的四次方成反比递减。即，与到太阳距离的二次方成反比，又与其视直径的二次方成反比。因此可以推断，在木星的两倍距离处、视直径几乎是木星一半的土星，其亮度肯定暗淡为木

□ 月球

"阿波罗11号"飞船返航时所摄得的月球。

星的 $\frac{1}{16}$。如果它的距离是木星的4倍大，那它的光会暗淡至 $\frac{1}{256}$，肉眼几乎不可见。但如今，彗星在视直径不超过土星时，常常与土星的亮度相等。胡克博士所观测到的1668年彗星便是如此，它的亮度与第一星等的恒星相等。而通过15英尺的望远镜观测，它的头部，或是彗发中部的星体，与接近地平线的土星亮度相等。但其头部直径只有25″，也就是几乎与土星及其环的直径相等。环绕彗星头部的彗发宽度大约是10倍，即 $4\frac{1}{6}'$。

此外，弗拉姆斯蒂德先生通过16英尺望远镜观测以及借助千分仪，测出了1682年彗发的最小直径为2′ 0″。但彗核或其中部，几乎只有这一宽度的十分之一，所以只有11″或12″宽。但其头部的亮度和清晰度超过了1680年那颗彗星的头部，与第一星等或第二星等恒星的头部相同。此外，如赫维留所告诉我们的那样，1665年4月的那颗彗星，其光辉超过了几乎所有的恒星，甚至超过了土星，有着极为鲜明的色彩。因为这一颗彗星比起前一年年底出现的彗星要鲜艳得多，而可以把它与第一星等的恒星相比较。彗发的直径为6′，但通过望远镜将其彗核与其他行星相比，发现彗核远小于木星，而有时小于或等于土星环内的星体。在这一宽度上加上圆环，则土星整个面会比彗星大上两倍，但亮度却没有它高。

所以，该彗星比土星更靠近太阳。从观测到的彗核与整个头部的比率，以及几乎不超过8′或12′的彗头宽度来看，彗星有着最普通的、和行星一样的视量级。但是它们的亮度时常可与土星相比，有时甚至超过土星。因此，在它们的近日点处，它们到太阳的距离不会大于土星。在两倍距离处，亮度会暗淡为 $\frac{1}{4}$ 甚至更小。而这一暗淡的白光与土星的光相比，远小于土星相对于木星的亮度。这一区别容易观察。而在10倍远的距离，它们的星体必定比太阳更大。但是它们的亮度会暗淡至土星的 $\frac{1}{100}$。而在更远的距离，它们的星体会远远超过太阳。但是它们处在如此暗的区域，因而无法被看见。把太阳看成是一颗恒星，而把彗星放在太阳和其他恒星之间的中间区域，这肯定是不可能的。可以肯定的是，它们得自太阳的光不会超过我们从最大恒星处得到的光。

[62] 它们下落至远远低于木星轨道之处，有时低于地球轨道

到目前为止，我们还没有考虑彗星头部由于受到浓厚烟雾而显得朦胧的情况。由于烟雾包围，其头部总是十分晦暗，如同藏在云后。因为物体越是受烟雾遮蔽，它就必须越接近太阳，这样它所反射光线的总量才能与行星的相当。因此，彗星可能落到远低于土星轨道之处，就像我们之前通过视差所证明的那样。但首先可以由彗尾确证的是：彗尾要么是太阳光照射包围彗星且弥漫在以太中的烟雾产生的，要么是太阳光照射其头部产生的。在前一种情况，我们肯定要缩短彗星的距离，否则彗头的烟雾就会在十分辽阔的空间中以难以置信的、极大的扩散速度传播；在后一种情况，彗头和彗尾的全部光线必须来自其中心核。但这样的话，如果我们假设所有的这些光都汇聚和凝集在彗核的圆盘内，那彗核的亮度肯定会远远超出木星。当它发出一条极大且明亮的彗尾时尤其如此。所以，如果它在较小的视直径下反射了较多的光，那么它肯定更多地接收了太阳照射，所以更接近太阳。在儒略旧历1679年12月12日和15日出现的彗星，射出了非常亮眼的尾部。其光辉如同许多颗像木星一样亮的星星。如果它们的光线在如此大的空间中散射传播，而彗核的量级又小于木星（根据弗拉姆斯蒂德先生的观测）的话，那么它要更接近太

阳，而且甚至会比水星还近。因为在它更靠近地球的该月17日，卡西尼通过35英尺望远镜发现它略小于木星星体。而在该月8日的早上，当太阳将要升起之时，哈雷博士看见了宽且极短的彗尾，它就像从太阳上直接升起。它的形状像一朵极其明亮的云。直到太阳开始在地平线上出现时，它才消失。所以在太阳升起之前，它的亮度超过了云朵的亮度，也远远超出所有星星加在一起的亮度，而仅仅次于太阳自身的亮度。在离正在升起的太阳如此近的地方，不论是水星、金星，还是月球，都无法看见。想象一下，把所有这些散射的光纳入比水星还小的彗核轨道，其亮度增加到如此耀眼的程度。它远远亮于水星，所以肯定更接近太阳。在同一月的12日和15日，这一尾部划过更大的空间范围，变得更稀薄了。但是其亮度依旧是如此明亮，以至于当恒星几乎无法看见时它依旧可见。不久之后，它就表现为极美妙的火焰光束。其长度为40°或50°，宽为2°。由此我们可以计算出它的总亮度。

[63] 彗尾在邻近太阳处的显著光辉也证实了这一点

在彗尾看起来最耀眼时，根据看到它们所在的位置，可以确证彗星邻近太阳。当彗头飞过太阳且隐藏在太阳光之下时，其尾部极为明亮耀眼，像火焰光束般出现在地平线上。但之后当彗头开始出现时，它已经离太阳较远了，其光辉不断减弱，并逐步变成像银河那样的乳白。但一开始是较明亮的，后来逐渐暗淡。如此璀璨夺目的彗星在亚里士多德《天象论》（*Meteor*）的第一卷第6章里有记载："它的头部无法看见，因为它在太阳之前落下，或者起码藏在了太阳光之中。但后一天仍几乎不可见，因为它在离太阳非常近的距离，在这之后立刻就下落了。而其头部的发散光被［尾部的］过多光芒遮掩了，因而无法看见。但之后［亚里士多德说］，当尾部的光辉减弱时，彗星［的头部］就恢复了其本来的亮度。其尾部的光辉长达天空的 $\frac{1}{3}$［即60°］。它冬季在猎户座腰间升起，又在此销匿。"查士丁在

第37卷^[1]里描述同一类型的两颗行星："是如此的闪耀，以至于整个天空看起来都着了火，而其长度达到了天空的 $\frac{1}{4}$ ，其光辉超过了太阳。"最后一句话暗示着，这两颗明亮彗星彼此相距较近，且距离升落的太阳也近。我们可以算上1101年到1106年的彗星，赫维留从达勒姆的僧侣西米恩那里获知，"这样的彗星又小又暗［像1680年的那样］，但它产生了极亮的光辉，像火焰光束一样从东到北"。在2月初，它大约在晚上出现在西南方向。根据这个信息以及尾部的情况，我们可以推断彗头接近太阳。马修·帕里斯说："它距离太阳一肘。从第三小时［应当是第六小时］到第九小时，它发出了长长的光线。^[2]"1264年7月或夏至左右，在太阳升起之前，彗星向西发出极亮的光线，直抵天界中部。而一开始它上升至略高于地平线之上，但随着太阳升起，它每天开始远离地平线，直至升到天空正中。据说它一开始大而亮，有着硕大的彗发，而后一天天地变暗。马修·帕里斯在《盎格鲁史》（*Historia Anglorum*）的附录里如此描述："主历1265年出现了一颗极为美丽的彗星，时人从未见过类似的彗星。因为它伴着极亮的光从东方升起，其光辉向西发散，直至天界中部。"其拉丁原文略显粗鄙且晦涩，将其附于此：

Ab orients enim cum magno fulgore surgens, usque ad medium hemisphaerii versus occidentem, omnia perlucide pertrahebat.

迈克尔·杜卡斯的孙子杜卡斯所写的《拜占庭史》（*Historia Byzantina*）记载："在1401到1402年，太阳要落下地平线时，在西边出现了一颗明亮且耀眼的彗星，向上发出一条彗尾，其光芒如同火焰一般。其形状像一支矛，发出自西向东的光线。当太阳落至地平线下时，彗星的光线照亮了整个地球，既不允许其他行星展示光芒，也不允许夜幕降临，因为它的光芒闪耀着，超

---

〔1〕指查士丁编的《〈腓利史〉选集》。
〔2〕方括号内是牛顿的补充。

□ **威斯特彗星**

　　威斯特彗星出现于1976年，是近年来最特别的彗星之一。它的两条彗尾清晰可见：一条笔直的蓝色气体彗尾和一条略显弯曲的淡黄色尘埃彗尾。

过了一切物体，并延展至天界顶部。"从这一彗尾的情况和它们最初出现的时间，我们可以推断，它的头部接近太阳，而每天逐步远离。因为这一彗星持续可见了三个月。在1522年8月2日大约凌晨4点，整个欧洲都看见狮子座有一颗可怕的彗星，它每天持续发光1小时又1刻钟。它从东边升起，以惊人的长度向西南延展。彗星在北方是最显眼的，而它的云（即彗尾）十分可怕。在百姓的想象里，它的形状就像一只微弯的手臂握住一把巨大的剑。在1618年11月底，有传言说接近黎明时会出现明亮的光束。那其实是彗星的尾部，而其头部隐藏在太阳光线之下。在11月24日，且从这一天开始，彗星伴随着明亮的光而出现，其头部和尾部极为耀眼。一开始，彗尾长度是20°到30°，到11月9日时增加至75°。但是比起当初，其光线变得较暗淡。在新历1668年5月3日大约晚上7点，巴西的瓦伦廷·斯坦塞尔看见其西南方地平线上有一颗彗星。它的头部小，几乎无法分辨，但它的尾部却极为光辉炫目，使得海岸上的人能轻易地看见它在海里的倒影。这一光辉只持续了三天，而在那之后它就十分明显地变暗了。一开始，从西到南延展的彗尾，几乎和地平线平行，看上去是有着23°长的明亮光束。之后，其亮度减弱，长度一直增加，直到彗星消失不可见。所以卡西尼在博洛尼亚（于3月10日、11日、12日）看见它从地平线上升高，长达32°。在葡萄牙，据说它占了天空的$\frac{1}{4}$（即45°），以显著的亮度从西边延展到了东边。不过人们看不见它的全部，因为在地球一侧，它的头部总是在地平线之下。根据尾部的增长我们可以知道它在远离太阳，而在一开始，当彗尾最亮时，它最接近太阳。

除了这些，我们还要提到1680年的彗星。前面已经描述过它在彗头位于太阳合点时，拥有极佳的光芒。但如此亮的光芒表明这类彗星确实接近光源。特别是因为其尾部在太阳冲点时，难得会发出如此亮的光。我们也未曾听说过在此处出现过这样火焰般的光束。

［64］在其他情况相同时，根据彗星头部的光可以推断它接近太阳时的光线大小

最后，彗星从地球飞往太阳的过程中，其头部光线变亮，而从太阳飞往地球的过程中，头部光线变暗。由此可得出相同的结论。因为在最近的1665年，一颗彗星（基于赫维留的观测）在最初出现的时候，其视运动就总是减小，所以它是已经过了近地点的。但其彗头的光芒却逐日增加，直至被太阳光线掩盖，彗星才不可见。在1683年出现的彗星（同样基于赫维留的观测），大约在7月底，它刚出现时以较慢的速度运动，每日在轨道上只前进40′到45′。但是从那时起，它的周日运动就持续增加，到9月9日时增加至5°。所以，在这一时段的全程，彗星正在接近地球。从千分仪测量的彗头直径也能得出同样的证明。因为赫维留在8月6日发现，它包括彗发在内也只有6′5″，而在9月2日，他发现这一数据为9′7″。所以，虽然彗头在最初显现时因更接近太阳而显得比在结束时更亮，就像赫维留所说的那样，但是彗头在一开始时要远小于其运动将结束时。所以，在整个过程里，虽然它朝着地球方向而来，但由于它远离太阳，所以光芒减弱了。1618年12月中旬左右和1680年12月底左右的彗星，以它们最大的速度运动，所以这时它们在近地点。但其头部在两周之前就发出了最亮的光芒，当时它们刚刚离开太阳光而显现出来。

而其尾部最亮光芒的出现则更早一些，当时它们更接近太阳。根据齐扎特的观测，前一颗彗星的头部在12月1日时比第一星等的星还亮。而12月16日（此时在近日点），其星等较小，其亮度和清晰度都减弱了许多。在1月7日，由于不能确定其头部，开普勒放弃了观测。1680年12月12日，弗拉姆斯蒂德观测到后一颗彗星的头部在离太阳9°的位置，其亮度尚不及第三星等。12月15日和17日，其亮度等于第三星等，其光芒被靠近落日的明亮云朵削弱。12月26日，当它运动到最大速度时，几乎在近地点处，亮度不及第三星等的飞马座ε星。1月3日，它看起来像第四星等。1月9日，像第五星等。1月13日，由于月球升起带来了亮光，它消失了。1月25日，它几乎等同于第七星等的恒星。如果我们在近地点两侧取相等的时间，那么在一定距离处的彗星头部，会因为到地球的距离相等，而不论在之前还是之后都是相等的亮度。但它们在一种情况中非常亮，而在另一种情况中较暗。因为第一种情况离太阳近，而另一种情况远。根据两种情况中的亮度差异，我们可以推知前一种情况距离地球较近。因为彗星的光往往是有规律的，会在它们的头部运动最快时显得最亮，所以它们是在近地点，除非它们是因距离太阳近而变亮。

［65］太阳区域的大量彗星，可以证实相同的结论

　　根据这些内容，我最后明白了彗星何以频繁地出现在太阳区域。如果它们出现在远超过土星的区域，那么它们肯定常常出现在和太阳相对的天空。因为这些区域里的彗星更接近地球，而处在中间的太阳会遮掩其他彗星。但是查阅彗星的历史，我发现地球半球朝着太阳的一侧所看见彗星的次数，要比半球另一侧的次数多四倍或五倍。而同时，受到太阳光掩盖的彗星肯定不在少数。因为向我们这边下落的彗星既不发出彗尾，也没有被太阳照得很亮。只有当它们要比木星更接近我们时，才能用肉眼看见。但以如此小的半径环绕太阳画出的球形空间，其大部分位于地球朝着太阳的一侧。而这部分

彗星受到更加强烈的照射，大部分较靠近太阳。除此之外，由于它们的轨道显著偏心，它们在下拱点的位置，比起以太阳中心为圆心进行环绕，更加接近太阳。

[66]在彗星头部越过与太阳的结合点之后，彗尾的量级和亮度要比相合之前的大，这也确证了这一点

因此，我们也就能理解为什么当彗星头部落向太阳时，它们尾部看起来较短且较稀薄，而长度几乎不超过15°或20°。但在其头部飞过太阳时，彗尾常常像火焰光束，且长度很快地达到40°、50°或60°。彗尾的巨大亮度和长度，来自彗星经过太阳时受到太阳传递的热。因此，我认为可以得出这样的结论：所有有着这般彗尾的彗星，都曾十分接近太阳。

[67]彗星尾部由彗星大气产生

我们由上述结论得出，彗尾来自其头部的大气，但我们关于这种观点有三种看法。一些人假定彗头是透明的，认为不是别的而只是太阳光穿过彗星头部；而另一些人认为，彗尾是从彗头到地球的光发生的折射；而还有的人认为，彗尾是彗头产生的一些云和蒸汽，它们走向和太阳相对的一侧。

持第一种观点的人不懂光学：因为在黑暗的房间里无法看到太阳光，只能看到飘浮在空气里的尘埃和烟雾粒子所反射的光线。因此，在充满着浓厚烟雾的空气里，阳光会显得更亮，而澄澈空气里则更加暗淡和难以看到。但在无法反射光线的天空中，根本无法看见光。当光线是光束时无法被看见，而当光线反射到我们眼中时能看见。因为只有光线进入了眼里，一个人才能看见光，所以彗尾肯定有反射光的物质。所以就有了第三种观点。因为除彗尾以外没有任何反射物质，否则由于天空同等程度地受到太阳光照射，而不会有哪处地方比其他地方更加明亮。第二种看法存在许多困难：我们从未看

见过彗尾出现斑驳颜色，这一情况是与折射密不可分的；而恒星和行星的光线清晰地传播到了我们这里，就证明以太或是天空介质没有任何折射能力。因为，有人声称，埃及人有时发现恒星被彗发包围，但这很少发生。所以毋宁更多地把它归结为云的偶然折射，把恒星的反射和闪烁归结为眼睛和空气的折射。因为把望远镜架到眼前，折射和闪烁就立即消失了。空气振动和蒸汽上升，使光线交替通过狭窄的眼睛瞳孔。但这样的事情，不会在有较大物镜口径的望远镜上发生。因此，前一情况有闪烁，后一情况闪烁消失。而后一情况闪烁的消失，就证明了光通过天空时不会发生任何可感觉的折射，而是有规律地传播。

但是，由于彗星光线十分暗淡，似乎是因为次级光线太暗而不能被眼睛看见，有人因此提出异议，认为此时彗尾不可见。要反驳这种看法，我们应该考虑：当我们通过望远镜观测到放大了百倍的恒星光线时，却不曾发现过恒星有尾部。行星有着更亮的光，也没有出现任何尾巴。但彗星有时其头部光线十分微弱和暗淡时，却有着巨大的尾巴。在1680年12月出现的彗星，亮度差不多是第二星等，尾部却发出了耀眼的光芒，长度达40°、50°、60°或是70°，甚至更长。此后，在1月22日和28日，彗头仅相当于第七星等亮度。但是它的尾部（如我们所说的那样），有着虽然暗淡却十分可感的清晰光线，其长度达6°到7°。算上更难以被看见的、极为暗淡的光，甚至到了12°乃至更多。但是在2月9日和10日，肉眼已经无法看见其头部时，我通过望远镜还看见彗尾长达2°。但此外，如果彗尾是天体物质折射而产生的，且按照天空形状而偏离太阳对侧，那么在天空的相同位置，偏离应当总是朝着同样的部分。但是1680年12月28日下午8时30分，在伦敦出现的彗星，以双鱼座来观测是8°41′，北纬28°6′，此时太阳位于摩羯座18°26′。1659年12月29日的彗星，位于双鱼座8°41′，北纬28°40′，而太阳和之前一样是在摩羯座18°26′。在这些情况里，地球位于同一位置，彗星出现在天界的同一位置。但前一情况中，彗尾（根据我和其他人的观测）偏离了太阳的对侧，以（$4\frac{1}{2}°$）角指向北方，在后一情况中（按照第谷的观测），彗尾以21°的偏角朝向南方。所以，天空折射的观点就被反驳了。这就使得彗尾现象必须由一些反射光线的物质来解释——充满了如此巨大空间的蒸汽，是来源于彗星的大气。以下内容，有利于理解这一观点。

[68] 空气和蒸汽在天空中十分稀薄，非常少的蒸汽就足以解释彗尾的现象

众所周知，我们地球表面的空气比相同重量的水所占据的空间大1200倍。所以，1200英尺高的空气柱体，与相同宽度、但只有1英尺高的水柱体有着相等的重量。而达到大气层顶部高度的空气柱体与33英尺高的水柱体重量相等。所以，如果将全体空气中1200英尺以下的部分除去，而剩余的较高部分会和32英尺高的水柱体有相等的重量。所以，在1200英尺的高度或者是2弗隆[1]的高度，上面的空气重量较轻，所以此处空气压缩的稀薄程度比上地球表面的稀薄程度，大于33比32。按照这一比例，假设空气的膨胀程度与其压力成反比，我们就可以计算出所有高度的空气稀薄度（根据第2卷命题22推论），而这一比例按照胡克和其他人的实验可得知。我在下表列出了计算结果，第一列是以英里衡量的空气高度，4000是地球的半径。

空气高度	空气带来的压力	空气膨胀度
0	33	1
5	17.8515	1.8486
10	9.6717	3.4151
20	2.852	11.571

---

[1] 弗隆为长度单位。1弗隆等于$\frac{1}{2}$英里，即201.168米。

续表

空气高度	空气带来的压力	空气膨胀度
40	0.2525	136.83
400	0.*xvii*1224	26956*xv*
4000	0.*cv*4465	73907*cii*
40000	0.*cxcii*1628	20263*clxxxix*
400000	0.*ccx*7895	41798*ccvii*
4000000	0.*ccxii*9878	33414*ccix*
无穷大	0.*ccxii*6041	54622*ccix*

　　第二列是空气的压力，或是在上部的空气重量，第三列是其稀薄度或膨胀度，在此假设重力与到地球中心的距离平方成反比递减。而这里的拉丁数字用来表示若干个零，例如0.*xvii*1224代表1.224×10^{-18}，26956*xv*代表2.6956×10^{19}。

　　由这一表格可知，向上行进的空气就会以这样的方式变稀薄：接近地球的、直径只有一英寸的空气球体，如果它在离地一倍地球半径的高度扩大而变稀薄的话，它会充满所有行星区域，扩散到比土星球体更远的地方。而在10倍地球半径的高度上扩大而变稀薄的话，它会充满更多空间。按照之前计算的恒星距离来看，它会充满包括整个天空的恒星。虽然由于彗星大气较浓密，以及它环绕地球的向心力很大，天空中空气和彗尾的空气可能都不会特别稀薄，但按照这一计算，少量的空气和蒸汽就足以使彗尾的现象出现。因为恒星发出的光穿过它们，使它们显得特别稀薄。而只有几英里厚度的地球大气，在太阳光线照耀下，不仅阻碍和湮没了所有行星的光线，甚至遮盖了月球的光。但可以看到，最小恒星的光透过彗尾最厚的部分而闪烁，彗星同样受到了太阳的照射，而丝毫没有减弱其光辉。

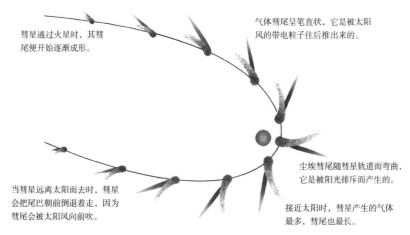

气体彗尾呈笔直状，它是被太阳风的带电粒子往后推出来的。

彗星通过火星时，其彗尾便开始逐渐成形。

尘埃彗尾随彗星轨道而弯曲，它是被阳光排斥而产生的。

当彗星远离太阳而去时，彗星会把尾巴朝前倒退着走，因为彗尾会被太阳风向前吹。

接近太阳时，彗星产生的气体最多，彗尾也最长。

☐ **彗星**

彗星长长的椭圆形轨道将彗星带到太阳附近，然后又带离太阳。彗星在环绕太阳时，太阳风迫使气体和被蒸汽吹走的尘埃粒子形成两条彗尾。

［69］彗尾以何种方式从其头部产生？

开普勒将彗尾的上升归因为其头部的大气，将它们朝着太阳对侧方向的运动归因为伴随着彗尾物质的光的作用。我们可以假设，在如此自由的空间里，像以太这样如此微小的物质受到太阳光线的作用，尽管这些光线不能对大物体产生可感觉到的作用，但它们受到了如此大的阻力，这并没有什么问题。另一个作者认为，也许有某种物质粒子遵循轻力（levity）原理，就像其他物质受到了重力那样。而彗尾的物质也许就属于前一种，在上升远离太阳时受到轻力的作用。但是考虑到地界物体的重力与物体的物质成比例，不会比相同质量的物质多或少，我愿意相信这一上升是因为彗尾物质稀薄。烟囱里烟雾的上升是由于周围空气的推动：稀薄空气受到热的推动而上升，因为它的比重减小了，它在上升中会携带着周围的烟雾。而为什么彗尾不能按相同方式升起远离太阳呢？因为太阳的光线在介质中没有别的作用，只有反射和折射。而彗尾的反光粒子受到这一作用的加热，又去加热其周围的以太。

这些物质由于受热而变得稀薄，又因为这一稀薄使得它之前朝着太阳的部分比重减小了，所以它会像气流一样上升，并携带着组成彗尾的反光粒子一起上升。正如我们所说的，是太阳光推动彗尾上升。

[70] 彗星的不同表现证明了彗尾来自大气

　　但是，彗尾确实产生于彗星头部，并朝着太阳的对侧。这可由其尾部所遵循的规律得到进一步确证。因为彗星位于穿过太阳的彗星轨道平面上，彗尾总是偏离太阳的对侧，而朝着与彗头前进轨道相背的方向。对于该平面上的观测者而言，它们看起来在太阳对侧；但对于远离该平面的观测者，它们开始出现偏折，且偏折逐日变大。在其他情况相同时，如果彗尾更加倾斜于彗星轨道，这种偏折会较小。当彗星头部更接近太阳时，也是如此。此外，没有偏折的彗尾看起来是直的，但偏折了的彗尾按某一曲率弯曲。当其偏折较大时，这一曲率较大。当其他情况相同时，彗尾越长，其曲率越明显，因为较短彗尾的曲率难以察觉。偏折角在接近彗星头部时较小，但在尾部一侧较大，因为尾部靠下的一侧和产生偏折的部分相关，且处在太阳光穿过彗头而引出的无限直线上。而较长和较宽的彗尾发出明亮的光线，其凸侧比起凹侧看起来更加耀眼且清晰。由前所述，彗尾的现象取决于彗星头部的运动，而不取决于它们头部在天空的位置。所以，彗尾不是来自天空的折射，而是来自提供物质以形成彗尾的彗头。正如我们看到空气里受热物体的烟的上升那样：如果星体是静止的，那么烟垂直上升；如果星体倾斜运动，那么烟倾斜上升。在天空中，也是同样：星体被太阳吸引，烟和蒸汽（如前所述的那样）升离太阳，如果发烟的星体是静止的，则垂直上升；如果星体在前进运动时总是离开这些蒸汽已经上升到的较高位置，则烟雾倾斜上升。蒸汽以较大的速度上升时，即当发烟物体接近太阳时，倾斜程度会较小。因为这时使蒸汽上升的太阳力较强。但因为其倾斜运动是变化的，蒸汽柱会变得弯曲。

又因为位于前侧的蒸汽较新近，也就是从星体上升得较晚些，所以它在这一侧会较密集，从而反射较多光线，轮廓更加清晰。而另一侧的蒸汽则逐渐减弱和消失。

[71] 由彗尾可知，彗星有时进入水星轨道

解释自然现象的原因不是我们现在要做的事。不管我们之前所说的是对还是错，我们通过先前的讨论起码已经明白了：光线从彗尾以直线方式直接地通过天空传播，任何地方的观测者都能看到这些彗尾。所以，彗尾肯定来自彗头，指向背对太阳一侧。由这一原理，我们可以按如下方式重新确定它们的距离的限度。

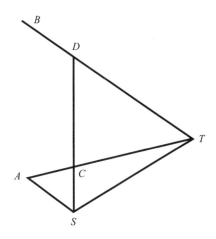

让S点代表太阳，T点代表地球，STA代表太阳到彗星的距角，ATB代表彗尾的视长度。因为从彗尾末端发出的光线沿直线TB传播，其末端肯定位于直线TB上的某点。设该点为D，连接DS与TA相交于C点。而因为彗尾总是朝着接近太阳对侧的部分延展，所以太阳、彗星头部和彗尾末端，位于同一直线上，彗星的头部可在C点发现。作平行于TB的SA，与TA相交于A点，而彗

头C肯定位于T点和A点之间，因为彗尾末端位于无限直线TB上的某处。而任何从S点向直线TB作的直线SD，肯定与T点和A点之间的直线TA的某处相交。所以，彗星到地球的距离不会超过间隔TA，到太阳的距离不会超过间隔SA或者是太阳这一侧的ST。例如：1680年12月12日彗星到太阳的距角是9°，而彗尾至少是35°。所以，如果作三角形TSA，使角T与距角9°相等，而角A与ATB相等或者与彗尾长度即35°相等，那么SA：ST，等于彗星到太阳距离的最大限度比上地球轨道半径，等于角T的正弦比上角A的正弦，也就是等于3比11。所以，这时彗星到太阳的距离比上从地球到太阳的距离，肯定小于$\frac{3}{11}$，所以它要么在水星轨道之内，要么在该轨道与地球之间。此外，在12月21日，彗星到太阳的距角是（$32\frac{2}{3}$）°，而彗尾长度为70°。所以，因为（$32\frac{2}{3}$）°的正弦比上70°的正弦，等于4比上7，而彗星到太阳距离的限度比上地球到太阳距离，也是这一比例。而这时彗星没有超出金星轨道。12月28日，彗星到太阳的距角是55°，而彗尾的长度是56°。所以，彗星到太阳距离的限度尚不及地球到太阳的距离，因而彗星没有超出地球轨道。但是根据这一视差，我们发现1月5日它离开了地球轨道，并下降到远低于水星轨道处。让我们假设它在12月8日到达近日点，当时它在与太阳的交点，而它从近日点离开地球轨道的过程花费了28天。而在之后的26天或27天里，它减弱到肉眼不可见的程度，到太阳的距离不超过两倍。其他彗星距离的限度也可以有同样的论证，我们最后得出这一结论：所有我们可见的彗星，位于一个以太阳为中心、以地日距离的两倍最多是三倍为半径的球形空间内。

［72］彗星按圆锥曲线运动，其中的一个焦点位于太阳中心，引向该中心的半径所扫过的面积与时间成比例

因此在我们面前有彗星出现的全部时段里，彗星都处在环日力作用范围之内。所以它受该力推动，（根据第1卷命题8推论1，按照与行星相同的理由）

以太阳中心为一个焦点做圆锥曲线运动，它朝向太阳的半径所扫过的面积与时间成比例。因为该力的传播距离遥远，所以能控制远超土星轨道以外的星体的运动。

[73] 这些圆锥曲线近似于抛物线，而这可根据彗星速度推断出来

存在三种彗星假设：一部分人认为，彗星像其经常出现了又消失那样，是经常产生和毁灭的；另一部分人认为，彗星来自恒星区域，是在其轨道穿越我们的行星体系时被我们看见；还有一部分人认为，它们是以特别偏心的轨道环绕太阳而转的星体。按第一种说法，彗星会按照其不同的速度，以不同的圆锥曲线运动；而按第二种说法，它们会画出双曲线，任一条都频繁且无差别地到达天空的各个角落，也到达黄极和黄道；按第三种说法，它们的运动会是十分偏心的椭圆，十分接近抛物线。但是（如果观察到其他行星的规律）它们的轨道不会与黄道平面倾斜许多。迄今为止我所观察到的彗星，比较符合第三种说法。因为彗星事实上确实主要在黄道带出现，而几乎没有达到日心纬度40°。我从它们的速度推断，它们沿着十分接近抛物线的轨道运动。因为彗星掠过抛物线任何位置的速度，相比于彗星或行星以等距圆环绕太阳的速度，等于$\sqrt{2}$比1（根据第1卷命题16推论7）。通过我的计算，彗星速度与此十分接近。我通过视差和尾部现象的距离，相继推断了这些距离处的速度，从而做出检验，没有发现速度出入的误差大于这一方式计算出距离的误差。而我将同样的方法做了如下运用。

[74] 彗星画出的抛物线轨道穿过地球轨道球体的时间长度

假设地球轨道半径被划分为1000份，设表1的第一列数字表示抛物线顶点到太阳中心的距离，用份数来表示。而第二列，表示彗星从其近日点到地球轨道球体表面的时间。该球体表面是以太阳为中心，以地球轨道为半径的

球体的表面。第三列、第四列和第五列，表示当到太阳的距离是2倍、3倍、4倍轨道半径时，彗星到该球体表面的时间。

表1

彗星近日点到太阳中心的距离/份	彗星从近日点到距太阳如下距离处的时间										
	距离是地球轨道半径			距离是两倍半径			距离是三倍半径			距离是四倍半径		
	分	时	秒	分	时	秒	分	时	秒	分	时	秒
0	27	11	12	77	16	28	142	17	14	219	17	30
5	27	16	07	77	23	14						
10	27	21	00	78	06	24						
20	28	06	40	78	20	13	144	03	19	221	08	54
40	29	01	32	79	23	34						
80	30	13	25	82	04	56						
160	33	05	29	86	10	26	153	16	08	232	12	20
1280				106	06	35	200	06	43	297	03	46
2560							147	22	31	300	06	03

彗星进入或者是离开地球轨道球面的时间，可以根据其视差来推断，但按以下表格数据推断则更加简便：

表2

彗星到太阳的距角/份	彗星在其轨道上的视周日运动		彗星到地球距离的份数（以地球轨道半径作为1000份）
	顺行	逆行	
60°	2° 18′	00° 20′	1000
65°	2° 33′	00° 35′	845
72°	3° 07′	01° 09′	618
71°	3° 23′	01° 25′	551
76°	3° 43′	01° 45′	484
75°	4° 10′	02° 12′	416
50°	4° 57′	02° 49′	347
52°	5° 45′	03° 47′	278

续表

彗星到太阳的距离/份	彗星在其轨道上的视周日运动		彗星到地球距离的份数（以地球轨道半径作为1000份）
	顺行	逆行	
84°	7° 18′	05° 20′	209
56°	10° 27′	05° 19′	140
88°	18° 37′	16° 39′	70
90°	无穷大	无穷大	00

[75] 1680年彗星通过地球轨道球体的速度

彗星进入或越出地球轨道球面，都发生在它到太阳距角的时间内，与周日运动相对。这已经在表2的第1列里表示了。所以旧历1681年1月4日的彗星，其轨道的周日视运动是3° 5′，而对应的距角是$(71\frac{2}{3})$°。而彗星在1月4日晚上6时达到与太阳的这一距角。在1680年11月11日，彗星的周日运动又一次出现，为$(4\frac{2}{3})$°；相应地，在11月10日午夜前的距角是$(79\frac{2}{3})$°。如今，当这些彗星到达太阳到地球的平均距离时，地球也几乎在其近日点。第二张表把地球到太阳的平均距离划分为1000份，这一距离超出了地球可能在周年运动的一天内所划出的范围，或是彗星16小时内运动的范围。为了将彗星运动约化为这1000份的平均距离，我们把这16小时算到前一时间，并从后一时间中减去它。于是，前者变成了1月4日下午10时，而后者则是11月10日上午6时。但从周日运动的趋势和进程来看，彗星在12月7日到12月8日之间，都在太阳的合点上。因此，从一侧的1月4日下午10时，到另一侧的11月10日上午6时，都约为28天。而彗星轨道的抛物线运动正是需要这么多天（根据表1）。

[76] 它们不是两颗彗星，而是同一颗；我们可以更精确地测定，该彗星以什么样的速度沿怎样的轨道穿越天空

虽然我们迄今为止观察到了两颗彗星，但根据它们一致的近日点和速度，它们实际上很可能是同一颗彗星。如果是这样的话，彗星的轨道肯定不是抛物线，起码也不会是与抛物线区别不大的圆锥曲线，其顶点几乎和太阳表面相接触。因为（根据表2）11月10日，彗星到地球的距离是360份，而1月4日是630份。

从这一距离，以及其经度和纬度，我们可以推测出彗星当时在该位置的距离是280份，它的一半即140份，是彗星轨道的纵坐标。它所截的轨道轴接近于地球轨道半径，即为1000份。所以，用纵坐标140的平方除以轴的份数1000，得到通径为19.6，或取整为20份。它的 $\frac{1}{4}$ 为5份，是轨道天顶到太阳中心的距离。在表1里，与5份距离对应的时间是27天16时7分。在这段时间，如果彗星按抛物线运动，从其近日点出发，向半径为1000份的地球轨道球体表面运动，它就会在球体内度过两倍时间，即55天8$\frac{1}{4}$小时。事实上也确实如此。从11月10日6时，彗星进入地球轨道范围的时间，是1月4日下午10时，而退出的时间也一样，是55天16时。存在细微误差7$\frac{3}{4}$时，这在粗略计算里可以略去。这一误差或许是彗星运动较慢引起的，如果其轨道真的是椭圆的话肯定如此。彗星进入和越出的中间时刻是12月8日上午2时。所以在这一时刻，彗星应当在其近日点。就在当天日出之前，哈雷博士（我们说过的那位）看到地平线上垂直升起了彗尾。它短而宽，但十分亮。从彗尾的位置可以肯定，彗星已经穿过黄道，上升到北纬，所以已经经过了黄道另一侧的近日点，尽管它尚未到达与太阳的合点。此时位于太阳近日点和合点之间的彗星，肯定在之前就到达了近日点。因为它到太阳的距离是如此的近，所以它肯定以极大的速度运行，看上去每小时飞过半度。

[77] 表明彗星运动速度的其他例子

我发现通过相同的计算，1618年的彗星大概在12月7日日落时分进入地球轨道球面，但它与太阳的交点是在11月9日或10日，和上一颗彗星一样，间隔了28天。而因为这一颗的彗尾大小，与前一颗的相同，所以可以得知该彗星同样几乎要接触到太阳。那一年我们一共看见了四颗彗星，而这颗是最后那颗。而第二颗，10月31日首次亮相，邻近太阳升起处，很快又被掩盖在太阳的光线里。我认为，这颗与大约11月9日在太阳光下出现的第四颗是同一颗彗星。我们可以把1607年的彗星也算上，它在旧历9月14日进入地球轨道范围，而在35天后的10月19日到达其近日点。它的近日点距离与地球的相对视角大约为23°，所以可以划分为390份。在表1里与该数字对应的大约是34天。进一步，1665年3月17日彗星进入地球轨道球面，而在30天后的4月16日到达其近日点。它的近日点距离与地球相对的角度大约是7°，所以划分为122份。我们在表1里看到，与这一份数对应的是30天。另外，1682年8月11日彗星进入地球轨道球面，在9月16日到达其近日点，其到太阳的距离可划分为350份，这在表1里对应$33\frac{1}{2}$天。最后，约翰·米勒的纪念彗星，在1472年进入我们北半球极地附近，其速度如此之快，在一日之内就走出40°。它在1月21日进入地球轨道球面，此时它经过极点。此后，它加速朝向太阳运动，而大约在2月底就隐藏在太阳光线之下。由此，它在进入地球轨道球体和达到近日点之间，可能度过了30天或者稍微多一些时间。这颗彗星的运动速度并没有真正比其他彗星快，而是因为近距离经过地球而视速度较大。

[78] 可确定彗星运行的轨道

接着我们就可以发现，按这样粗略的方式来计算，彗星的速度就是应当沿抛物线或十分近似抛物线的椭圆轨道前进的速度。于是彗星和太阳之间的距离就能确定了，我们也差不多可以确定彗星的速度。所以产生了以下的问题。

问题

已知彗星速度与彗星到太阳中心距离的关系，求彗星轨道

如果这个问题得到解决，我们就应当有方法极为精确地确定彗星的轨道。因为如果两次假设这一关系，并两次计算出轨道，在观察中发现每次计算出现的误差，那么就能从误差位置的规律中校正假设，由此确定与观测精确吻合的轨道。通过这一方式来确定彗星轨道，我们最后可以获得更精确的知识，包括这些天体所经过的位置、所运行的速度、所走出的轨道，以及按彗头到太阳的不同距离确定彗尾真正的大小和形状。而在经过了一段时间间隔后，同一彗星是否会再次回归，又会以何种方式完成其每次的公转。要解决这些问题，首先要确定彗星在给定时间内的每小时运动，这需要三次或更多次观察。接着，再由其运动推断其轨道。而只凭借一次观察以及该观察时段内的小时运动来确定彗星轨道，轨道可能被证实，也可能被证伪。因为这样的结论是由一两小时的运动或错误假说的运动得来，不会与彗星的运动自始至终相一致。整个计算方式如下。

引理1

给定两条直线OR、TP，用第三条直线RP与之相交，使TRP构成直角三角形；如果在任意点S引出另一条直线SP，那么以O点为端点的直线OR的平方与SP相乘，其结果会是给定值

以作图的方法求解。设给定值为$M^2 \cdot N$，从直线OR上选取任意点r作垂线rp，与TP交于p点。接着，连接S点和p点作直线Sq，使Sq等于$\frac{M^2 N}{OR^2}$。以相同的方式作直线$S2q$、$S3q$，以此类推。而将q点、$2q$点、$3q$点等点连成规则的直线$q2q3q$，它会与直线TP相交于P点。垂线PR落在该点上。此即所作。

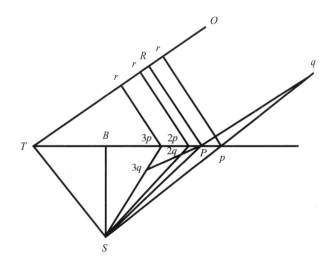

以三角学方法求解。设直线 TP 按上述方法求得，三角形 TPR、TPS 的垂线 TR、SB 也因此给定。三角形 SBP 的一条边 SP，以及误差 $\dfrac{M^2N}{OR^2} - SP$ 也都给定。设这一误差为 D，比上新误差 E，等于误差 $2p2q \pm 3p3q$ 比上误差 $2p3q$。或者是误差 $2p2q \pm D$，比上误差 $2pP$。在长度 TP 上加上或减去这一新误差，得出矫正过的长度 $TP \pm E$。检查图形会使我们明白应该是加上还是减去 E。如果在任何时候需要进一步矫正的话，可重复此操作。

以计算方法求解。让我们假设事情已经完成，设 $TP+e$ 是由作图得到的直线 TP 经矫正的长度。因此，直线 OR、BP 和 SP 的矫正长度是 $OR - \dfrac{TR}{TP}e$，$BP+e$ 以及

$$\sqrt{(SP^2+2BPe+ee)} = \dfrac{M^2N}{OR^2 + \dfrac{2OR \cdot TR}{TP}e + \dfrac{TP^2}{TR^2}ee}$$

所以，按照收敛级数法，我们得出：

$$SP+\dfrac{BP}{SP}e+\dfrac{SB^2}{2SP^2}ee+\cdots = \dfrac{M^2N}{OR^2}+\dfrac{2TR}{TP}\cdot\dfrac{M^2N}{OR^3}e+\dfrac{3TR^2}{TP^2}\cdot\dfrac{M^2N}{OR^4}ee+\cdots$$

设给定系数 $\dfrac{M^2N}{OR^2} - SP$、$\dfrac{2TR}{TP}\cdot\dfrac{M^2N}{OR^3} - \dfrac{BP}{SP}$、$\dfrac{3TR^2}{TP^2}\cdot\dfrac{M^2N}{OR^4} - \dfrac{SB^2}{2SP^2}$ 为 F、$\dfrac{F}{G}$、

$\dfrac{F}{GH}$，仔细地观察符号，我们发现：

$$F+\dfrac{F}{G}e+\dfrac{F}{GH}ee = 0, \text{ 而} e+\dfrac{ee}{H} = -G。$$

因此，略去非常小的部分 $\dfrac{e^2}{H}$，得出 e 等于 -G。如果误差 $\dfrac{e^2}{H}$ 无法略去，$-G-\dfrac{ee}{H} = e$。可以看到，这里暗含了一般的方法，可用来解决更复杂的问题。它的功用与平面三角学方法和计算方法相同，而没有沿用复杂的计算和解法。迄今为止，这些计算和解法都用于求解交叉项方程。

引理2

给定三条直线，用第四条直线与之相交。这条直线与三条直线中任意一条形成交点，使得它截取部分彼此间有给定的比值

令 AB、AC、BC 为给定直线，设 D 是直线 AC 上的一点。平行于 AB 的直线 DG 与 BC 交于 G 点。令 GF 比上 BG 为给定比值。作出 FDE，则 FD 比上 DE 等于 FG 比上 BG。此即所作。

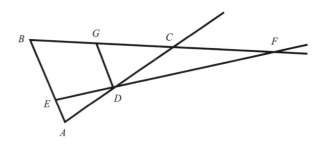

用平面三角学方法求解。在三角形 CGD 中，给定了所有的角和边 CD。因此，可求出其余的边。根据给定比例，也给定了直线 GF、直线 BE。

引理3

求在任意给定时刻彗星的小时运动，并作图表示

　　根据最可信的观测，设给定了彗星的三个经度，又设ATR、RTB为它们的差。设小时运动在中间观测时刻TR求得。通过引理2，引出直线ARB，使其所截部分AR、RB等于观测时间之比。如果我们假设物体在整个时间内以相等运动走出直线AB。同时在T点看到，该物体在R点的视运动，近似等同于在观察时刻TR时的彗星运动。

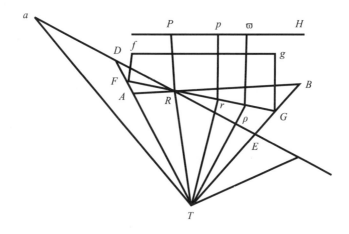

更加精确地求解

　　令Ta、Tb是在较大距离给定的两个经度，分别位于两侧。通过引理2引出直线aRb，使它被分割的aR、Rb部分之比，与观测时刻aTR、RTb之间的时间成比例。设这一直线与直线TA、TB相交于O点和E点。因为倾斜角TRa的偏差近似地与观察时间的平方成比例增加。作FRG，使角DRF比上角ARF，或者线段DF比上线段AF，等于观察时刻aTB的整段时间与观察时刻ATB的整个时间之比的平方。用如此得出的直线FG来代替前面所得出的直线AB。

角ATR、RTB、aTA、BTb不会小于10° 或15° ，而与之对应的时间不会大于8或12天。而当彗星以更大的速度运动时可取得经度。因为此时观测偏差比上经度差的比例较小。

引理4

求彗星在任意给定时刻的经度

在直线FG上，作出与时间成比例的距离Rr、$R\rho$，再作出直线Tr、$T\rho$，即可解出。三角学的解法便是如此。

引理5

求出纬度

以TF、TR、TG为半径，在观测纬度的切线上，作垂线Ff、RP、Gg。再平行于fg作PH。与PH正交的垂线rp、$\rho\varpi$，是分别以Tr和$T\rho$为半径所求纬度的切线。

问题1

根据假设的速度比值来求彗星轨道

让S代表太阳，t、T、τ三点代表地球在等距轨道上的位置。而p、P、ϖ三点代表彗星在其轨道上对应的位置，所以点与点之间的这些位置间隔对应彗星每一小时的运动。pr、PR、$\varpi\rho$垂直于黄道面，而$rR\rho$是彗星轨道在该平面的投影。连接Sp、SP、$S\varpi$、SR、ST、tr、TR、$\tau\rho$、TP，使tr、$\tau\rho$相交于O点，TR会趋近于同一点O，或其偏差不需要考虑。把前述引理当作前提，则角rOR、$RO\rho$已给定，pr相比于tr、PR相比于TR、$\varpi\rho$相比于$\tau\rho$，也都已给定。四边形$tT\tau O$的量级和位置也同样给定，距离ST和角STR、PTR、STP也都给定。让我们假设彗星在位置P的速度，比上行星在等距SP以圆形环绕太阳的速度，等于V比上1。

我们会确定这一情况下的直线$pP\varpi$，彗星在两小时内掠过的距离$p\varpi$，比上距离$V\cdot t\tau$（即相比于地球在相同时间内画出的空间乘以数字V），等于地球到太阳的距离ST和彗星到太阳的距离SP之比的平方根。而彗星在第一小时内掠过的距离pP，比上彗星在第二小时掠过的距离$P\varpi$，等于p点的速度比上P点的速度，也就是等于距离SP和距离Sp之比的平方根，或者是$2Sp$比上（$SP+Sp$）。因为我全程略去了小的分数，所以不会感觉到有误差。

首先作为数学家，在求解交叉项方程中，第一步要做的就是推测根。所以在这一分析计算中，我尽我所能推测所求距离TR。接着在引理2中，我引出$r\rho$，首先假设rR与$R\rho$相等，再（在得出Sp比上Sp的比例后）让rR比上$R\rho$等于$2SP$比上（$SP+S\rho$），得出线段$p\varpi$、$r\rho$和OR之间的比值。令M比上$V\cdot t\tau$等于OR比上$p\varpi$。因为$p\varpi$的平方比上$V\cdot t\tau$的平方，等于ST比上SP，所以我们由此可知：OR^2比上M^2等于ST比上SP，所以$OR^2\cdot SP$等于给定的$M^2\cdot ST$。由此（假设角STP、PTR在相同的平面被取代）通过引理1，可给定TR、TP、SP、PR。我首先是绘出简易粗糙的图，接着作出详细的新图，最后进行计算。接着，我以最大的精度确定直线$r\rho$、$p\varpi$的位置，以获得平面$Sp\varpi$与黄道平面的交点和倾斜角。我在平面$Sp\varpi$里画出了轨道。该轨道是物体从P点在给定直线$p\varpi$方向上运动的轨道。其速度比上地球的速度，等于$p\varpi$比上$V\cdot t\tau$。此即所作。

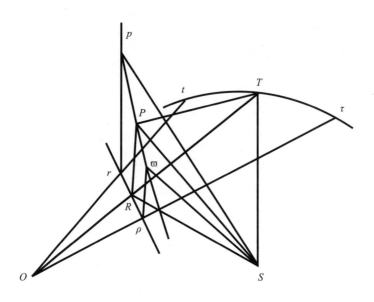

问题2

校正由此求出的彗星速度和轨道的假设值

　　对将要消失的彗星进行观测，或是在距上述观测点很远的任意位置进行观测，需要找出观测中引向彗星的直线与平面$Sp\varpi$的交点，以及彗星在观测时间内的轨道位置。如果交点在该轨道位置上，就表明轨道已被证实。而如果不是，那就预设新的数字V，并找出新的轨道。接着，再像刚刚那样，检验彗星在观测时间内的轨道位置，以及引向彗星的直线与轨道平面的交点。而通过第三原理，比较误差的变化和其他量的变化，我们可以知道，这些其他的量应该怎样变化或修正，以便尽可能地减小误差。通过这些修正方法，只要用于计算的观测是精确的，且预设出的数字V的误差不会太大，那么我们就可以使轨道变得精确。因为我们可以这样重复计算，直到轨道足够精确。完毕。

附录

本附录介绍了诸多趣事，与布莱尼茨的争辩，让牛顿处于旋涡之中。

牛顿略传

[美] N. W. 奇滕登

中世纪的枷锁，漆黑深邃，黑暗无光。其中，人的精神企图冲破黑暗，出现在地平线上，打破铁制的枷锁，虎吼一声，勃发而出。它凭借势不可挡的力量往前跃进，要去探索物理的真理和道德的真理。它探索的高度越来越高，以至于不仅远超地表，还要贯穿天界。它体现出人类的努力与天赋。它大胆地、认真地向外探索每一处地方，直到《自然哲学的数学原理》的作者诞生，并牢牢握住解密宇宙的万能钥匙，踏着天路，为人类智慧打开了认识物质世界里惊人事实的大门。他展示出其中的和谐，给人类心灵奏上了一曲新歌，歌颂那创造万物、维持万物、完满无缺的上帝所具有的善良、智慧和威严。

可以说，艾萨克·牛顿爵士的智力仿

□ 牛顿

艾萨克·牛顿（1642—1727年），英国科学家，总结了力学三大定律和万有引力定律，构建了人类历史上第一个关于宇宙运行的完备的科学体系。

佛达到了顶峰。儒略历1642年12月25日[1]（圣诞节），牛顿降生在林肯郡科尔斯特沃思地区的沃尔斯索普。他的母亲哈丽雅特·艾斯库是拉特兰郡詹姆斯·艾斯库的千金。而他的父亲约翰·牛顿，与他的母亲结婚才不到数月，就在三十六岁时去世了。牛顿夫人或许是因丈夫早逝而早产，生下了一个极为娇弱的遗腹独子。她看上去很快又要丧失亲人了。幸

□ **牛顿故居**
　　1665至1667年，牛顿为躲避瘟疫回到了故乡林肯郡科尔斯特沃思地区的沃尔斯索普的一间农舍。在这里，牛顿为数学、光学和天体力学的伟大发现奠定了基础。

运的是，事情有了转机！这个呼吸微弱、令人怀疑能否活下来的小婴儿，凭借其充沛精力，一直活到了矍铄老年。他成为了其国家的骄傲、其时代的奇迹，"其物种的荣耀"。

艾萨克·牛顿爵士的身世可追溯到其祖父罗伯特·牛顿，再往前就无迹可寻了。这一家族流传着两个传统：其一是苏格兰血统；其二，这一家族原本居住在兰开夏郡的牛顿地区，但有一段时间居住在林肯郡的韦斯特比地区，后来在沃尔斯索普购置房产并移居此地。这距离值得铭记的牛顿诞生日，大概有一百年的时间了。

留给寡妇牛顿夫人的，只有单调舒适的生活手段。她从沃尔斯索普庄

---

〔1〕英国在1752年之前采用儒略历，不同于现在通行的公历（即格里历）。牛顿出生于儒略历1642年12月25日，对应公历1643年1月4日。后文出现的时间多用儒略历，或者儒略历和公历兼用。

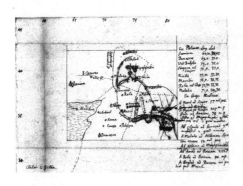

□ **牛顿手稿**

　　牛顿绘制的中东地图，现保存于犹太教国家大学图书馆。

园以及她在兰开夏郡苏斯特恩地区的一小块地中，得到了每年约八十英镑的收入。她只能依赖这笔有限的钱来维持生活、教育孩子。她继续抚养了牛顿三年，而后再嫁，并把牛顿托付给她母亲看管。

　　伟大的天才很少有早熟的特征。而年轻的艾萨克·牛顿在适龄进入斯基林顿和斯托克的两所走读学校读书时，也没有表现出不寻常的性格特征。他十二岁那年进入格兰瑟姆公学，寄宿在药剂师威廉·克拉克先生的家里。但即使在这所优秀的学校，在一段时间内，从他的精神态度上也看不出他有什么前途。学习似乎不能吸引他。他对学习漫不经心，在校排名垫底。然而有一天，有个看起来很无趣的学生给了牛顿肚子重重一击。艾萨克·牛顿深受触动，但他没有将自己的情绪爆发出来，而是一直默默地、刻苦地在书上用功。他的学业成绩很快就超过了那位打他的同学，但他没有就此止步。他那强烈的精神一旦觉醒，便一直保持了下来。牛顿在这一宏伟之力的推动下，很快达到了领先于所有人的位置。

　　如今，他很快表现出了不同寻常的性格。他观察并反思，养成了交替进行这两者的习惯。他在朋友们中是"一个清醒、沉默、有见地的家伙"，又是最聪明、最友善且无可置疑的领军者。他大方、谦虚、热爱真理，这让他当时就很有名气，就像后来那样。他不经常和他的同学一起玩，但他会设法为他们设计各种科学的娱乐活动。他造出了纸风筝，仔细确定了风筝的最佳形状和比例以及牵线的位置和数量。他还造了个纸灯笼，通常是在冬天早上用这些灯笼照亮去上学的路，但偶尔会有其他用途：他在深夜把灯笼系在风筝尾巴上，村民们以为那是不祥的彗星而惊愕，而他则因为与灯笼做伴而感到无比高兴。虽然他还很小，但对他来说，生活似乎已经变成了一件很认真的事。他在学业之余的全部心思都落在机械发明上了：时而是模仿，时而是发明。他用起小锯子、斧子、锤子和其他工具来，全都格外娴熟。格兰瑟姆附近在打造一架风车，他经常在工人建造风车时到场观看。他很快就制作出了完美的运转模型，赢得了大家的一致赞赏。但他并不满足于这种准确的模仿，而设法用畜力代替风力，并相应调整了他的磨坊结构。他把一只老鼠关在里面，当作磨坊工。老鼠脚踩踏板，机器便能运转。他还造出了四轮机车。坐在车内的人可以操纵把手而前进。他很早就被计时器吸引住了。一开始，他造出了水钟。水钟大小和老式的室内钟相当。钟表盘刻度因木块受滴水作用而转动。虽然他和威廉·克拉克先生一家长期使用这一计时器，但他好奇的头脑并不满足于此。他又打起了太阳的主意。他反复多次观测太阳运动，之后造出了许多个日晷。其中有个被称为"牛顿日晷"的，是他经过多年劳动而造出的精确日晷。乡亲们常常用这一日晷来给每一天计时。

或许我们在这些孜孜不倦的努力（勤奋的研究、耐心的沉思、充满抱负的眼神、探索的冲动）里，看不到那种惊奇的精神激动人心的因素。但这一精神清晰、冷静而伟大。它在之后的岁月里，不断深入自然的奥秘，打开其堡垒，驱散黑暗迷雾，推断宇宙秩序，就这样悄无声息地征服了世界的每一处。

牛顿很早就对绘画有浓厚的兴趣。他有时是照着画作来绘画，但通常是写生。他自行绘制、上色、装裱，然后装饰他的房间。他还擅于作诗，"创作的诗歌极好"。七十年后，文森特夫人回忆并复述了其中的一些诗。当文森特夫人还是年轻的斯托里小姐时，牛顿就对她情有独钟。她是沃尔斯索普附近一个医生的妹妹。牛顿和她住在格兰瑟姆镇的同一屋檐下，所以两人有了交情。她比牛顿小两到三岁，美貌过人、才华出众。牛顿在和她的交往中

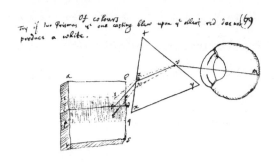

□ **光学实验**

　　这是牛顿为说明三棱镜的反光原理而作的草图。牛顿在他于1704年出版的著作《光学》中,详细描述了他对光和颜色的研究。

获得了极大的快乐。而人们都认为,他们年幼的友谊会逐渐深入发展。可命运并没有让他们在一起。斯托里小姐后来结了两次婚,而牛顿终身未婚。他对她的敬意有增无减,并时刻表示出对她的关心和善意。

　　1656年,牛顿母亲再次丧偶,并再次定居到沃尔斯索普。牛顿那时十五岁了,且学业大有长进。但牛顿母亲渴望得到牛顿的帮助,又出于经济上的考虑,把他从学校叫了回来。可是经商、打理农场的活动完全不符合他的胃口。当他周六被送到格兰瑟姆市场上时,他会回到他之前寄宿在药剂师阁楼的住处,用威廉·克拉克先生放在那里的旧书来充实自己的思想,直到那年迈的、值得信赖的仆人奉家里的命令来催促他回家。或者,在别的时候,这位年轻的哲学家会坐在路边的树篱下,继续读书。直到那位独自前往镇上的忠诚仆人,在完成了一天的事务后,回来催他回家。就算农场的事务再紧急,他也不会多关注一眼。事实上,在他的学习热情与日俱增时,他对其余事情的反感也越加强烈。所以,他的母亲理智地决定让他接受教育,使他能够发挥他的长处。他回到格兰瑟姆公学,完成了余下几个月的学业。牛顿有位舅舅曾就读于剑桥大学三一学院。在他的推荐下,牛顿也得以深造。1660年6月5日,牛顿按时入学,那年他18岁。

　　于是,这位如饥似渴的学生进入了一片更辽阔的新世界。在追求知识方面,他表现出了惊人的热情和毅力。在众多学科里,占星术很快地引起了他的注意。他用欧几里得几何学里的一两个要点，来揭示这一伪科学的愚蠢之处。于是，他开始研究数学，并取得了无与伦比的成果。他把欧几里得几何学里包含的命题视作自明真理，迅速跳过了这一古代体系（日后他对此十分后悔），然后不加准备地就去学习笛卡尔的解析几何。他十分仔细地学习了沃利斯的《无穷算术》（*Arithmetic of Infinites*）、桑德森的逻辑学、开普勒的光学，并对他们做了许多评注。而且，他对沃利斯著作所作的笔记无疑是他流数术的萌芽。他进步飞快，以至于他发现自己在某些学科领域上比他的导师还要精通。不过，他的收获不是凭直觉得出的，而全都是仔细可靠地确证过的。他没有快速的理解力，也没有灵敏的思维。他看得十分远，洞察得十分深入。他对于极小的事情，都进行了全面而谨慎的研究。而当他面对最大的困难时，他忽略掉那些微不足道的或不重要的事情，而以无比清晰的方式展示出巨大的力量，准确无误地找出问题的解决办法。且在应对困难时，很少有他不能战胜的。牛顿早年的挚友巴罗博士（在发明方面仅次于牛顿），在1660年当选为剑桥大学里的希腊语教授，1663年当选为"卢卡斯数学教授"，不久后举行了光学讲座。牛顿为他修改了讲座的讲义，纠正了一些疏忽之处，给出了许多重要建议。但该讲义直到1669年才发表。

1665年，牛顿取得了文科学士学位。1666年，他开始有了辉煌而深刻的发现。这些发现对科学而言有着不可估量的作用，并且给他带来了不朽的名声。

牛顿自己声称，他提出"流数术"的时间是"在1666年或比这更早"。长期以来，无穷数都是十分值得研究的主题：在古希腊，有阿基米德和亚历山大的帕普斯在研究；而在近代，有开普勒、卡瓦列里、罗贝瓦尔、费马和沃利斯在研究。沃利斯博士将他的能力发挥到极限，使其前辈的劳动成果得到进一步升华。而在沃利斯止步之处，牛顿凭借他更强的能力，又继续向上攀登。首先，牛顿提出了他著名的"二项式定理"（binomial theorem）。接着，他用二项式定理来求曲线长度、表面积、球体体积以及确定球体间的重心。他发现了根据纵坐标推导曲线面积的一般原理：把曲线所包围的面积看作某一初始量，该面积会随纵坐标长度的比例而连续增加，并假定横坐标随时间均匀增加。他认为，点运动形成线、线运动形成面、面运动形成体，由此形成的曲线横坐标、纵坐标等会随曲线方程的规律而变化。他从这个曲线方程推导出这些量的变化率，通过无穷级数（infinite series）的规律求出所需的极值。他把每条线的变化率和量的变化率，命名为"流数"（fluxion），把这些线和量，叫做"流量"（fluent）[1]。那些最敏锐和最聪明的人先后对这一发现感到困惑。这一发现经过种种改进后，在探索数学和天文学中最深奥真理的过程中，产生了不可估量的作用。它足以让任何一个人在群雄逐鹿的科学史册上名声显赫。

在这一时期，最杰出的哲学家都将全部精力放在研究光上，并致力于改进折射望远镜。牛顿曾致力于磨制"非球面形的光学镜片"，却磨制不出这样的镜片。牛顿推测着它们存在的缺陷，以及折射望远镜的缺陷：这些缺陷可能不是因为光线不能完全会聚到一个点上，而是由于别的原因。所以，他"弄来了一块玻璃三棱镜来试验著名的色彩现象"。他充满热情，凭借勤奋、精确、耐心的思想进行实验，得出了宏伟的结论："光不是同质的，而是由不同光线混合而成的。这些光线里有一些光比另一些光更容易折射。"这一深刻而优美的发现开启了光学史的新纪元。但针对望远镜的构造，牛顿认为完全像棱镜一样折射的镜片，肯定也会使不同的光线会聚到离镜片不同距离的焦点上，导致视野混乱和模糊。牛顿把所有物体都产生等长光谱这一事情视作理所当然，就不再进一步考察折射仪器，而采用了反射原理。他发

---

〔1〕用现代微积分语言来说，牛顿所说的"流量"相当于连续变量。而"流数"是连续变量的变化率，相当于导数。

现，所有颜色的光都同样规律地反射，所以反射角等于入射角。因此，他得出结论：只要用能反射所需图形的抛光反射镜，光学仪器就能达到任何能想象得到的完美程度。

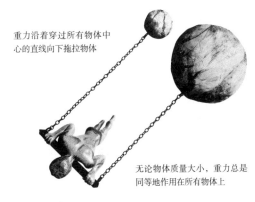

重力沿着穿过所有物体中心的直线向下拖拉物体

无论物体质量大小，重力总是同等地作用在所有物体上

□ **重力示意图**
重力的作用与物体质量的大小没有关系。

当牛顿从事光学研究时，英格兰正因盛行瘟疫而变得一片荒凉。他不得不离开剑桥。他回到了沃尔斯索普庄园。这座老庄园是他的出生地，坐落在威瑟姆河西岸一个漂亮的小山谷中。当蔓延的瘟疫使得成千上万人埋葬于无名墓碑之下时，年少的牛顿正待在他宁静的家中，安详无事地进行着沉思。

1666年初秋一个宜人的日子，牛顿独自坐在他花园里的一棵树下，沉思着什么。牛顿时年24岁，是个瘦削的年轻人。他脸色温和，又充满思想。在此前的一个世纪里，天文学飞快地发展。人类的心灵摆脱了中世纪的阴影和束缚，以无比高涨的热情去探索宇宙体系、研究现象、寻找天体运行的规律。哥白尼、第谷、开普勒、伽利略和其他人都为他做好了准备，并点亮了道路。他赋予他们的劳动以应有的价值，让他们的才华焕发真正的光彩。在他的安排下，孤立的事实因作为和谐整体的一部分而排列有序，睿智的猜想在某些辉煌的确证真理中闪耀着光芒。而这个最有才能的人——就坐在这里。他对过往成果熟稔于心，又从先天力量中培养出了无与伦比的能力，如今要迈向最宏伟成就的门槛。这位探索者一步又一步地探索着无人踏过的道路，不知疲倦，最后似乎终于找到了入口，站在了首个通往宇宙奇迹的大门面前。

重力的本性（即导致所有物体向地心下落的神秘力量），确实显露在了他的面前。理性忙于将链条的最小端与最大端相连、将最远端与最近端相连，形成一种和谐的方式。这一力量，从最深洞穴的底部到最高的山峰都不会变化：那么它的作用是不是也能延伸到月球呢？毫无疑问，牛顿在深思熟虑之后，坚信这一力量足以使这轮明月维持在绕地轨道上。虽然到地心距离变化不大时，无法察觉出该力的变化，但在从月球到地心的距离上，该力会不会或多或少有所缩小？

这一猜想是很有可能成立的。牛顿想要计算这个力减少了多少，他考虑到月球受重力而维系在它的轨道上，那么主行星（primary planets）肯定也受相似的力而环绕太阳而转。并且，牛顿通过将这几颗行星的周期与它们到太阳的距离进行比较，发现如果它们受任何像重力那样的力而维系在它们的轨道上，那么它们所受的力肯定会与其距离的增加而成比例减小。牛顿假设行星以太阳为中心做完美的圆周运动，因而得出了这一结论。那么，月球也是按这一规律运动的吗？当这一起源于地球而作用于月球的力，与距离平方成反比减小时，是否足以维持它的原有轨道呢？牛顿为了弄清这一主要的事实，将重物从距地心一定高度处（即距地表一定高度）在某一时间内所下落的高度，与相同时间内月球在绕地轨道上向地球下落的高度，进行比较。牛顿因为没有书籍可查阅，所以他在计算地球直径时就采用了当时地理学家和航海学家一般的估算，即一纬度等于六十英里。当然，他所计算的结果不可能符合他的预期。因此，他得出结论：存在超出观察范围的其他原因（可能类似于笛卡尔所说的涡旋），和重力一起作用于月球。牛顿虽然对此结论根本不满意，但他还是放弃了进一步研究，彻底对该主题保持沉默。

牛顿在他的发现生涯上飞速前进，加上他又年轻，似乎表现出了最深刻的洞察力和最活跃的发明才能。但在他身上，结合着既非凡又幸运的多种影响。这个最伟大的天才，在不间断的、持续的、深刻的学习中接受着启迪和训练。在无拘无束的环境和强大的力量之下，他的行动更加自由、视野更加清晰。而且，在这段快乐时光的同时，他凭借这些惊人能力抓住细微和庞大的事物，使它们相继显露出来，并使它们成为科学。

1667年，牛顿当选为初级研究员。次年，牛顿取得文科硕士学位，当选为高级研究员。

1668年，他回到剑桥，恢复了对光学的研究。他想到了金属抛光的方法，着手打造新的反射望远镜。他亲手打造了一架样品。样品有六英寸长，可以放大物体四十倍，其清晰度比六英尺长的折射望远镜还要高。通过这一设备，观测者可以清晰地看见木星、四颗木卫以及金星类月般的圆缺相位。这架望远镜，就是有史以来首架指向太空的反射望远镜。牛顿在1668年或1669年2月23日写给朋友的一封信里提到了它，信中还包含了他对"光的本性"的思考。牛顿受第一次实验成功的鼓舞，不久后再次亲手制作出了一架更好的同类型望远镜。1671年，位于伦敦的英国皇家学会得知有这一望远镜，便请求参看。于是，牛顿将此望远镜送到了皇家学会。众人给这一望远镜以很高的赞美，国王参观过它，巴黎也收到了望远镜的说明书。这架望远镜被保存在英国皇家学会图书馆里。牛顿在生前就见证了他的发明得到公众的使用，并为科学事业作出了杰出贡献。

1669年5月18日，春天，他给他的朋友弗朗西斯·阿斯顿先生写了一封关于其游学的信，这也是一封建议指南信。有趣的是，这封信展示出了牛顿的性格。信中这样写道：

既然你在信里给了我很大的自由空间，让我来判断游学中可能对你有利的事情，所以我会谈得比较奔放一些，而不会是拘谨得体地谈。首先，我会提出一些一般的规律，我相信大多数规律你都考虑过了。但如果其中有任何一条对你而言是新的内容，那或许就可以原谅其余的老套内容了。如果没有，那我写信时经受的惩罚比你读信时接受的惩罚更多。

当你进入任何新团体时：1.要观察团体里的幽默感。2.在那里要注意你的举止。通过这种方式，你和他们的谈话会更自由和开放。3.演说时不要给出强硬的断言或是进行争论，更多的是要提出疑问和质疑。游学者不应保持着教育别人的姿态，而应是去学习。此外，这能让你的熟人相信你更尊重他们，从而更愿意告诉你他们所知道的。没有什么比专横更容易引起不尊重和争吵了。你会发现，就算你看上去比你的伙伴更聪明或更愚蠢，也几乎不会带来什么好处。4.尽管某样东西从未如此糟糕过，但也不要评价它坏。如果非要评价，那必须加以节制，否则你只会在出乎意料的场合下手足无措，被迫离开。比起给某事以它应得的批评来说，给事情以超出它应得的赞赏，这会更加安全。因为赞扬不会经常遭到反对，至少不会像批评那样遭到不以为然的人的反感。你可以不通过别的，而只通过同意或赞许他们所喜欢的东西来表达你的喜爱，但要警惕用比较的方式进行赞许。5.如果你在异国他乡被冒犯了，与其竭力报复，还不如默默地、开个玩笑让它过去，尽管这样有失名誉。因为在后一种做法里，当你返回英国，或者去到一个根本没有听说过这场争吵的其他团体里，你的声誉不会变差。但在前一种做法里，如果你活得久，那这场争吵可能给你留下一生的污点。但当你发现你不得已地被冒犯了，如果你能控制你的情绪和语言而让这种冒犯保持适度，不过分提高冒犯的程度来激怒对方或你的朋友，让他们不因过分沮丧而感到受辱，那么我想这就再好不过了。总之，如果你能将理性置于情感之上，那么警觉就能成为你最好的保卫者。你可以思考一下：尽管你可以找借口说"是他激怒了我而令我无法忍受"，这在朋友间有用；但在陌生人当中，这些借口是微不足道的，而只会是游学者的弱点。

对此，我可能还要补充一些一般性的询问或评论，例如我目前所想到的：1.观察国家的政策、财富、国家事务，这是一个单独的游学者都可以做到的。2.这些国家对各类人、商业或商品的税收，要去观察引人注意的那些。3.它们的法律和风俗习惯与我们之间的差异。4.它们的商业和艺术在何处比我们英国发达或不及我们。5.你会看到他们的防御工事，其防御样式、兵力和优势，或是其他重要的军务。6.他们的贵族或地方长官所能得到的权力和受尊重的程度。7.将任何国家里最聪明、最博学、最受人尊敬的人编为花名册，这不会浪费时间。8.观察指引船只的机制和方式。9.在几个地方，特别是在矿山上观察自然物，观察采矿环境、提取金属或矿产以及提炼它们的方式。如果你遇到任何由某一种类向其他种类的转化（例如用铁置换出铜，或是由任何金属变为水银，由一种盐转化为另一种盐或是转化为无味道的物体等等），那么这些最有价值的实验，很多时候也是哲学上有价值的实验，尤其值得你记录下来。10.饮食习惯及其他。11.该地的大宗商品。

如果这些一般规律（例如我目前所能想到的这些）没有给你带来别的帮助，它们至少可以给你树立一些旅行规范。以上这些就是我所能想象到的了。不论你是不是在匈牙利的什佳夫尼察[1]（那里有金矿、铜矿、铁矿、硫酸矿、锑矿等），我想再说一些细节。他们在矿井岩洞里发现并溶解出硫酸溶液，用铁将其中的铜置换出来，再用猛火将浑浊溶液蒸干，冷却后得到铜。据说别的地方也是同样的做法，我现在记不起来了。或许，这在意大利也可能是一样的。二三十年前，这里产出某种酸（叫罗马酸），但其美德比现在称呼它的这个名字更高贵。如今不能拿到这种酸了，或许是因为他们通过把铁置换为铜的技巧，能获得的收益比直接卖出的更多。1.不论是靠近埃利亚镇的匈牙利、斯洛伐克、波希米亚，还是靠近西里西亚的波希米亚山上，都有着盛产金子的河流。或许金子是溶解在了像王水那样的腐蚀性液体里，溶液沿着矿山河流而流出。他们把水银放在河流里，等水银溶解了黄金后，用皮

---

〔1〕什佳夫尼察县，当时属于奥地利哈布斯堡王朝统治之下的匈牙利，有德语名称Schemnitz。牛顿用其拉丁化写法Schemnitium来表示。今位于斯洛伐克共和国，有斯洛伐克语名称Banská Štiavnica（班斯卡—什佳夫尼察）。

革过滤掉水银，就得到了金子。这种做法要么还是个秘密，要么尽人皆知。2.荷兰新开了一家打磨镜片的作坊，我想也可以抛光镜片。花点时间去那儿看看，或许是值得的。3.荷兰有个叫博里的人。教皇曾囚禁了他多年，（据我所知）是想勒索他拥有巨大财富的秘密，包括医药和利益方面，但他逃到了荷兰，在那里得到庇护。我认为他通常是穿着绿衣服。想求问你能否从他那里得到些什么，以及他的聪明才智能否给荷兰人带来好处。你可以打听一下，荷兰人是否有什么方法，令他们驶向印度群岛的航船不被虫蚀，以及摆钟是否能在确定经度上发挥作用，等等。

我非常讨厌说一大堆的恭维话，我也不会向你说这些。我只祝你旅途愉快，愿上帝与你同在。

直到1669年6月，我们的作者牛顿才提出"流数术"的方法。接着，他针对该问题写了一篇论文，题为《运用无穷多项方程的分析》（*Analysis per Equationes numero terminorum Infinitas*），并将它发给了他的朋友巴罗博士。巴罗博士6月20日在信中将此事告诉了柯林斯先生，并在7月31日把论文给了柯林斯。柯林斯极为认可牛顿的论述，自己抄录了一份副本，然后把原件还给了巴罗博士。在同年以及此后的两年间，柯林斯先生写了大量信件，向英格兰、苏格兰、法兰西、荷兰和意大利的数学家传播这一发现里的知识。

1669年，巴罗博士决心致力于神学研究，而辞去了"卢卡斯数学教授"席位。他支持让牛顿来接替这一空缺席位，于是牛顿当选了。

在1669—1671年期间，担任卢卡斯数学教授的牛顿发表了一系列的光学讲座。虽然这些讲座包含了他的重要发现，涉及了光的不同折射度，但直到他1671年或1672年[1]当选为英国皇家学会会员，并在几周后向皇家学会进行

---

〔1〕对同一时间采用不同的纪年法。后文同理。

报告时，这些发现才闻名于众。于是，他声名鹊起，很快被看成是这一时代里最著名的哲学家。他关于光的论文激起了皇家学会最浓厚的兴趣。皇家学会流露出对牛顿的深切关怀，让他免受"别人的傲慢"，并提议他将论文在面向世界的月度《哲学会刊》（*Transactions*）上发表。牛顿对这些敬意表示感激，十分高兴地接受了出版提议。与此同时，他向皇家学会报告了涉及光的色散和重新组合的进一步实验：相同的折射程度都属于相同的颜色，而相同的颜色都有相同的折射程度。光谱中的七色光是原始色或单元色，而白色是由这七色光组合而成的。

他发表的关于光的新理论，很快引来了对该理论合理性的强烈反对。胡克和惠更斯这两个能力与学识都出众的人，表示对其理论的强烈反对。尽管牛顿成功地让所有反对他的人都哑口无言了，但相比于失去了平静的心境，他还是感到获得的胜利微不足道。之后，他又提到了这次论战，以及一个注定与他有着更长的、更刻薄的论战的人——"我被我发表的光学理论引起的讨论所困扰，以至于我责备自己轻率了，这使我失去了安宁地探寻影子的巨大幸福"。

1672年，牛顿在与皇家学会秘书奥尔登堡先生的通信中，提出了很多有关反射望远镜构造的宝贵建议。他认为反射望远镜比起普通望远镜来，还有很多改进的空间。大约同时，他还思考过金克惠森写的代数学[1]，做了一些笔记和补充。其部分内容，被当作以《流数术》（*A Method of Fluxions*）为题的论著的导论，但他最后放弃了这一想法。在晚年时，他决定，或更准确地说是同意将这一论著分开发表。如果他没有去世，这一计划可能就会进行下去。1736年，剑桥大学数学教授约翰·科尔森将它翻译为英语出版。

---

〔1〕指荷兰数学家赫拉德·金克惠森（Gerard Kinckhuysen）出版的代数学导论。尼古拉斯·墨卡托（Nicolaus Mercator）曾将该书翻译为拉丁语。

　　人们认为，牛顿在1674年之前就发现了光的拐折，或译衍射。早在十年前，天主教耶稣会会士格里马尔迪就率先发现了光的衍射现象。而牛顿首先重复了这位博学的耶稣会会士曾做过的一项实验：让一束太阳光穿过小洞进入黑暗的房间，光线穿过孔径后会以锥形方式发散，该光线下所有物体的阴影都比预料的要大。阴影周围环绕着三色光条纹，最近的条纹最宽，最远的条纹最窄。牛顿在这个实验上取得了进展。他精确地测量出人头发阴影的直径，和它后面不同距离处的条纹宽度。他发现这些直径和宽度与它们所测量的距离之间，不构成比例。因此，他认为光线经过头发丝的边缘时会发生偏离或转向，就像受到了排斥力一样。最近的光线受到的影响最大，最远的光线受到的影响最小。牛顿在解释彩色条纹时，问道：折射程度不同的光线是否有不同的柔性，是否因为不同的拐折而彼此分开，以至于形成了上述所见的三色条纹呢？同样，光线在经过物体边缘和侧面时，是不是像鳗鱼一样前后弯曲多次，即在三次弯曲中产生三个条纹呢？他对这一主题的疑问到此就中断了，且没有恢复研究。

　　1675年2月，牛顿向皇家学会报告了"自然物体的颜色理论"（Theory of the Colours of Natural Bodies）。人们公认，这是他最深刻的猜测。简单地说，这一理论的基本原理是：具有更强折射能力的物体会反射更多的光线，而在相同折射介质范围内，不会有折射。所有自然物体的最小微粒，在一定程度上几乎都是透明的。物体粒子之间存在着空隙或空间，它们要么是空的，要么充满了密度小于粒子自身密度的介质。这些粒子间的空隙或空间，有一定大小。因此，牛顿推断出了对自然物体的透明度、不透明度和颜色的结论：透明，是因为粒子和粒子间空隙太小，不能使光在它们的共同表面产生反射，而是全部穿过去了。不透明，则是因为相反的原因，即粒子和粒子间空隙足够大而反射光线。大量"停留的或被堵的"光线发生了反射。而粒子具有的颜色，则是根据粒子的几种尺寸，反射某种颜色而让其他颜色穿过。换句话说，进入我们眼中的颜色是反射出的颜色，而其他颜色都穿过去了或是被吸收了。

牛顿除了思考过自然物体的颜色，还思考了"薄膜颜色"。这一课题有趣而重要，吸引了很多人研究，但牛顿是第一个确定这些颜色的产生规律的人，并在同年将他的研究成果报告给了皇家学会。他进行这些实验的流程，既简单又奇特。他把一个曲率半径很大的双凸透镜，放置在平凸玻璃物镜的平面上。于是牛顿发现，两块镜片的中心接触点出现了空气色环，中心的环很疏，慢慢过渡到外围很密的环。让照入的光线变暗，不同厚度

□ **光线在太阳附近的弯曲**

太阳引力在空间和时间上都是一个非常恒定的常数。当光线弯曲，其偏折率在扣除测量误差之后也应该是恒定的。

的空气环就会呈现不同的色彩：透镜与玻璃镜的中心接触点形成了颜色各异的同心色环。如今，已知透镜的曲率半径，在任何给定点或是在特定色彩出现的地方，都能准确求出空气环的厚度。所以，牛顿仔细地记录下不同颜色出现的顺序，以最准确的方式测量环中最亮部分的不同厚度，不论介质是空气、水还是云母（所有的这些介质在不同厚度都是相同颜色），他都弄清了它们的比例。根据这些实验中观察到的现象，牛顿得出了"光具有易于反射和易于透射的阵发性"的理论（Fits of Easy Reflection and Transmission of light）。这一理论假设每个光线粒子，首次从发光体中以等距间隔发射出来，都可能落到物体表面后反射回来或透射过去。例如，如果光线阵发性地

"易于反射"，那么它们到达表面后会被排斥、被抛出和反射回来；而如果光线阵发性地"易于透射"，那么它们在穿过物体时会被吸引、被牵拉和投射过去。牛顿同样通过这一拟合理论，解释了厚环的颜色。

牛顿把光线看作是由发光体发出的微小物质粒子组成的。他认为这些粒子可以重新组合为固体，所以"全部物体和光可以相互转化"，光的粒子和固体的粒子可以相互作用。这些光扰动并加热了这些固体物质，而固体物质吸引和排斥着光。牛顿首次提出了光的"偏振说"。

1675年12月，他发表了论文《解释光的性质的假说》（*An Hypothesis Explaining Properties of Light*），首次提出他对以太的看法。他认为以太是"一种弥漫着的最微妙的精气"，充满整个太空。后来他放弃了这一观点，而后又恢复并长期坚持这一观点。如果不存在极具弹性且十分稀薄的以太，这几乎难以置信。牛顿说："这一精气的力量和作用，使物体粒子在近距离处相互吸引，在接触时则会黏合在一起；使电子在较远的距离处就能发挥作用，既能吸引邻近物体，也能排斥邻近物体；使光可以发射、反射、折射、拐折，以及加热物体。所有的感觉都受其激发，在这一精气的振动作用下，动物身体的各部分受意志驱动而行动，沿着神经的固体细丝互相传递，从外部感官传到大脑，从大脑再传到肌肉。"[1]这一"精气"并非"宇宙灵魂"（anima mundi）。没有比牛顿更进一步的想法。但对牛顿而言，这难道不是要部分认识或试图把握终极物质力量或基本要素吗？通过这一力量，物质宇宙在"呼啸的时辰机杼"旁边给神编织出有形之衣[2]。

同时，牛顿向英国皇家学会报告了玻璃里电激发的实验结果。皇家学

---

〔1〕这是牛顿在《自然哲学的数学原理》第三卷总释里的原话。
〔2〕这里借用了歌德《浮士德》中悲剧第一部第一场《夜》的两句诗："我转动呼啸的时辰机杼，给神性编织生动之衣。"

会对此十分感兴趣。皇家学会多次尝试，且在牛顿的指引下，成功重复了该现象。

牛顿对一个小问题十分感兴趣，那就是物体的折光力与其化学组成之间的联系。他在比较许多不同物质的折光力和密度时，发现同一物体里的折光力与密度几乎成比例关系。油类物质和含硫物质明显例外（钻石也同样）。它们的折光力按它们的密度来看，要比其他物质大两倍或三倍。而在它们之中，一种物质大体上与另一种物质成比例。因此，牛顿猜测钻石的可燃性可能很高。现代化学已经证明了这一猜想是正确的。牛顿可能是在格兰瑟姆的药剂师家里目睹了化学这门科学的实践操作之后，开始进行化学研究的，并或多或少兢兢业业地进行着。牛顿有篇涉及多个主题的简短化学论文《论天然酸》（*De Natura Acidorum*），由霍斯利博士编辑出版。他的《热度和热量表》（*Tabula Quantitatum et Graduum Caloris*）发表在《哲学会刊》上，文中谈到了从冰的融化温度，到小厨房的煤火温度之间的不同温度。牛顿认为，火是物体被加热到极热的程度，而发出的大量的光。牛顿进行了如他所设想的那样的实验：物体微粒在极小距离下相互作用。他把沉淀、结合、溶解和结晶等各种化学现象，以及凝聚力、毛细作用等机械现象，归结为选择性吸引。在牛顿的一生中，他所形成的化学观点，起码得到了部分解释和证实。至于物体的结构，他认为："最小的物质粒子可能因具有的最强吸引力而结合在一起，形成吸引效果较弱的较大粒子。其中的许多粒子可能再次结合在一起变成更大的粒子，但效果还是较弱。之后的进程也相同，直到最大的粒子产生出来。化学实验和自然物体的颜色取决于这些粒子，并通过黏附组成可感知大小的物体。"

我们有足够的理由相信，牛顿曾认真研读过雅各布·贝门的著作。牛顿早年时还和他的一位亲戚一道，花费了数月时间来炼制这位哲学家的丹药。但用"伟大的炼金术士"来描述贝门的特点是非常不完美的。贝门研究物质和精神，研究人类和天界，以敏锐且有原创性的头脑为它们寻找最可靠的证据。

或许不在别处而就在这里，来描述一下牛顿进行的一些奇特实验，这会比较合适。他在自己身上亲自实验了光落在视网膜上的作用。牛顿的挚友洛克给他写信，想知道他对波义耳光学著作的看法。而牛顿在1691年7月30日的回信中，描述了如下的情况。这大概就是他进行光学研究的过程。信里写道：

你提到波义耳先生在光学著作里的观察，我已经冒着风险在我眼睛上亲自尝试过了。方式是这样的：我先用右眼看了一会儿镜子里的太阳，接着把我的眼睛转向我房间内的黑暗角落，眨了眨眼，观察所出现的影像，包围它们的彩色圆环，以及它们是如何逐渐减弱直到最后消失的。我重复了这一实验三次。在第三次的过程中，当光和颜色的幻象几乎要消失不见时，我尝试想象它们最后出现的样子，我惊讶地发现它们又开始呈现出来了，一点点地变得像我刚开始见到太阳那样的栩栩如生。但是当我不再想象它们时，它们就消失了。此后，我发现随着我常常在黑暗中试图回想它们，就像一个人努力地看某个难以看到的东西那样，我就可以不必看向太阳而就能使眼中出现幻象。我越是常常回想它，就越容易让它再次出现。最后，我不再看太阳，而通过重复这一做法，就能令我眼中出现这一幻象。当我看云朵、书或是任何明亮的物体，我就能在上面看到一块圆形的、像太阳一样的光斑。虽然我只用右眼看了太阳而没有用左眼，但奇怪的是，当我开始想象时，我的左眼也出现了与右眼一样的幻象。因为如果我闭上右眼，或用左眼看一本书或是云朵，只要我稍微想象一下，我的左眼就能像右眼一样出现太阳的光斑。而一开始的时候，如果我闭上右眼而用左眼看，它只有在我尝试想象太阳的光斑时，才会出现。但通过重复，这种情况每次都变得更加容易出现。几小时过后，我让我的眼睛变成这种情况：当我不用任何一只眼睛看明亮物体时，

眼前仍旧有一个太阳。所以我
无法再写作和阅读了。而为了
使我的眼睛恢复正常，我把自
己关在黑屋子里度过了三天，
想尽一切办法让自己不去想象
太阳。虽然我身处黑暗中，但
我一旦去想象，就会浮现出太
阳的画面。而通过让自身身处
黑暗，并专心去想别的东西，
我在三四天后就开始运用我的
眼睛了。我通过避免观看明亮

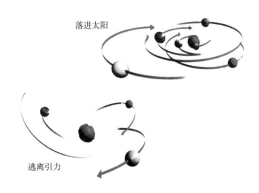

落进太阳

逃离引力

□ **引力的衰减**

　　引力随距离增大而衰减，意味着行星轨道不稳定，结
果就是行星要么落进太阳，要么完全逃离太阳的引力。

物体来使眼睛充分恢复，尽管恢复得不是特别充分。因为几个月后，哪怕我
是午夜时躺在床上，放下了窗帘，但我一旦回忆这一现象时，脑海中就再次
浮现出太阳的光斑。虽然如今这么多年来我恢复得很好了，但我确信如果我
敢于让眼睛再冒风险，我还能通过想象回忆起幻象。我告诉你这个故事，是
为了让你明白一个道理。在波义耳先生的观察中，一个人想象出的幻象，很
可能和他在经常明亮物体上看到的太阳光幻象相一致。而同样地，你关于幻
象原因的问题涉及想象力的力量，我必须承认这是一个我难以解开的结。很
难将这一效应置于持续运动之上；因为太阳应该是持续存在的。感觉中枢似
乎存在着一种倾向：当人们经常看明亮物体时，就容易被光引发十分强烈的
幻象。

　　尽管牛顿一直保持沉默，但他的思想对行星运动这一浩瀚主题绝非无动
于衷。可以说，他在沃尔斯索普庄园时第一次想到了"万有引力"的主题，
并在几年后将它逐渐完善。我们从1679年他写给英国皇家学会秘书胡克博士

的信中发现，牛顿建议用垂直实验来观察地球运动，也就是观察物体从相当高的位置下落的路径。他得出结论说，这一路径会是螺旋形的。但胡克博士坚持认为，它在真空中是偏心椭圆，而在抵抗介质中是椭圆的螺旋。牛顿没有去纠正他的错误，而是在"抛射体会在与距离平方成反比的力的作用下走出椭圆轨道"这一发现下，得出了"他后来用来检验椭圆的定理"。并且，他证明了著名的命题，即行星在与距离平方成反比的吸引力下，沿椭圆轨道运动。运动轨道的其中一个焦点就是引力中心。

当1682年7月，牛顿参加皇家学会会议时，会话的主题落到了1679年法国天文学家皮卡德先生所测量的子午线度数上。牛顿将结果记录在备忘录上。会后，他第一时间计算出地球的直径。有了新数据的补充，他重新恢复了1666年他的计算。随着他深入计算，他发现他早年的预测如今很可能是正确的。繁杂的、惊人的结果压倒了他。他难以继续计算下去，并把这一任务委交给他的一个朋友。的确，这位发现者把握住了事实本身。地球表面上的物体下落规律，最终与吸引月球在其轨道运动的定律完全一致。十六年来，他这一"伟大发现"一直是个若隐若现的、庞大的昏暗轮廓，如今从一系列似是而非的假说中脱颖而出，在展现真理的正午日光下光芒四射、极为宏伟。

很难想象，甚至也无法想象，像这样的结果会给牛顿的头脑带来什么影响。就像拱心石被安置在辉煌的拱门之上那样，他的精神也已经登上了无限空间的边缘。它跨越不可估量的范围、衡量不可估量的内容、计算不可估量的数据，描绘行星的遨游和彗星的远航，并将更高亢的旋律、更清晰的音符带回了人间，作为洪亮的声音，永远见证造物主的旨意和全能。

于是牛顿扩展了由此得到的定律，对太阳系主行星的运动形成了大约十二个命题。1683年年底，他将这些命题送交伦敦，并在皇家学会上报告。同一时期或相近时期，像克里斯托弗·雷恩爵士、哈雷博士、胡克博士等其他哲学家，也致力于研究同一课题，但没有得出确切的或令人满意的结果。据推测，哈雷博士看到了牛顿的命题，并在1684年8月前往剑桥和他商议这一课题。牛顿笃定地告诉他，自己已经完美地证明了这一命题。11月，哈雷博士收到牛顿论文的一份副本，并于12月在皇家学会宣读该文，因为牛顿承诺他已向皇家学会登记该文。随后，牛顿依照他向皇家学会的承诺，开始勤奋地准备这项工作。尽管其间中断了6周，但他还是在次年4月底前将手稿的第一卷送到了伦敦。这一著作题为《自然哲学的数学原理》，牛顿将其献给英国皇家学会，在1685年或1686年4月28日发表。这一著作得到了最佳的赞美。5月19日，皇家学会决定出资将它出版，由哈雷负责相关事宜。几天后，哈雷向牛顿告知了这些事情。牛顿6月20日回复如下：

我同样非常喜欢你交给我的证据。我总共计划写作三卷。去年夏天写好了第二卷。它较短些，只需要誊写一下和恰当地删减一些。我后来又想到了一些新命题，我想这些命题不提也罢。第三卷是关于彗星理论的。去年秋天，我花了两个月时间来计算，却没有找到什么好办法。这使我后来又回到了第一卷，用各种各样的命题来扩充它。有些是关于彗星的，有些是关于去年冬天所发现的东西。如今我计划将第三卷压下。哲学就像是一个爱打官司的女子，男子需要以打官司的方式来和她打交道。我以前是这样发现的，而现在不能再接近她了，但受到了她的警告。如果没有第三卷而只有前两卷，则很难与标题《自然哲学的数学原理》（*Philosophia Naturalis Principia Mathematicia*）相称，所以我想把标题改为《论运动的两卷书》（*De Motu Corporum Libri duo*）。但我转念一想，还是维持了原来的标题。因为原标题有助于销售这本书，既然它现在由你来筹划，我就不应当减少它的销量。

牛顿所说的这一"警告"起源于胡克博士提出的托词。虽然牛顿对此给出了简短而积极的驳斥，但为了协调所有的争论，牛顿还在第一卷命题6推论4中加上了一条注释。该注释提到，雷恩、胡克和哈雷已经从开普勒第二定律中独立推导出了重力定律。

哈雷博士无法接受牛顿压下第三卷内容不出版。哈雷说："我必须再次请求你不要如此愤懑，以至于我们都见不到你的第三卷了。从你所写的东西来看，我猜你的第三卷是把你的数学原理运用到彗星理论以及其他奇特的实验上，这无疑会使那些声称自己没有数学基础的哲学家更容易接受，而这些哲学家是占据多数的。"在这般恳求下，牛顿同意了。而就像我们所设想的，在他"计划压下"的第三卷里看不出有什么"愤懑"。牛顿寻求宁静，因为他热爱并看重宁静，胜过一切掌声。尽管他努力保持心神稳定，可他在发现路上始终受到无知或专横的竞争者的干扰。

如今，这一伟大著作快速出版传播。第二卷送交皇家学会，并在3月2日报告。第三卷于4月6日报告。这三卷在1686年或1687年5月完成并出版。在第二卷引理2中，他所构建出来的微积分基本原理首次展现在世人面前。但微积分的算法和记号，直到1693年沃利斯博士发表《全集》第二卷才出现。

于是《自然哲学的数学原理》诞生了。该书达到了人类理智的顶峰。只要科学有信仰者，哪怕只有一个信仰者并跪倒在真理的祭坛上，该书就可被视作无价之宝。整部书的总标题为《自然哲学的数学原理》。其中包含三卷：前两卷题为《论物体的运动》（*The Motion of Bodies*），涉及运动和力的规律和状态。而对于像物体的密度与阻力、物体的空隙、声光的运动等这些哲学上最普遍或最确定的要点，也都用注释做了解释。从这些原理出发，可以推导出第三卷的内容。第三卷以尽可能通俗的方式写成，题为《宇宙体系》（*The System of the World*），即宇宙体系的构成。对于这一卷，作者牛顿说："我确实是以一种通俗的方式来写作第三卷的，使更多的人能够读懂它。但随后，我考虑到那些没有读过前面的原理的人，可能难以发现结论的优点，或者是不能搁置他们多年来习以为常的偏见。所以，为了避免这一情况可能带来的抵触，我把该卷的实质内容以命题的形式（以数学的方式）展现出来。只有首先掌握了这些原理的人才能进一步读懂该卷，我并不是建议所有人都要预先阅读这几卷的每一个命题——如果有人仔细阅读了第一卷的定义、运动定律和前三节的话，那就足够了。他可以很快地转到第三卷，而在他有需要的时候去前两卷中查找余下的命题，当作第三卷的参考资料。"所以"宇宙体系"以一种"通俗的方式"、数学命题的形式写成。

万有引力原理，即"每个物体粒子都受另一个物体粒子吸引，且该吸引力与两者的距离平方成反比"。这一发现是《自然哲学的数学原理》中提出的。牛顿从月球运动和开普勒三大定律推导出这一原理，并以他更强大的原理证明了这些定律是真的。

牛顿根据开普勒第一定律，即行星所画出的面积与其运动的时间成比例，得出：使行星维系在其轨道上的力，总是指向太阳。牛顿根据开普勒第二定律，即每个行星都画出一个以太阳为其中一个焦点的椭圆，得出了更普遍的结论：行星圆周运动所受的力，与到焦点的距离平方成反比。并且，他证明了行星在该力的作用下，不会以圆锥曲线以外的曲线运动。他给我们展示出，运动物体何时会画出圆形、椭圆形、抛物线形、双曲线形轨道。他还证明了，这一吸引力或引力在任何一个微小的粒子里都存在。但在球形物体内，这一吸引力似乎只限于在其中心发挥作用。所以，一个球体或物体会作用于另一个球体或物体，其吸引力大小与其物质的量成正比，而与它们中心的距离平方成反比，且它们相互靠近的速度会与两者物质的量成反比。于是，他隆重概述出了宇宙定律。他先是用地面物体的运动来验证其真实性，接着用月球或其他次级天体来验证，最终以强有力的方式囊括了整个太阳系（包括行星、卫星和彗星在内的所有物体运动），从而解释并协调了各种各样的、迄今为止尚不能理解的现象。

我们可以在天才牛顿的指引下，发现球体与球体之间、物体与物体之间、粒子与粒子之间，小原子与大质量之间、微小部分与巨大整体之间（包括每个部分与每个部分之间，每个部分与整体之间、整体与整体之间），都处在相互影响的神秘联系之中。不论是球状露珠，还是扁球型地球；不论是下落的雨水，还是浩瀚起伏的海潮；不论是飘飞的蓟毛，还是固定沉重的岩石；不论是摆动的钟摆，还是测量时间的太阳；不论是变幻不定的月球，还是缓慢后退的地球两极；不论是飘忽不定的流星，还是在遥远处、以确定的圆形飞速环绕的炽热彗星：都受到类似的影响。总之，这一影响可以通过星光熠熠的苍穹，将一个体系与另一个体系连接起来，然后苍穹一片又一片地连着苍穹，直到汇聚到某个不可言喻的中心。这里是无限的上帝所居住的地方，这里汇聚着无穷、永恒，这里有无数的主，以最温柔、最敏捷的方式，聚集在深莫难测之天界。

牛顿有着全能者的爱与伟大，却没有放弃全能者的视野。对于次要的原因，不论它多么普遍，都不能被看作是第一因；对于压力，无论它多么分散和强大，都不具有创生和赋能的功能；对于物质上的美丽、辉煌、崇高，无论多么出彩、多么无穷，都无法掩盖智慧至上的特点。他从内心灵魂深处出发，通过理性和话语，先天地达到了上帝（God）的高度；他从全能者的高度出发，通过构造宇宙的设计和法则，后天地证明了神性（Deity）。他在写作《自然哲学的数学原理》时说："我注意到了这些原理，这些原理在考虑到人时是可行的，因为我信仰上帝。"他在此得出结论说：

这个由太阳、行星和彗星组成的、最美丽的宇宙体系，只能处在一位聪明强大的存在者（Being）的指导和统治之下。如果恒星都是其他类似体系的中心，那么这些在同一智慧的指导下所形成的体系，都必须服从于"唯一的上帝"（One）的统治。尤其是，因为恒星光与太阳光有相同的本性，且每个体系的光都会经过其他体系，所以为了避免恒星体系因其引力而相互撞击，上帝将这些体系彼此间安排得很远。

上帝这一存在，不是作为宇宙的灵魂而是作为万物之主而统治着万物。因为受他统治，所以习惯上把他称为"我主上帝"[1]，或"宇宙统治者"。因为上帝是个相对的词，是相对于仆人而受到尊重，且神也是上帝对仆人的统治，而不是统治其自身（就像那些把上帝想象为宇宙灵魂的人那样）。作为存在者的至上上帝，是永恒、无

□ 唯一的上帝

　　牛顿认为，完美无瑕的宇宙体系的存在，就是唯一的上帝存在的确切证据。

限且绝对完满的。而一个存在者，不论多么完满，只要不能统治，都不能称为"我主上帝"。因而我们说我的上帝、你的上帝、以色列人的上帝、诸神之神、诸主之主，但不说我的永恒者、你的永恒者、以色列人的永恒者、诸神的永恒者，也不说我的无限、我的完满。这些称呼都不能和仆人身份相对应。"上帝"一词通常意味着"主"，但不是所有的"主"都是"上帝"。只有具有统治的精神存在者才是上帝：真实的、至上的、想象的统治造就了真实的、至上的、想象中的上帝。而且，他有真实的统治，意味着真实的上帝又是活动着的、全智的、全能的存在者；他有其他方面的完满性，意味着他又是至上的，或最完满的。他是永恒的、无限的、全能的、全知的，即他的持续从永恒到永恒、他的呈现从无限到无限，他统治万物、知晓一切、实现一切。他不是永恒或无限，但是永恒的和无限的；他不是时间或空间，但存在于此时、此处。他时时存在，处处存在，由此他长存于时间且充斥于空

---

　　[1]"我主上帝"，希腊语 παντοκρατωρ，或作Pantokrator。意为"万物的统治者""全能者"。西方基督教里相应的形象为"耶稣圣像"。

□ **炼金术士的晚年**
　　牛顿晚年笃信神学，沉湎于神学的考证和炼金术的研究，其与上帝对话的手稿竟高达150万字之多。

间。因为空间的每个微小部分都总是时时存在的，时间的每个不可分割的一瞬都是处处存在的，所以造物主不可能每时不在、每处不在。尽管每个有知觉的灵魂分属于不同时间，有着不同的感官、进行不同的运动，但都是同一个不可分割的人。时间中有持续的部分，空间中也有共存的部分，但这两者都不在人的个体或他的思维本原里，更不可能在关于上帝的思维实体中。每个人，只要他能够感知，那么在他的一生和各个感官上，他就是同一个人。上帝是唯一的上帝，无时不在、无处不在。他是全在的，不仅在现实中全在，而且在本质上也是全在的：因为现实不能脱离本质而存在。万物包含在上帝之中，且运动在上帝之中，但两者彼此不产生影响。上帝不会因物体的运动而受影响，物体也不会因上帝存在而受到任何阻碍。人人都会承认，至上上帝的存在是很有必要的；人人也都会承认，上帝时时存在、处处存在同样是很有必要的。因此，他浑身都是相似的，浑身是眼、浑身是耳、浑身是脑、浑身是手、浑身都能够感知、理解和行动。但其方式却完全不同于任何人类，不同于任何物体、也不为任何人所知。正如盲人无法认识色彩那样，我们无法了解全能的上帝是如何感知和理解事物的。他没有任何身体或关于身体的形象，因此我们看不到他，听不见他，摸不着他。我们也不应当向着任何代表其形象的物质事物朝拜。我们知道他的属性，但我们不知道任何事物的本质是什么。在身体上，我们只看见它们的形状和颜色、听到它们的声音、摸到它们的表面、闻到它们的气味、尝到它们的味道，但我们不能通过我们的意识、或头脑的反思行为来了解它们的内在本质。更不用说，我们能对上帝本质有什么概念。我们只能通过他对事物最聪明和最出色的设计以及目的来认识他。我们赞美他的完满，又敬畏和崇拜他的统治：因为我们作为他的仆人而崇拜他。而一个没有统治、神性和目的的神，无异于命运和自然。盲目的形而上学的必然性，肯定同样是时时存在、处处存在的，但各种各样的事物不可能由它产生。我们在不同时空所发现的、各种各样的自然物，只会出自一个必然存在的存在者的想法和意志。[1]

于是，这位勤奋的科学学生、最热情的真理探索者，引领着我们，如同穿过圣殿的庭院一般（这里每走一步都会见证新的奇迹），一直走到至圣所[2]之前，让我们认识到：一切科学和一切真理的出发点和目的，都是为了认识上帝。诸天述说着他的荣耀，苍穹展现着他的杰作。

《自然哲学的数学原理》介绍了纯粹而崇高的原理，但这遭到了坚决的抵制。笛卡尔提出的涡旋体系，给人们播种下了一幅似乎是真实的空想图景。其谬误不仅深入普罗大众，而且深入科学家的头脑之中，如雨后春笋般蓬勃发展了起来。还有一类简单而宏伟的观点，认为大量的行星悬浮在空旷的太空中，并受一种来自太阳的、不可见的影响而维系在轨道上。在无知者看来，这一观点是不可思议的；而在有学问的人看来，这是要复活古代物理学的神秘特征。这一说法尤其适用于欧洲大陆：莱布尼茨误解了《自然哲学的数学原理》的学说，而惠更斯表示部分反对《自然哲学的数学原理》学说，约翰·伯努利也反对《自然哲学的数学原理》学说，丰特内勒则坚决不接受。所以伏尔泰所说的可能是对的，虽然牛顿在其伟大著作出

---

〔1〕这是牛顿在《自然哲学的数学原理》第三卷《总释》里的原话。
〔2〕至圣所是《圣经》中圣殿的最深处，被认为是上帝显灵的处所。

版后活了四十多年，但在他死的时候，在英格兰以外的跟随他的人不超过二十个。

但在英格兰，牛顿的哲学迅速得到了接受，十分成功。令《自然哲学的数学原理》的知识在英格兰和苏格兰大地上广泛传播、并激起人们对其真理之兴趣的，不仅离不开牛顿在卢卡斯数学教授席位上时付出的努力，离不开该讲席继任者惠斯顿和桑德森付出的努力，也离不开塞缪尔·克拉克博士、劳顿博士、罗杰·科茨和本特利博士付出的努力，离不开基尔博士和德萨居利耶开设的实验讲座，还离不开爱丁堡的戴维·格雷戈里和他在圣安德鲁大学的兄弟詹姆斯·格雷戈里早年的不懈努力。事实上，它的数学原理一开始就构成了学术教学的常规部分；而那些物理原理，以通俗讲座的方式向大众传播并加以实验说明。在不出二十年的时间内，普罗大众的头脑就熟悉和接受了这些物理原理。1728年，彭伯顿出版了一部通俗读物《艾萨克·牛顿爵士的哲学观》（*View of Sir Isaac Newton's Philosophy*）。后一年，安德鲁·莫特出版了《自然哲学的数学原理》和《宇宙体系》的英译本。从这一时期开始，勒瑟尔和雅基耶、索普、杰布、赖特及其他人付出的努力极大地挖掘出了《自然哲学的数学原理》背后的财富。

大约在《自然哲学的数学原理》出版的同时，詹姆斯二世转而重新恢复天主教信仰，除了做出其他非法行为外，还敕令剑桥大学给一名无学识的僧侣授予文科硕士学位。这一敕令被坚决地拒绝了。剑桥大学为了捍卫大学独立而派出了九位代表，牛顿便是其中之一。他们来到了最高法庭，而后他们取得胜诉，国王撤回了其敕令。牛顿在诉讼中发挥了重要作用，加上他在科学界具有显赫成就，因而被剑桥大学选为议会代表，代表剑桥大学向议会提出其建议。1688年他坐上议会席，直到他落选为止。但第一年过后，他看上去几乎没有对议员职责的重视之心了。他也很少离开剑桥大学，直到1695年他被任命到铸币厂去。

早在1691年，牛顿就开始了其神学研究。那时他正值壮年，智力蓬勃发展。正如我们所看到的，牛顿从其小时候开始，就以超乎常人的精力孜孜不倦地探索物理真理。他给哲学打下新的基础，给科学以新的殿堂。接着，他从考察物质出发，更直接地转向考察精神，他有着自然的、且如此伟大而虔诚的灵魂，这是必然的进步。对他来说，《圣经》（*Bible*）是无价真理。对拿撒勒人耶稣（Him of Nazareth）[1]的纯粹坚定的信仰，给他带来了灵活的自由，这让他的强大才能获得了最充分发展的空间。无论他的原初禀赋多么强大，无论他勤奋好学多么刻苦，如果不把他从激情和感官中解放出来，他就永远不可能做到惊人的专注，并把握住智慧。这是迄今为止荣誉所不能带给他的。因此，他十分感激"自然之书"和"《圣经》之书"是同一作者所写。对他来说，这些就像是同一幽深海底的点点滴滴、同一内在光彩的外显、同一不可言喻之声的音调、同一无限曲线的部分。他很高兴自己能作为一个解释者，从《创世记》（*Creation*）的象形字中宣布上帝的存在。而如今，他怀着更大的喜悦之情、丰富的知识和饱满的力量，努力从神启话语中，在存在者及其属性的浩瀚荣耀里，让至善变得更加确证和清晰；努力让他的同胞准确无误地理解并喜爱这一作品。最后，他还努力以他的证词来支持这一宗教。这一宗教的真理如今确实是"由铁和石头作出了沉重而巨大的论证"。

牛顿有篇作品，题为《对但以理预言和圣约翰〈启示录〉的考察》（*Observations upon The Prophecies of Daniel and The Apocalypse of St. John*）。该文于1733年或1734年在伦敦首次出版。其中包含两部分：一部分考察但以理的预言，另一部分考察圣约翰的《启示录》（*Apocalypse*）。在该文第一部分，

---

〔1〕拿撒勒是耶稣的故乡，因此耶稣常被称呼为"拿撒勒人耶稣"。

□ **启示录**

牛顿以他非凡的学识、深刻的洞察力和精湛的推理能力对圣约翰的《启示录》加以考察，最终得出结论是：上帝确实是浩瀚宇宙的主宰。

牛顿分别考察了：旧约全书的编撰过程、预言所使用的语言、四兽异象、铁与黏土所组成雕像之脚所代表的王国、但以理所见第四兽的第十一犄角、应当改变时间和法律的力量、但以理所见公绵羊和公山羊所象征的王国、七十个七[1]的预言、基督的诞生与受难、《圣经》真理的预言、不顾群神也不顾妇女所羡慕的神而崇尚武神[2]的肆意王、肆意之王所崇尚的武神。在该文第二部分，牛顿考察了《启示录》的写作时间、异象的场景、摩西十诫启示与崇拜圣殿上帝之间的关系，以及但以理预言的启示与预言本身主题的关系。牛顿认为：给出的这些预言不是为了满足人们的好奇心，而是为了让人们能够预知。而这是因为牛顿确信宇宙是由上帝统治的，他见证了上帝的成就。他认为有足够多的预言实现了，这可以为勤奋的探索者提供关于上帝存在的大量证据。整部作品的特点是渊博、睿智和雄辩。

而他的《一封写给朋友的信：对圣经两处明显修改的历史性说明》（*Historical Account of Two Notable Corruptions of Scriptures in a Letter to a Friend*），也同样突出了他的学识、洞察力和精湛的推理能力。这一论著，由霍斯利博

〔1〕七十个七，出自《但以理书》9:24。"七"本是希伯来文shabuwa，意为"七个时段"。但对于"七"字究竟以何为单位（七日/七周/七年），存在不同看法。

〔2〕武神，出自《但以理书》11：38。武神是Mahuzzims，意为武力之神、护法之神。

士编辑无误后首次出版。文中谈论两处经文：第一处是《约翰一书》5：7（1 *Epistle of St. John* V.7），第二处是保罗的《提摩太前书》3：16（1 *Epistle of St. Paul to Timothy* III.16）。因为这一作品不涉及两处主要文本中支持上帝"三位一体"的地方，所以牛顿被认为是阿里乌斯派。但他的论述里，没有任何证据能够得出这样的结论。

他其余的神学著作，既包括其生前未完成的《预言家词典》（*Lexicon Propheticum*），也包括《论犹太人的神圣肘尺》[1]的拉丁论文。该文的英译文收录在1737年出版的《约翰·格里夫斯先生杂作》（*Miscellaneous Works of Mr. John Greaves*）里。还包括《写给本特利博士的四封信：包含对上帝存在的论证》（*Four Letters addressed to Dr. Bentley，containing some arguments in proof of a Deity*）。这些信分别于1692年12月10日、1693年1月17日、1693年2月25日、1693年2月11日写就。写第四封时间比第三封要早。这些清晰有力的作品体现出牛顿最好的才能和最深刻的学识，令人十分信服。这些信由塞缪尔·约翰逊博士审阅，并于1756年出版。

牛顿的宗教作品以绝对不带偏见而著称。这些论著里，无不闪耀着真正高尚的灵魂。事实上，我们也可以用同样的看法来描述他的一生。他非常热衷于研究和思考《圣经》，并深深地沉浸在《圣经》的精神之中。他的虔诚是如此热切、真诚和务实，以至于他的一举一动都有如焚香而出。他的仁慈不仅仅是有意，而且向所有人尽最大的努力。他的博爱是拥抱所有的同胞并献出他的爱。他的宽容是最大的且最真诚的：他谴责一切迫害，即便是极温和的迫害；并且他热切地鼓励每个追求美德的人。这种宽容不是出于漠不关心（因为不道德和不信神的人很快会受到责难），而是出于智慧的谦逊和基督徒

---

〔1〕牛顿从《圣经》的内容出发，区分了"神圣肘尺"和"世俗肘尺"。

□ **六便士银币**

　　图为伊丽莎白一世时期的英国六便士银币的正反两面（1593年制）。晚年的牛顿，在担任英国皇家铸币厂厂长期间，对伪币制造者严惩不贷，甚至将其中几个罪大恶极者送上了绞刑架。此外，牛顿还改进了银币的金属纯度、制造工艺等，为恢复英国货币的信用和社会的稳定，立下了不朽功勋。

的慈爱。他认为自我无能而真理全能，他对最有才干之人没有赞美，而对了光明和生命而斗争的弱者也没有指责。

　　1691年或1692年的一个冬晨，牛顿从教堂返回，发现他喜爱的一只叫"钻石"的小狗打翻了桌上点燃的蜡烛，几篇包含某些光学实验结果的论文几乎都被烧掉了。面对自己的损失，他唯一的感叹就是："小钻石啊小钻石，你几乎不知道你干了什么恶作剧。"当时亚伯拉罕·德拉普莱姆先生是剑桥大学的学生，布鲁斯特博士便从他的日记手稿里摘录出了牛顿的生活，内容如下：

　　1692年2月3日，我今天必须记下我所听到的事。三一学院有位研究员牛顿先生（就是我常常见到的那位）。他因博学而闻名，是一位最优秀的数学家、哲学家、神学家等。他多年来都是英国皇家学会的会员。在他非常博学的著作和小册子之中，有一部《自然哲学的数学原理》，他因此而赢得了极高的声誉。尤其是，他收到了大量来自苏格兰的、对此书的祝贺信。但在所有他所写过的书中，有一部关于颜色和光的书。这部书是他花了二十余年，在成千上万次实验的基础上写成的，他为此花费了数百英镑。当这位博学的作者就要得出结论时，这部他极为珍重、谈论得非常多的书，却因发生这样一件事而彻底没了：在冬天的一个早上，当牛顿去教堂时，他将其他的论文留在了书桌上。不巧的是，书桌上有支未熄灭的蜡烛引燃了其他论文，连带烧着了上面提到的那本书。最后那部书和其他那些有价值的论文都被烧毁了。最令人感叹的是，除此之外就没有更多的损失了。但当牛顿从教堂回来，看见了发生的这些事情，每个人都觉得他会发疯，会变得极为沮丧，以至于一个月后依旧失魂落魄。你可以在皇家学会的《哲学会刊》上找到他关于颜色体系的一篇长文。早在这一不幸事情发生之前，他已经将这篇文章交给了皇家学会。

需要知道，牛顿所有的神学著作，除了写给本特利的信外，都是在这件事情发生之前完成的。我们必须明白，亚伯拉罕·德拉普莱姆认真地给我们描述出了一幅这近一个月里的牛顿印象。但布瓦先生根据惠更斯的一份小型期刊手稿里的备忘录，认为在牛顿生平里，这一事情扰乱了牛顿的理智。然而，布瓦先生和拉普拉斯对这一问题的意见和推论，都是建立在错误数据基础上的，这已经被最清楚的数据推翻了。事实上，没有任何证据能证明牛顿曾一度神志不清。相反，有确凿的证据证明，他无论何时都能完全运用其能力，来进行数学、形而上学和天文学方面的研究。失眠、食欲不振、神经过敏，会在一定程度上令最宁静者的内心受到干扰。而在这种暂时的不安状态下所做的事或所说的话，并不能作为评价一个人理智的总体基调和精神力量的公正标准。我们可以想象到，这场意外不论其确切性质如何，是会令他极度沮丧的。这一打击可能令他神经错乱，在之后的两年时间内或多或少地折磨着他。然而，在他健康状态不佳的时候，我们发现他仍保持着最昂扬的斗志前进。1692年，他准备给沃利斯博士写信，告诉他的《求积术》（*Treatise on Quadratures*）的第一个命题，用它在流数术的第一、第二、第三个命题举了例子。同年，他研究了日晕，试验并记录了大量与之相关的重要观察结果。他在该年年底和次年年初给本特利博士写了一些深刻且优雅的信。1693年10月，洛克将要出版《人类理解论》（*Human Understanding*）的第二版，请求牛顿重新考虑他对先天观念的看法。1694年，牛顿积极地致力于完善他的月球理论。9月份，他去格林尼治的皇家观测站拜访了弗拉姆斯蒂德，获得了一系列的月球观测资料。从10月起，牛顿开始与弗拉姆斯蒂德这位杰出的应用天文学家通信，一直持续到1698年。

现在我们看到，这一时期，牛顿永久告别了在大学象牙塔里的隐居生活，而进入更活跃的公共生活中。1695年，牛顿在财政大臣查理·蒙塔古（后被封为哈利法克斯伯爵）的帮助下，被任命为英国皇家铸币厂督办。英国流通的货币存在掺假、不足值的情况，蒙塔古想要铸造新币。牛顿运用他的数学和化学知识，极好地解决了这一困难却又最有益的改革。1699年，他升职为铸币厂厂长。这一职位年薪1200英镑至1500英镑，他往后余生一直享受该收入待遇。他发挥其才能，写作官方铸币报告并发表。他还写了《外国货币分析表》（*Table of Assays of Foreign Coins*），1727年发表于阿巴思诺特博士的《古代货币和度量衡》（*Tables of Ancient Coins，Weights，and Measures*）的结尾处。

牛顿在剑桥大学的教授席位一直保留到1703年。而1699年，牛顿在被任命为铸币厂厂长，享受该职位给他带来的一切收入时，他就任命惠斯顿为他的副手。最后在牛顿离任时，他得到了空缺席位的提名。

1697年1月，约翰·伯努利征求全欧洲最优秀的数学家来解答两个难题。莱布尼茨认为其中有一个问题深刻而优雅，要伯努利把截止期限延长至12个月，即变为原来期限的两倍时间。伯努利很乐意地进行了延迟。但牛顿在收到问题后，第二天就把他的解答寄给了皇家学会会长。约翰·伯努利收到了牛顿、莱布尼茨和德洛皮塔尔的答案。尽管牛顿的解答没有署名，但伯努利立即认出了它的作者是谁，就像"从利爪上认出了这头狮子"（tanquam ungue leonem）。在这里我们可以提一下，1716年莱布尼茨为了"把一把英国分析学家的脉搏"，而提出了关于"正交轨线"的著名问题。牛顿从铸币厂下班回来，在下午五点钟收到了这一问题。虽然这一问题非常困难，他也十分疲惫了，但他还是在当晚睡前做出了解答。

通过直接比较，这些难题的历史有力地说明了牛顿的头脑极为高明。我们已经说过，他那惊人的专注和理解力，使他能够迅速掌握内容。可以说，他一次努力就能掌握那些内容。而很多人是徒劳无功的，只有极少数人在长期反复的努力才能取得这些成就。并且，牛顿的谦逊和能力一样做到了极致：他没有把他的成就归因于他有非凡智慧，而是归因于他勤奋和耐心思考。他一直在思考问题，一直等到第一缕曙光逐渐变成完全清晰的亮光。如果可能，他要直到完全得出答案才停止

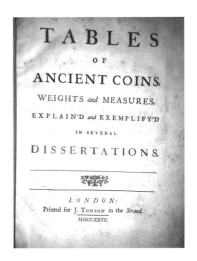

□ **铸币厂厂长的年薪**

1699年，牛顿升任英国皇家铸币厂厂长。这一职位的年薪为1200英镑至1500英镑。往后余生，牛顿一直享受该收入待遇。

思考。他在社交场合绝不会有这种思考习惯，但在他自己的房间或他家里，他会沉浸在深深的思考中。他起床后常常会坐在床边，沉浸于某些感兴趣的研究里，半裸着身子，一待就是数小时。他常常废寝忘食，以至于如果不催促提醒一下他，他就会忘记要摄取必需的营养。尽管他渴望不被打扰，而当他无法避免受到打扰时，哪怕他此时正专心于解决最复杂的研究问题，他也只好将他的思考搁在一边。然后，等到他有空的时候，他再次去思考刚刚搁置的内容。他所取得的成就，与其说是靠他的记忆力，不如说是靠他的创造力。在他充沛的精力面前，没有任何主题是长期未被他探索的，无论这一主题多么深奥。

1699年，巴黎皇家科学院制定了新章程，允许少量外国合作院士加入。牛顿入选为这一杰出机构的成员。1700年，他向哈雷博士介绍了他的反射仪

器可以用来观测月球到恒星的距离。其说明发表在1742年的《哲学会刊》上。该仪器与1731年哈得来先生制造的仪器一样。它被命名为"哈得来式八分仪"（Hadley's Quadrant），在航海上发挥了巨大的作用。1701年，在议会的新一次集会上，牛顿再次当选为剑桥大学在议会的代表。1703年，他在伦敦当选为英国皇家学会的会长，且每年连任，直到他在25年后去世。

毫无疑问，牛顿在光学研究领域付出了比其他领域更多的精力，也更为之感到自豪。他让这一科学建立在坚不可摧的新基础上；他不仅希望建造，而且希望完善这一重要而闪亮的建筑。他在发表《自然哲学的数学原理》之前，就把他在光学上最重要的研究成果以独立论文的形式汇报给了皇家学会。这些论文连载于《哲学会刊》上。但直到1704年，他才把他的这些劳动成果发表出来，当时这些文章题为：《光学——关于光的反射、折射、拐折和颜色的论文》（*Optics : or, a Treatise on the Reflexions, Refractions, Inflexions and Colours of Light*）。该论文集没有后记，而是附加了两篇数学论文，题为《两种曲线形状的类别和大小》（*Tractatus duo de speciebus et magnitudine figurarum curvilinearum*）：一篇题为《曲线求积术》（*Tractatus de Quadratura Curvarum*），另一篇题为《三次曲线枚举》（*Enumeratio linearum tertii ordinis*）。把这些数学论文发表出来是很有必要的，因为作者的有些朋友会在借阅其手稿后出现剽窃现象。1706年，塞缪尔·克拉克博士出版了《光学》的拉丁译本，牛顿为了感谢他而送给他五百英镑，也就是给他的孩子们每人一百英镑。这一著作后来译为法语。这一著作在英国和欧洲大陆发行十分广泛，先后再版。尤其是这部光学论著，展示出作者牛顿化繁为简、深入浅出的能力。这种能力很少与极强的创造力同时存在。但牛顿两者具有。这种精神上的完美使他能够把创造和教学结合起来，因而他不只是"美好环境的点缀"，还更加难以置信地成为了人类物种的杰出恩人。

1705年，牛顿获得了爵士头衔。不久后，他再次候选为剑桥大学的代表，但因未获多数票而落选。因为人们认为，大臣和选民们共同喜欢的是较容易相处的人。牛顿向来以穿着朴素著称，而他唯一例外的就是这次，据说他当时穿了一身带花边的衣服。

1707年，惠斯顿出版了牛顿九年来在剑桥大学所开设代数讲座的讲义，题为《普遍算术》（*Arithmetics Universalis, sine de Compositions et Resolutions Arithmetica Liber*）。据说，惠斯顿因出版这一讲义而失去了牛顿对他的信任[1]。不久之后，拉弗森先生将这部作品译为英语。1722年，梅钦博士在伦敦出版发行了牛顿修订后的第二版，随后出版了英语和拉丁语的版本，附有评注。

1709年6月，牛顿委托剑桥大学"普拉闵天文学教授"罗杰·科茨负责出版《自然哲学的数学原理》的第二版。第一版《自然哲学的数学原理》已经脱销多时。该书已经变得非常珍贵，要花原价的好几倍价格才能买到。牛顿和科茨先生频繁通信以筹备该书，最后该书于1713年5月出版。第二版得到了许多修改和完善，而且科茨亲自写了一篇令人赞叹的前言。

1711年，在牛顿的同意下，他早年的论文出版了，题为《运用无穷多项方程的分析》，同时出版的还有题为《微分法》（*Methodus Differentials*）的小册子。1745年，前一篇著作以及《曲线求积术》被译为英语出版，附有大量评注。1779年，他的著作《艺术分析样本或解析几何》（*Artis Analyticæ Specimina, vel Geometria Analytica*）首次面世，由霍斯利博士出版。

一个值得注意的事实是，牛顿在其一生中，从未主动出版过任何一本纯数学著作。在某些情况或其他情况下，他不关心其成果，或起码是缺乏将其

---

〔1〕惠斯顿是牛顿的卢卡斯讲座教授席位的继任者。惠斯顿未获牛顿允准即出版《普遍算术》，开罪于牛顿，以致后来惠斯顿失去教授席位并被逐出大学，牛顿也不曾为惠斯顿作过任何辩护。

成果公之于众的渴望。而导致他不情愿发表的原因，源自他反感任何像竞赛或辩论之类的东西。但我们还发现，在他整个性格深处，除了有这种反感之情，还有与他的发现同时存在的东西：他极为谦逊，这使他一直与时间和永恒同在；他还视真理为无价，视荣誉为粪土。然而，就他的处境来说，这似乎是最不幸的。因为从短期角度来看，这会影响他当下的宁静。因为他早期出版的著作，尤其是他的《流数术》（*Method of Fluxions*），预料到了一切的竞争对手，使他免于与莱布尼茨发生争论。每个人都将以他自己的方式解决问题，而按照我们所设想的，像牛顿这样的人，他自己可能没有别的更好的方式了。而莱布尼茨在这件事情上的做法，是与他的地位和力量完全不相称的：他在许多方面都做着巨人般的高尚的工作，但是他又甘于置身为一个普通诽谤者的角色。这一争论从1699年开始，一直持续到1716年莱布尼茨去世。英国皇家学会委员会对此的报告是经过慎重考虑的，所有国家都将其采纳为权威决定。这一报告的摘要如下：

我们查阅了英国皇家学会保存的书信和书册，以及约翰·柯林斯在1669年到1677年之间的文件，并把它们拿给巴罗先生、柯林斯、奥尔登堡先生和莱布尼茨先生的熟人和担保人看，再把格雷戈里先生的内容与其他的内容相比较、与柯林斯手中的副本相比较。我们从中摘录出某些与本报告相关的情况。我们相信，所有摘录出的内容，都是真实可信的。我们通过这些书信和文件，可以看出以下内容：

第一，1673年年初，莱布尼茨先生在伦敦。3月左右，他从那里去了巴黎，在那里通过奥尔登堡先生与柯林斯先生保持通信来往。他一直待到1676年9月，然后又从伦敦和阿姆斯特丹到了汉诺威市。而柯林斯先生，十分坦率地把他从牛顿先生和格雷戈里先生处得到的内容告诉给了有能力的数学家。

第二，当莱布尼茨先生初到伦敦时，曾努力要发明另一种微积分方法——这样的称呼比较恰当。尽管佩尔博士告诉他这是牛顿提出的，但他仍坚持认为这是他在不知情的情况下独立提出的方法，并大大改进了这一方法。而我们发现在1677年6月21日前，他没有提出另一种与牛顿的微积分不同的方法。而牛顿先生在1672年12月10日写的信的副本，在一年之后被送到了巴黎。这时距离柯林斯先生把信的内容告诉别人，已经有四年了。任何一个聪明人都知悉该信里提到的流数术。

□ **牛顿主持英国皇家学会会议**

　　1703年，牛顿被推举为英国皇家学会会长。图为牛顿主持英国皇家学会会议的场景。

　　第三，从1676年6月13日牛顿先生写的信中，可以得知，他在写这封信的五年前就发明了流数术。而根据1669年7月巴罗博士和柯林斯先生对牛顿所作的《运用无穷多项方程的分析》（*Analysis per Æquationes numero Terminorum Infinitas*）的讨论，可以得知，牛顿在那时之前就发明了流数术。

　　第四，微积分方法与流数术是相同的，只是在符号的名称和表示上不同。莱布尼茨先生把这些称为"量"，不同于牛顿称为"瞬"或"流数"；莱布尼茨用字母d来标记它，而牛顿不用这个符号。

　　因此，我们应当问的问题不是谁发明了这一方法或那一方法，而是谁是该方法的第一发明者。我们认为，那些认为莱布尼茨是第一发明者的人，几乎不了解之前莱布尼茨和柯林斯先生、奥尔登堡先生的通信，也不了解早在莱布尼茨在莱比锡的《教师学报》（*Acta Eruditorum*）发表该方法的十五年前，牛顿就已经提出它了。

　　因此之故，我们把牛顿看作是第一发明者，并且基尔先生断言同样的看法时，也没有对莱布尼茨先生造成伤害。而我们根据皇家学会的意见，现在呈现给您的摘要和论文，以及如今为同样目的而保存在沃利斯博士《全集》第三卷里的内容，或许不值得公开。

　　1713年的早些时候，这一报告连同一些书信和手稿一起发表，题为《约翰·柯林斯博士等人对来往信札的分析——皇家学会的决议》（*Commercium Epistolicum D. Johannis Collins et aliorum de analysi promota Jussu Societatis Regies Editum*）。这一出版似乎带给了莱布尼茨额外的痛苦感受，并使他遭受到了毫无根据的指控和无端的威胁。莱布尼茨曾经担任汉诺威选帝侯的私人顾问，后来这位选帝侯登上了国王位。1715年到1716年，他在与孔蒂神父（后来在乔治一世宫廷里任职）和威尔士王妃卡罗琳的通信中，攻击了《自然哲学的数学原理》的学说并间接攻击其作者。这种不光彩的手段实在有损于其学者和名人的身份。然而，他的攻击得逞了。牛顿为了战胜这虚伪的对手，只好给出了最后一击。皇家学会做出的裁决是公正而不可逆转的，那就是这位英国人比这位德国哲学家早十年发明出了流数术。牛顿并不亏欠莱布尼茨，但莱布尼茨有负于牛顿。1722年或1725年，《对来往信札的分析》出了新版。但是不管是这一版还是之前那一版，牛顿都没有参与其中。牛顿的门徒们热情能干，时刻准备着，用真理的盾牌有效地捍卫着其老师的人格。而他自己的行为自始至终都充满了优雅、尊严和正义。他远离这场争论（在争论中基尔博士是牛顿派的主要代表），直到最后为了乔治一世国王满意而不是为了他自己，他才站出来，坚决地维护他那不可改变的权利。

　　1714年，英国国会下议院收到请愿书，请求促进海洋经度测量方面的发明，并给予相应的奖赏。被任命去研究这一课题的委员会，咨询了牛顿和其他人的意见。牛顿给出了书面回复。于是国会下议院采纳了一份同意所需措施的报告，随后通过了一项采纳报告的法案。

1714年，乔治一世即位，牛顿成为了宫廷中备受关注的对象。他在政府中的地位、非凡的名声、一尘不染的品格，最重要的是他那深刻一贯的虔诚，引起了威尔士王妃卡罗琳（即后来乔治二世的王后）的敬畏。她有着极高的修养，并且与牛顿交谈和与莱布尼茨通信能使她得到极大的满足。有一天，牛顿在与王妃交谈时，提到了他在剑桥大学时提出的新的编年体系。他在剑桥大学时，习惯于"当厌倦其他学习时，就用历史和编年年表来提神"。随后1718年，王妃请求看看这一有趣而巧妙的著作。于是，牛顿从现存的各种论文里草拟了这一体系的摘要，并交给了她，前提是她不能向其他人透露。过了些时候，王妃提出也应该给孔蒂神父看看这一作品。牛顿同意了，孔蒂神父便也在同样的保密承诺和命令下，得到了一份手稿。这一手稿题为"编年简史：从欧洲最初的记忆到亚历山大大帝征服波斯"（A short Chronicle, from the First Memory of Things in Europe, to the Conquest of Persia, by Alexander the Great）。

牛顿在定居到伦敦后，过着与他的地位、等级相称的生活。他用马车出行，有三个男仆和四个女仆侍奉。但他反感一切虚荣和奢侈的东西。在他生命的最后二十年，他的家务都由他的外甥女凯瑟琳·巴登女士来完成。她是巴登上校的遗孀，是个集美貌与成就于一身的女士，后来嫁给了约翰·康迪特先生。[1] 在家里，牛顿以端庄文雅的待客之道而著称，这产生于真正的高贵之中。在适当的场合，他会举办盛大的宴会，但并不摆阔。在社会上，不论是在宫殿还是在村舍，他总是沉着又温文尔雅。他看起来和蔼亲切，谈吐坦率而谦虚，全身神态祥和。他没有通常所说的大才的奇特之处。除了邪

---

〔1〕此处或有误。凯瑟琳·巴登应是巴登上校的姐妹。凯瑟琳·巴登虽然在查理·蒙塔古去世两年后嫁给了约翰·康迪特，但她只是和查理·蒙塔古有绯闻关系而已，没有结过婚。

□ 《苹果落地》 佚名 油画 19世纪

　　据说牛顿在家乡躲避瘟疫期间，有一次坐在自家苹果树下歇息时，从树上掉下的一颗苹果砸中了他的脑袋，这促使牛顿思考为什么苹果不是飞向天空，而是落到地上。最终，牛顿发现了万有引力定律。

恶歹毒之人，他很容易和任何人相处。他十分自然地谈论自己和他人，以免被怀疑虚荣。如果我们可以这样说的话，在牛顿身上，有一种如同圆形的"完整的天性"。这一天性不允许有不完美或弱点。圆是如此的完美，其规律是如此的一成不变，抗干扰力是如此的细微，以至于根本不能容忍那些扰乱和破坏的古怪行为。这使得圆在宇宙中的历程，不像是光明和赋予生命的太阳，而更加像是闪耀的流星。简而言之，从人性角度来说，"伟大"和"善良"这两个词，用在这位纯粹、谦恭、受人敬重的贤人身上，是再合适不过的了。

　　牛顿在80岁时，突然患上了膀胱结石症。他的疾病被认为无法治愈。但他通过严格的治疗和其他预防措施，极大地减轻了他的病痛，得到了长时间的缓解。他的饮食向来简朴，如今更是极为节制，主要是喝肉汤、吃蔬菜和吃水果，偶尔会吃一点肉。他不再坐马车出行，而用一把椅子作为替代。他拒绝了所有的晚宴，只是会偶尔在自己家里举行小型聚会。

　　1724年，他向爱丁堡大学的教务长写信，提出如果能让麦克劳林先生在爱丁堡大学担任数学助理教授一职，他将每年承担麦克劳林先生二十英镑的薪水。牛顿不仅在创造和学问方面要花费大量的钱，而且在宗教信仰方面（救济穷人和帮助亲戚）也要花费大量金钱。他几乎慷慨仁慈到了极点。那些他常常念叨的人，直到他们去世也没有付出任何东西。由于精打细算，他的财富已经相当可观了。不过，他对金钱没有别的看法，只把金钱看作是用来行善的手段，因此他忠实地把钱用在上面。

尽管他做好了一切预防措施，但1724年8月，他又经历了一次苦痛，排出了豌豆大小的结石。这一结石分两次排出，中间间隔了两天。接下来的两个月，他的健康状况还算可以。但是，1725年1月，牛顿出现了严重的咳嗽和肺炎。由于这一疾病侵袭，他听了别人的话去了肯辛顿。他在那里大有好转。在接下来的2月，他双脚得了痛风。几年前，他曾经得过痛风，那是给他的轻微警告。而如今，这一痛风则让他在总体健康上有了更好的变化。他的外甥康迪特，好奇地记录下了他和艾萨克·牛顿大约在这段时间内发生的事情：

1724或1725年3月7日周日晚上，在肯辛顿，我和艾萨克·牛顿爵士在他的住所里。他曾在八十三岁的年纪第一次痛风，而今他刚从又一次的双脚痛风中恢复过来。在此之后，他好多了。比起我之前刚认识他的时候，他头脑更灵光了，记忆力也更稳固了。接着，他又以演说的方式，把他以前经常暗示我的话清晰地重复了一遍。与其说他是在继续陈述，不如说他是在回答我的问题。他猜想（他什么也无法肯定）天体会有某种革命。太阳发出蒸汽和光，这会产生沉积物，而形成水或其他物质，逐渐凝聚形成一个物体。这个物体从行星上吸引更多的物质，最后形成一颗次行星（即围绕一颗行星而转的行星）。它的组成部分聚集到行星身边，并通过吸引更多的物质而变为主行星。接着，它继续增大，变成一颗彗星。经过一定的公转，它越来越靠近太阳，其所有不稳定的部分都凝聚起来，变成了一个可以补充太阳质量的物体（太阳必定因不断散发热量和光而损耗），就像一把可添加到火中的柴（而我们坐在炉火旁）。这可能就是1680年前后出现的彗星现象[1]。因为人们观察这

---

〔1〕指1680—1681年出现的基尔希彗星，极为明亮。

□ **地球毁灭**

牛顿认为，地球上面留下了明显的毁坏痕迹，造成这一毁坏的不只是洪水，一定还有比我们更高级的生物参与其中。

颗彗星，发现它在还没到达太阳附近时就显现在天空中了，彗尾只有两度或三度长，可能是由于它离太阳很近而受热收缩了；当它从那里飞出来时，其尾部长度似乎有三十度或四十度。他没有说彗星什么时候会落向太阳。它或许一开始会公转五六次或者更多，但它每转一圈，太阳的热量就会大大增加，以至于地球将被烤焦，不再能有任何生物存活。他把喜帕恰斯、第谷和开普勒的门徒所看见的三种现象看作是这类现象，因为他无法解释有不同寻常的光出现在恒星之中（他把恒星看作太阳，照亮了其他行星，就像太阳照亮我们那样）。它像水星或金星一样大，持续十六个月后逐渐缩小，最后就什么都没有了。他似乎怀疑，在上帝的指引下，是否有比我们更高级的生物在监督着天体的运行。他似乎还很清楚地认为，这一宇宙的居民是寿命不长的，理由是：所有像信件、船只、印刷、针线之类的艺术，如果宇宙曾经终结过，那就不可能发生；而且上面还留下了有明显的毁坏痕迹，这是仅靠洪水所不能实现的。当我问他，如果此后地球经历了同样的命运，也就是遭到了1680年彗星所带来的威胁，那么地球要如何重启。他回答说，这需要造物主的力量。他说，他认为所有的行星都是由与地球同样的物质组成的，即土、水、石头等，但是由各种不同物质混合而成的。我问他为什么不发表他的猜想，并举例说开普勒就是把他的猜想发表了的。尽管他没有如此接近开普勒，但开普勒面对猜想的发表是如此公正和高兴，因为那些猜想已经被证实了。他回答道："不做猜想。"但当我和他谈到对1680年所出现彗星的四次观察，并问他具体的时间时，他打开了他放在桌上的《自然哲学的数学原理》，向我展示了具体的时间，即第一颗彗星"朱利叶斯之星"，之后在查士丁尼时代[1]、1106年、1680年出现。

而我注意到，他又说这颗彗星是"incident in corpus solis"，接下来又补充道"stellæ fixæ refici possunt"。他告诉我刚才说的意思是：这颗彗星会坠入太阳；而恒星会吸引彗星，并在彗星坠入时得到它的补充。因此，太阳也会吸引彗星。我问他为什么对太阳的看法不如对恒星的看法那样肯定。他回答说"这会让我们更加担忧"，接着笑着补充道，他说的已经足以让别人了解他的意思了。

孔蒂神父早先时候曾承诺对编年史手稿保密。而1725年夏天，巴黎出版了这一手稿的法文译本，这说明他完全背弃了牛顿对他的信任。这位布匿人神父在英国时一直坚守他得知的秘密诺言，但当他到达巴黎后，很快把手稿交到了一位博学的文物研究者弗雷罗先生手上。弗雷罗先生翻译了这部书，并试图驳斥这一体系的核心观点。同年11月，牛顿收到了这一出版物，题为《牛顿爵士编年史摘要，译自他的英语手稿》（*Abrege de Chronologie de M. le Chevalier Newton, fait par lui-meme, et traduit sur le manuscript Anglais*）。之后，牛顿很快写了一篇文章，题为《对评论的评论——评〈艾萨克·牛顿爵士编年史的巴黎法译本评论〉》（*Remarks on the Obervations made on a Chronological Index of Sir Isaac Newton, translated into French by the Observator, anl published at Paris*），并在1725年发表在《哲学会刊》上。文中叙述了整个事情的经过，并对弗雷罗先生的反对意见做了有力回击。这一回复引出了新的对手苏西

---

[1] 即查士丁尼一世在位时间（527—565年）。

特神父。他对该主题作了五篇论文，都显得欠缺知识和不懂礼节。由于这些讨论给牛顿带来了压力，他不得不进一步写作更多著述。他在去世时几乎已经完成了它。1728年该著作出版，题为《古代王国编年史修订——前言为：从欧洲最初的记忆到亚历山大大帝征服波斯》（*The Chronology of the Ancient Kingdoms Amended，to which is prefixed a short Chronicle from the first memory of things in Europe to the Conquest of Persia by Alexander the Great*）。该书由六章组成：第一章，论古希腊编年史。按照惠斯顿的说法，牛顿亲手把这一章抄写了十八份，彼此差别不大。第二章，论埃及帝国。第三章，论亚述帝国。第四章，论巴比伦人和米底人的两个临时帝国。第五章，对所罗门神殿的描述。第六章，论波斯帝国。第六章没有和其他五章抄写在一起，但在他的论文里发现了这一章，看上去是同一作品的续篇。该书编者认为把这一章加进去是恰当的。牛顿的编年体著作以一封信为终结，题为《写给某位德高望重之人的信——他渴望了解博学的劳埃德主教对最古老年代序列假设的看法》（*Letter to a person of distinction who had desired his opinion of the learned Bishop Lloyd's Hypothesis concerning the form of the most ancient year*）。

1726年，第三版的《自然哲学的数学原理》出版了，其中有大量修订和增补。亨利·彭伯顿花了近四年时间来编撰出版这本书。他是一位杰出的数学家，还是《艾萨克·牛顿爵士的哲学观》（1728年）的作者。这位绅士多次和这位年长的著名作者交谈。彭伯顿说：

我发现他读过的现代数学家的书，比我们想象中的要少。但他那惊人的创造力，为他提供了他从事任何工作所需要的东西。我常常听到他指责用代数运算来解决几何问题的做法。笛卡尔在其《几何》（*Geometry*）中展示了几何学家如何用这种代数运算来辅助发明，牛顿则把他的代数著作命名为《普遍算术》（*Universal Arithmetic*），以示与这一不恰当的书名相对。他认为，惠更斯是现代最优雅的数学家，是古代数学最正直的模仿者。面对他们的品味和证明形式，艾萨克·牛顿爵士总是声称自己非常崇拜他们。我曾听过他自责没尽可能地紧跟他们的脚步。他还遗憾地说，他在数学研究之初就犯了错误，没有认真研读那位非常值得关注的欧几里得的原理，就去学习笛卡尔和其他代数学家的著作了。

□ **牛顿刻在窗台上的字**
　　牛顿为激励自己刻苦学习，中学时，将自己的名字刻在了教室的窗台上。

彭伯顿博士还补充道："虽然他记忆力十分衰弱，但他完全清楚他所写的东西。"我们认为，即使他的记忆力确实衰退了，且比它的真实情况更明显，但从医学角度来看，更多的是功能衰竭，而不只是器官衰老。牛顿似乎很少透露自己的心事：这种能力最容易培养。所以，在缺乏应有的表达的情况下，更加容易体现出记忆力衰减。

的确，平静和节制让牛顿从所有精神上和肉体上的病痛中解脱出来。他的头发虽然最后和银一般白，但是却十分浓密。他从未戴过眼镜，到去世时也只掉了一颗牙。他身材中等，身体结实，后半生有些发胖。康迪特先生说："他有着一双十分灵动深邃的眼睛，有着英俊雅致的外表，有一头洁白如银的好发，没有一处秃顶。当他摘下假发后，是一幅令人肃然起敬的景象。"而阿特伯里主教说："从他的脸部神情和表情来看，丝毫看不出他作品里体现出来的睿智。他的神情和举止有些懒散，不认识的人不会对他有多大的期望。"

赫恩说："艾萨克·牛顿爵士是个看不到什么前途的人。他身材矮小，体格健壮。他充满想法，在众人面前不多说话，所以谈话常不融洽。当他坐在马车上，两只手会分别从窗的两边伸出来。"我们认为，这些不同很容易协调。不论是在皇家学会会场里，还是在街道上，或者是在形形色色的人群中，他的举止总是彬彬有礼、谦逊友善，保持着深刻宁静、沉默寡言。他那健谈的精神、"灵动犀利的眼睛"只有在他自己的火炉边、在无拘无束的自由环境中，才会出现。

彭伯顿进一步说道："但我立即从他身上发现了一点，这令我惊讶且着迷。不论是他的高龄，或是他的盛名，都不会令他停滞不前，或者是有任何程度的得意洋洋。我几乎每天都有这样的感受。我不断地写信给他，告诉他有关他的《自然哲学的数学原理》的评论，得到了他极大的认可。这样子做丝毫没有使他不高兴，相反，他在我的朋友面前说了很多我的好话，并公开表示他对我的好感。"谦逊、开放和慷慨，是牛顿崇高而全面的精神中所特有的。"他充满智慧、美德完备"，但他既不会因骄傲而急躁，也不会被野心所腐蚀。然而，没有人比他自己更清楚地知道，他的发现与过往的知识相比，是多么惊人；也没有人能比他更彻底地认识到，他的发现与尚未探索的广阔区域相比，是多么渺小。在他的临终时刻，他说出了这番令人难忘的话："我不知道世人将如何看我。但对我而言，我就像在海边玩耍的孩子，时不时因发现眼前一块光滑的鹅卵石或一片美丽的贝壳而高兴，但却对于眼前浩瀚的海洋熟视无睹。"很少有人能到达海岸，更不用说发现更光滑的"鹅卵石"或更漂亮的"贝壳"了！

如今，牛顿住在肯辛顿两年了。他在那里享受的空气以及完全放松的状态，对他大有裨益。但是他偶尔会去小镇。1727年2月28日周二[1]，牛顿因为要主持英国皇家学会的会议而前往伦敦。康迪特说，他这时的健康状况

---

[1] 当时英国使用的是儒略历，下同。

比多年来的都要好。但是，他在参加会议、拜访和接待客人的过程中经历了异乎寻常的疲劳，他的膀胱旧病又急性发作了。3月4日周日，他返回肯辛顿。米德博士和切泽尔登博士给他诊治，认为他患了结石，且没有康复的希望了。3月15日周三，牛顿似乎好了一些。虽然没有什么根据，但大家都认为他可以度过这次病痛。他一开始就经受着强烈的痛苦。一阵又一阵地接连发作，他的脸上滚下了大滴大滴的汗水。但他没有呻吟、没有抱怨、丝毫没有任何的急躁或不耐烦。在痛苦短时消失时，他甚至又微笑起

□ **威斯敏斯特大教堂的牛顿纪念碑**

　　威斯敏斯特大教堂是历代英国国王加冕登基、举行婚礼及王室陵墓所在地，同时也是许多著名科学家、文学家、法学家、音乐家、诗人的安息之所。威斯敏斯特大教堂的牛顿纪念碑建于1731年，其内容表现了牛顿一生多方面的成就。

来，和往常一样平静愉悦地交谈。虽然肉体在颤抖，但内心却不发抖。难以穿透的阴霾正在降临，死神来了。坟墓敞开了它的大门，有朽之人彻底腐烂、瓦解；不朽之人却依旧安定、无法征服。四射的光芒冲破了汇聚的黑暗。死神收回了它的镰刀，坟墓合拢了它的大门。18日周六上午，牛顿读了报纸，和米德先生交谈了很长的时间。那时他的感觉和官能都强健有力。但当天晚上六点钟，他就昏迷不醒了。周日他一整天都是昏迷状态，一直到周一，也就是20号，他在凌晨一点到两点之间去世了，享年85岁。

　　这就是艾萨克·牛顿最后的日子。地球上最伟大的人就这样走完了他的一生。他的使命结束了。他将其数倍的才能归还给了造物主。他白天的时候在工作着，早已准备好面对快要到来的那一晚了。 岁月持久、荣光满载，天

赐召回。他满怀着"某种希望",宁静地去往了寂静的永恒深处。

他的遗体被安置在威斯敏斯特大教堂,享受着通常是最杰出之人才有的葬礼礼仪。1731年,他的亲戚们,也就是他个人财产的继承者,在大教堂最显眼的位置为他立了一块纪念碑。这块位置即使是英国最显赫的贵族,也无法得到,会被教堂拒绝。同年,为了纪念他,伦敦塔发行了一枚纪念币。1755年,剑桥大学三一学院前厅里,伫立起了一尊由白色大理石雕刻的牛顿全身像。该雕像由鲁比利亚克雕刻、罗伯特·史密斯博士出资。史密斯博士还花费了五百英镑在三一学院的一扇窗户上画上了一幅牛顿像。

牛顿留下的个人遗产大概有三万两千英镑。牧师史密斯先生把这笔钱分给了他的四个外甥和外甥女,也就是他母亲的孙辈。沃尔斯索普和苏斯特恩的家族庄园,则由法定继承人约翰·牛顿继承。他的曾祖父是艾萨克·牛顿爵士的舅舅。牛顿在去世前公平地划分了另外两块庄园:一块在伯克郡,分给了康迪特夫人(即凯瑟琳·巴登)的侄子和侄女;另一块在肯辛顿,分给了康迪特先生的独生女凯瑟琳·沃洛普,后来她成为了利明顿子爵夫人。康迪特先生接替造币厂的职位,他在艾萨克·牛顿爵士生命的最后两年里履行了这一职责。

牛顿的作品,可以找到如下这些:1744年柏林出版的卡斯蒂利亚斯编撰本[1](collection of Castilion),四开大小,全八卷;1779年伦敦出版的霍斯利主教编撰本[2],四开大小,全五卷;《不列颠传》(*Biographia*

---

〔1〕或指约·卡斯蒂利亚斯(Joh. Castillioneus)收集和编撰的《牛顿的数学、哲学和文献》(拉丁语为*Isaaci Newtoni ...Opuscula mathematica,philosophica et philologica*)一书,由位于瑞士洛桑市和日内瓦市的布斯克出版社出版。位于柏林的马克斯·普朗克科学史研究所有藏本。

〔2〕指萨缪尔·霍斯利编辑的《牛顿现存作品集》一书(拉丁语为*Isaaci Newtoni opera quæ exstant omnia*),由伦敦的约翰尼斯·尼科尔斯(Joannes Nichols)印刷出版。

Brittannica）等。1681年，牛顿还出版了八开本的《伯尔尼的瓦克尼的地理》
（*Bern. Varcnii Geographia*）。但还有大量的手稿、书信和其他文件从未公开。
这些东西作为各种各样的收藏品，藏于剑桥大学三一学院图书馆、牛津大学
基督圣体学院图书馆，以及麦克尔斯菲尔德伯爵手中。最后也最主要的，是
经由利明顿子爵夫人，由朴次茅斯伯爵家族保管收藏。

与牛顿有关的所有东西，都被人们怀着特殊的崇敬之情加以保存和珍
惜。他的各种纪念物，保存在剑桥大学三一学院、伦敦的皇家学会场馆、爱
丁堡的皇家学会博物馆里。

1721年10月，斯图克利博士参观了沃尔斯索普的庄园住宅。1727年，他
给米德写了一封信。信中这样描述："它是由石头建成的，这附近的乡间小
路也都如此，修建得很不错。他们带我上楼，参观艾萨克·牛顿爵士学习的
地方。我想这是他小时候在乡下，或是当他从剑桥大学回来探望母亲时，用
来学习的地方。我注意到他自己造了架子，都是些简易箱，这可能是他到别
的地方去时用来装书和衣服的。几年前，这里有他继父史密斯先生的两三百
本书，而艾萨克·牛顿爵士将其送给了我们镇上的牛顿博士。"这里有棵著
名的苹果树，据说有个苹果的下落引起了牛顿对重力的关注。这棵树大约在
二十年前在大风中被摧毁了。但它以椅子的形式保存了下来。房子也受到了
教会保护。1798年教会对它进行了修缮，并在牛顿出生的屋子里立了一块白
色大理石碑，上面刻有碑文：

"1642年12月25日，沃尔斯索普庄园主约翰·牛顿的儿子艾萨克·牛
顿，在这间屋子里出生。"

自然和自然法隐于黑暗中。

上帝说："让牛顿出生。"

于是一切光明。

牛顿研究

[法] 亚历山大·柯瓦雷[1]

　　17世纪，是天才辈出的年代，没有其他世纪可以匹敌。他们光芒四射，照耀天空。银河浩渺，以他们为傲，为其杰出的头脑。开普勒、伽利略、笛卡尔、帕斯卡、牛顿、莱布尼茨，更别提费马和惠更斯两位。但是我们知道，天上的星，不会放出等值的光芒，因此对我来说，有两颗星星异常闪耀，多少盖住了其他：这两颗星星就是笛卡尔和牛顿。笛卡尔是近代科学的鼻祖，把科学还原为几何学。而牛顿为物理学奠定了坚实的基础，自此，物理学独出一枝开花结果。我感到，检索或曰重新检索牛顿，是件有趣的事。从天才人物的交互关系中，可找出牛顿手稿中鲜为人知的事，向这一领域投注新的光芒。

　　而在18世纪，常常有人将牛顿和笛卡尔进行比较，或者将两人对立起来。这在一定程度上是普鲁塔克式（Plutarchian）的作风[2]。现在已经没人

---

〔1〕亚历山大·柯瓦雷（1892—1964年），俄裔法国哲学家、科学史家，著有《牛顿研究》《伽利略研究》《从封闭世界到无限宇宙》等。

〔2〕例如，见丰特内勒的《牛顿颂词》，载于《皇家科学院史》，1727年（巴黎：皇家印刷厂，1729年），第151—172页。我从英译本《艾萨克·牛顿爵士的颂歌》（伦敦，1728年）第15页开始引用。它再版时，C. C. 吉利斯皮写了一篇有趣的序"丰特内勒和牛顿"，载于I. B. 科恩编的《艾萨克·牛顿在自然哲学方面的论文和书信》（马萨诸塞州剑桥市：哈佛大学出版社，1958年），从第457页开始："这两位伟人，他们的体系截然不同，但在许多方面却有相似之处。他们都是一流的天才，都有卓越的理解力，都适合于建立知识王国。他们作为优秀的几何学家，都看到了将几何学引入物理学的必要性；因为他们两人的物理学都是建立在几何学的发现之上的，而几何学的发现几乎可以说就是他们自己发现的。但其中有一个人大胆地飞跃，想要马上到达万物的源泉，用清晰而基本的思想让自己掌握第一原理。而这样一来，他就没有别的事可做了，只能下降到自然界的现象中去寻求必然的结果。另一个人则更为谨慎，或者更确切地说，是更为谦虚。他从掌握已知的现象开始，向未知的原理攀登，决心只在得出一系列结果的情况下才接受它们。"——原注

这样做了。

我们能够理解，为何笛卡尔科学对我们来说已经完全属于过去，而牛顿科学虽被爱因斯坦的相对论力学和当代量子力学取代，却仍然存在。这在很大程度上确实如此[1]。但在18世纪，至少在18世纪前半叶，情况却有所不同：笛卡尔哲学在那时仍然是一股活跃的力量，

□ **牛顿在英国的长期斗争**

众所周知，牛顿的"自然哲学"，是在和笛卡尔哲学做了长达多年的艰苦斗争后，才在欧洲得到普遍认可的。

它曾在17世纪后半叶启发了欧洲大陆的大部分科学思想[2]；而牛顿的影响实际上只限于英国[3]。众所周知，牛顿的物理学或者说牛顿自称的"自然

---

〔1〕所以，"斯普尼克号"人造卫星是牛顿学说在宇宙尺度上的第一个实验证明。——原注

〔2〕即使是那些像惠更斯和莱布尼茨一样的人，他们因为自己反对笛卡尔某些基本论点（例如笛卡尔将广延等同于物质并相信动量守恒），所以认为自己是非笛卡尔主义者（惠更斯），或反笛卡尔主义者（莱布尼茨）。但他们也深受笛卡尔的影响，接受了他的纯粹机械化科学的理想。参见P. 莫于的《笛卡尔物理学的发展》，1646—1712页（巴黎：弗兰出版社，1934年）。——原注

〔3〕即使在英国，笛卡尔主义的影响也是非常大的，这要归功于雅克·罗奥所写的优秀教科书《论物理学》（巴黎，1671年；1708年第12版）。泰奥菲勒·博内把它翻译成拉丁文，并早在1674年就在日内瓦出版了（《雅克·罗奥论物理学》）。于是，塞缪尔·克拉克使用罗奥的教科书，在1697年出版了一本更好的拉丁文新译本（《雅克·罗奥的物理学》，伦敦，1697年；1718年第四版；我们将引用拉丁文的第四版）。因为他是在注释里（从1710年第三版开始变成脚注）宣传与笛卡尔思想完全相反的牛顿思想，所以这可谓是他的妙招（一种特洛伊木马的技巧）。这种不同寻常的方式格外地成功，以至于这本书多次再版（最后一版是1739年出版的第六版），甚至还被塞缪尔·克拉克的弟弟约翰·克拉克在1723年译为英文（1729年和1735年再版）。书名意味深长：《罗奥的自然哲学体系，配上塞缪尔·克拉克博士根据艾萨克·牛顿爵士哲学所做的注释——由坎特伯雷的受俸牧师、神学博士塞缪尔·克拉克博士译为英语》，两卷（伦敦：詹姆斯·纳普顿出版社，1723；我们将引用这一版本）。而在欧洲大陆，1700年阿姆斯特丹市出版了罗奥《物理学》的拉丁文版本，附有安东尼·勒格朗的评注。1713年科隆市再版，附有勒格朗和克拉克的评注。参阅：迈克尔·A. 霍斯金的《挖掘内在：克拉克对罗奥〈论物理学〉的注释》，载于《托马斯学者》1961年第24卷，第353—363页。——原注

哲学"[1]，仅仅在和笛卡尔哲学做了长期斗争后，才在欧洲得到了普遍认可[2]。这一情况导致的结果之一，就是英国人和欧洲大陆人的世界观彻底分离，就像伏尔泰在他著名的《英国书简》（法语Lettres anglaises）里风趣地指出的那样：

一个法国人来到伦敦，发现哲学和其他的一切都发生了巨大的变化。他离开法国时认为宇宙是充实的，现在却发现它是空虚的。在巴黎，人们认为宇宙是细微物质涡旋组成的；而在伦敦，人们不这样认为。在巴黎，人们认为引发潮汐的原因是月亮带来了压力；而在英国，人们认为是月亮吸引着海水。你们这些笛卡尔主义者认为，每件事都是由无人理解的推力完成的；而牛顿先生认为，这是由于吸引力的作用，而这种吸引力的原因尚不能很好地解释。[3]

---

〔1〕牛顿的《光学》相当容易且迅速地得到了认可：1720年科斯特把它译为法文（《论光学》，巴黎，1720年）；据说1722年的第二版"比第一版好得多"。——原注

〔2〕关于这场争论的历史，以及双方（即荷兰物理学家P.米森布鲁克、W. J.'s赫拉弗桑德为一方，莫佩尔蒂为另一方）在该争论中所扮演的角色，可参阅：P.布吕内，《荷兰物理学家和18世纪法国的实验方法》（巴黎：布朗夏尔出版社，1926年）；《18世纪引入法国的牛顿理论》（巴黎：布朗夏尔出版社，1931年）；D. W.布鲁斯特的《关于艾萨克·牛顿爵士生平、著作与发现的回忆录》（爱丁堡市，1855年），第一卷，第12章；F.罗森贝格尔的《艾萨克·牛顿和他的物理原理》（莱比锡市，1895年），第一卷，第四部分，第一章"自然原理理论的第一个版本"；勒内·迪加的《17世纪力学史》（巴黎：迪诺出版社，1954）。——原注

〔3〕出自《哲学书简》，古斯塔夫·朗松评注版（巴黎：爱德华·科尔内利出版社，1909年及后续版本），第14封信，第2卷，第1页。伏尔泰的《哲学书简》最早以英文（匿名地）出版，题为《英格兰民族书简》（伦敦，1733年）；然后以法语出版，题为《哲学书简——德伏先生作》（阿姆斯特丹，1734年；实为若尔在鲁昂市出版）和《来自伦敦的英语书简——德伏先生作》（巴塞尔，1734年；实为伦敦出版，1734年。若想了解《哲学书简》的完整历史，请参阅古斯塔夫·朗松在前面提到过的版本里所作的引言。在笛卡尔看来，太阳（和所有其他恒星）被发光物质所组成的巨大"流体"涡旋所包围，这些发光物质分为"第一元素"和"第二元素"。行星位于自己的位置，较小的涡旋像一些稻草或木片一样在河水里漂荡，并被携带着环绕大涡旋的中心物体运动。在我们的例子里，是围绕太阳运动。正是由于每个涡旋的扩展都受到周围涡旋的限制，笛卡尔才把使行星维系在轨道上的向心力，归结为这些涡旋的作用或反作用。他同样用较小的行星涡旋具有的类似作用，来解释重力。莱布尼茨向来对笛卡尔怀有敌意，指责他"借用"了开普勒的涡旋概念却不承认，"这是他的习惯"。（转下页）

而这导致的另一个结果，则是笛卡尔和牛顿的支持者与反对者之间存在的长期斗争，这使两人变成了象征性人物。一个是牛顿，他体现了近代、进步和成功科学的理想。他意识到科学的局限性，将它严格地建立在能用精确数学来处理的实验以及实验观察数据的基础之上。另一个是笛卡尔，他试图将科学纳入形而上学的范畴，并要用关于物质结构和行为的、未经证实且无法证实的荒诞假说，来取代经验、准确性和测量。这就象征了过时、反动和谬误。或者更简单地说，牛顿代表真理，笛卡尔代表主观谬误[1]。

当然，这只是牛顿主义者的印象。不用说，笛卡尔主义者持有不同的观点。事实上，他们认识到，相比于笛卡尔宇宙学说具有的模糊性，牛顿学说所具有的精确性有着巨大的优越性；他们也认识到，牛顿在将开普勒的行星运动三定律归纳为其动力学基础方面，取得了巨大的进步。他们承认发展和

（接上页）参阅《论天体运动的原因》，载于C. J. 格哈特编的《莱布尼茨的数学著作》（哈雷市，1860年）第六卷第148页，和L. 普勒南《莱布尼茨著作里反笛卡尔的引文》，载于《国际科学史档案》1960年第13卷第95—97页。也可参阅：E. J.艾顿，《行星运动的涡旋理论》，载于《科学年鉴》1957年第13卷第249—264页，1958年第14卷第132—147页、第157—172页；《笛卡尔引力理论》，载于《科学年鉴》1959年第15卷第24—49页；和《莱布尼茨的天体力学》，载于《科学年鉴》1960年第16卷第65—82页。埃德蒙·惠特克爵士在《以太和电的理论史》（伦敦：纳尔逊出版社，1951年第2版；纽约：哈珀出版社，1960年）第二章第9页的第2条注释里，指出了笛卡尔涡旋与现代宇宙学概念的关系："如果在推翻笛卡尔涡旋理论之前就发现了螺旋状星云，可以设想那会多么有趣。"另一方面，可以肯定地说，法拉第、亥姆霍兹和麦克斯韦的设想与笛卡尔的设想，特别是马勒伯朗士的"小涡旋"之间有着相似之处，它们都建立在拒斥超距作用的基础之上（参阅：惠特克《以太和电的理论史》第一章，第170页及以后、第291页及以后）。惠更斯和莱布尼茨关于万有引力的观点，参阅该书附录A。

〔1〕伏尔泰，《写给德莫尔佩蒂先生关于牛顿哲学概要的信》，载于《伏尔泰全集》（巴黎：博杜安·弗雷尔出版社，1828年），第42卷，第31—32页："笛卡尔几乎没有做过任何实验……如果他做过了，他就不会提出错误的运动定律了……如果他肯屈尊读一读他同时代人的书，他就不会在加斯帕雷·阿塞利发现了真正路径的十五年后，还认为乳糜管里有血液流过肝脏……笛卡尔既没有像伽利略一样观察到落体运动规律，从而打开一片新天地，也没有像开普勒那样猜测出星体运动定律，也没有像托比拆利那样发现空气的重力（重量），也没有像惠更斯那样计算出摆的离心力和摆所遵循的规律，等等。另一方面，牛顿借助几何学和经验……发现了万有引力定律、颜色的起源、光的属性、流体阻力定律。"——原注

改进笛卡尔物理学的必要性，但他们依旧完全拒绝牛顿的引力论，认为其中存在直接的超距作用。尽管牛顿反复声明不应从"吸引"的字面意思来理解它，也没有把重力归因于物体内在的基本性质[1]，但他们认为这是一种神秘属性[2]，或者认为这是魔法或奇迹[3]。他们中除惠更斯以外的人，都不承认有完全虚空的空间存在，也就是说，不承认引力是在"无"[4]的空间中发挥作用的。

---

〔1〕关于"引力是否是物质的基本性质"这一争论所引起的进一步讨论，参阅附录三，条目C。——原注

〔2〕牛顿遭到指控说他把神秘属性引入了哲学〔顺便提一句，牛顿更加对此反感的原因，在他第一版《自然哲学的数学原理》的"致读者——作者自序"里第一句就提到："由于古人在研究自然事物上最重视的是力学，而近代人（显然也包括他自己）则放弃了实体形式和神秘属性，努力将自然现象归结为数学定律，因此本书旨在发展与数学相关的哲学"〕，他便在拉丁文版的《光学》的第23问（1706年，第335页；1717年第二版时是第31问）里为自己辩护，攻击笛卡尔主义者自身的缺点。牛顿这样写道〔见《光学》，I. B. 科恩和D. H. D. 罗勒编（纽约：多佛出版社，1952年），第388页；我引用的是英文原文〕："所有均匀坚硬的物体，当其各个部分与另一个物体完全接触时，就会非常牢固地粘在一起。为了解释这是怎么回事，有些人提出原子是钩形的，这就回避了问题；而另一些人（笛卡尔）则告诉我们，物体因为静止而粘在一起，也就是说是靠神秘属性，或者更确切地说，什么都不靠就黏合在一起了……我更愿意从它们的凝聚力出发，认为这些粒子因某种力量而相互吸引，这种力量在直接接触时十分强烈，并在短距离上发生化学反应……而在距离粒子较远的地方，就不会产生任何可感知的效果。"接着，（从拉丁文版第344页开始；英文版第401页）他说："进一步说，我认为这些微粒（拉丁文版用了primigeniae一词）不仅有一种惯性力（伴随着这种力自然地产生了被动的运动定律），而且它们在某些主动原理下运动，例如重力、引起扰动和凝聚物体的原理。我并不把这些原理看作是特定事物形式所产生的神秘属性（拉丁文版：oriri fingantur），而是看作构成事物本身的普遍自然法则。虽然尚未阐明其原因，但它们通过现象向我们展示出了真理（拉丁文版：licet ipsorum Causae quae sint, nondumfuerit explicatum）。如果有人告诉我们说，每种事物都具有神秘特性，它通过这种特性产生了明显效果（拉丁文版：per quas eae Vim certam in Agendo habeant），那这等于什么也没说。但是，如果有人从现象中推导出两三条一般的运动原理，然后告诉我们，如何从这些原理中推导出有形物质的所有性质和动作；那么尽管还没发现这些原理的原因，但却在哲学上迈出了一大步。因此，我毫不犹豫地提出了上述提到的运动原理，这些原理是极为普遍适用的。至于它们的原因，还有待查清。"——原注

〔3〕关于"牛顿引力是否是奇迹或神秘属性"的进一步讨论，请参阅附录三，条目B。——原注

〔4〕众所周知，笛卡尔和许多笛卡尔主义者都否认虚空或真空的存在，而认为广延和物质是同一的。关于这个话题的进一步讨论，请参阅附录三，条目D。——原注

丰特内勒在他那篇著名的《艾萨克·牛顿爵士颂词》（*Elogium*）里，表达了这些人以及他自己的疑虑。他提到牛顿的万有引力体系并适当赞扬了它，又提到艾萨克·牛顿爵士不愿意解释它的真实本性，接着他说道：

我们还不知道重力是由什么组成的。艾萨克·牛顿爵士本人对此一无所知。如果重力只是因推动而起作用，那我们可以设想，一块下落的大理石可能被推向地球，而地球却不会以任何方式被推向它。总而言之，一切和重力所造成的运动相关的中心，都是静止不动的。但当重力通过引力而起作用时，如果大理石块不吸引地球，地球也就不能同样地吸引大理石块，那么为什么这种吸引力存在于某些物体而不存在于其他物体呢？艾萨克爵士总是假定，重力在所有物体中发挥的作用都是相互的，只与它们的体积成正

□ 万有引力

重力是最常见的力，地球上的人类时时刻刻都受到重力的作用。地球和月球之间，也存在相互吸引的力，这个力跟地球吸引地面物体使之下落的力是同一种力，即万有引力。

比。而这似乎说明了重力确实是一种引力。他一直用这个词来表示物体的主动能力，表示一种他不清楚而又不加以解释的能力。但如果这种能力也可以通过推动来产生作用，那为什么不直接使用这个更明确的术语呢？我们必须承认，不论怎样都不可能同时不偏不倚地使用这两个词，因为它们的意思实在太相反了。有些著名的权威人物曾支持"引力"这个词，或许艾萨克·牛顿爵士本人也偏爱它。继续使用这个词，起码可以让读者熟悉已经被笛卡尔主义者所推翻了的概念。他们对该词的指责已经被其余哲学家认可。现在我们必须提高警惕，以免认为其中有任何真理，从而使我们陷入误以为已经理

解了它的危险中——我们必须提高警惕——但大多数人都没有做到。

丰特内勒说：

就这样，"引力"和"真空"这两个已经被笛卡尔驱逐出物理学的东西，似乎又被艾萨克·牛顿爵士复活了。牛顿以一种全新的力量将其包装起来，但这无济于事，或许只能稍稍掩人耳目罢了。[1]

丰特内勒当然是对的。词语不是中性的。它们具有意义并传达着意义。它们也有历史。所以，即使"吸引"一词指相互吸引，它也意味着或暗示着（正如丰特内勒所指出的）在吸引的物体和被吸引的物体之间有着某种主动的关系：前者是主动的，后者不是。所以，磁铁通过磁铁里面的"力量"或"效果"来"吸引"铁，并从外面作用于铁上：这块铁是被磁铁"拉"向磁铁的，而不是它本身"趋向"于磁铁，或被周围的介质"推"向磁铁。例如，吉尔伯特认为地球是一块大磁铁。他在研究两个磁极相互间的"吸引"时，并没有用这个术语，而是说它们"结合"（coitio）[2]。这个词的含义就解释到这里。接着说该词的历史。"吸引力"当然被研究磁性的研究者广泛使用了。更重要的是，开普勒从他们那里借用来了该词。他把引力解释为磁力带来的效应，或更确切地说是磁性力带来的效应。这种力是一种吸引的力（vis attractiva），或推拉的力（vis tractoria）。它在物体之内，使物

---

〔1〕丰特内勒，《艾萨克·牛顿爵士颂词》，从第11页开始；科恩，《艾萨克·牛顿在自然哲学方面的论文和书信》，从第453页开始。有关丰特内勒的内容，请参阅J. R. 卡雷的《丰特内勒的哲学或理性的微笑》（巴黎：阿尔康出版社，1932年）。笛卡尔主义者罗奥《物理学》和牛顿主义者塞缪尔·克拉克针对该书的注释曾有过对引力的争论，对此的探讨请参阅附录三，条目E。——原注

〔2〕参阅吉尔伯特，《论磁》（*De magnete*，*magnetisque corporibus et de magno magnete tellure physiologia nova*）（伦敦，1600年），从第65页开始。——原注

体在类似情况下能相互拖、拉、牵引
（trahunt）。地球用这种力量把石头和
月亮拖向自己，月亮也用这种力量吸引
海洋。事实上，开普勒选择了"吸引力"
和"牵引力"两个术语来使他的理论
有别于哥白尼的理论。哥白尼认为，地
球、月球等类似天体都赋有聚集成整体
的内在倾向[1]；就像莱布尼茨指出的
那样，罗贝瓦尔也使用过"吸引力"[2]，
其宇宙论受到了笛卡尔的严厉批评；伽
桑狄也用过该词，他试图将哥白尼和开
普勒的概念与自己的原子论结合起来；
最后胡克在《用观测来证明地球运动的
尝试》（*Attempt to prove the motion of the*

□ 引力场效应

　　物体的引力场是在重力的作用下产生的。
没有重力，物体就不会有引力场。引力场对其
周围的影响可以看作是溅落的水珠。物质越
重，凹入处越深，波及范围也越广。

---

〔1〕附录三，条目F讨论了哥白尼和开普勒对引力的观点。——原注

〔2〕早在1636年，罗贝瓦尔就提出了一种假说，即用吸引来解释万有引力。所以，
我们可以在莱昂·布兰斯维克和皮埃尔·布特鲁主编的《帕斯卡全集》（巴黎：阿歇特
出版社，1923年）第一卷第178页开始，或在P.塔内里和夏尔·亨利主编的《费马全集》
（巴黎，1894年）第二卷第36页开始，看到一篇写于1636年8月16日的信，题为《艾蒂
安·帕斯卡和罗贝瓦尔写给费马的信》。信中有如下说法："3.引力可能是下落物体自
身的属性，也可能是那个吸引下落物体的物体所具有的属性，就像地球吸引下落物体那
样。它也可能是使物体合在一起的相互吸引或自然趋势。这在铁和磁铁的例子中十分明
显：如果磁铁被固定，铁不受阻碍，就将向磁铁靠近；如果铁被阻挡住，磁铁就会向铁
移动。如果它们都是自由的，它们就会相互靠近。不过，两者中那个较强的会移动较短
的距离……9.我们不知道在引力的这三种原因中，哪一种是真实的。我们甚至不能肯定它
是三种原因之一，可能它是这三种原因以外的原因……至于我们，我们把那些趋向物体
公共重心的能力相同或不同的物体，称为一样重的物体或不一样重的物体。当同一物体
始终具有相同能力时，我们就说它重量不变。但如果这种能力增加或减少，那么尽管它
是同一物体，我们就认为它重量变了。至于物体远离这个中心或接近中心时，重量会发
生怎样的变化，这个问题正是我们想知道的。但我们没有找到任何令我们满意的答案，
只能存疑不判。"（转下页）

Earth by Observations）里也用到了该词（伦敦，1674年）[1]。

　　（接上页）几年后，罗贝瓦尔出版了他的《宇宙体系》。为了避免教会的责难，他以萨摩斯的阿利斯塔克斯的名义出版，并且声称，他只不过针对这位希腊天文学家的阿拉伯语译著的蹩脚拉丁语版本，稍微修改了其风格而已。所以他就不必为作者的观点负责，尽管他承认，他认为阿利斯塔克斯的体系是最简单的。［《萨摩斯的阿利斯塔克斯的宇宙体系》（原名*Aristarchi Samii de mundi systemate partibus et motibus ejusdem libellus*，巴黎，1644年；梅森在他的《物理学和数学的新观察——第三卷：萨摩斯的阿利斯塔克斯》，原名*Novarum observationum physico-mathematicarum— tomus III. Quibus accessit Aristarchus Samius*）里再版了此书（巴黎，1647年）。］

　　罗贝瓦尔在他的《宇宙体系》一书中声称，充斥宇宙的（流体）物质的每个部分都赋有某种性质或偶性，它使所有部分都（奋力）聚集在一起并相互吸引（第39页）。与此同时，他承认除了这种普遍吸引力，还有其他类似的、适用于每一颗行星的力（哥白尼和开普勒也承认了这一点）。这些力使它们维系在一起，从而解释了它们的球形形状。

　　25年后的1669年8月7日，罗贝瓦尔在法国科学院关于重力成因的一场辩论［《1669年关于重力原因的辩论》，载于C. 惠更斯的《惠更斯全集》（荷兰海牙市：马蒂纳斯·奈霍夫出版社，1937年），第19卷，第628—645页］上，宣读了一篇报告（第628—630页）。他实际上重复了写给费马的信的内容，声称解释重力有三种可能。并且他进一步解释，用相互吸引或物质不同部分趋向合一来进行解释，是最简单的。奇怪的是，他在这份报告里，把吸引力称为一种"神秘属性"。

　　罗贝瓦尔在其《宇宙体系》中表现出来的宇宙论，是非常模棱两可的，甚至处处令人生惑。因而就能理解为什么笛卡尔会强烈谴责它了，也能够理解为什么当莱布尼茨把牛顿的观点等同于罗贝瓦尔的观点时，牛顿会对此深感愤怒（参阅附录三，条目B）。可是从历史的角度来看，罗贝瓦尔的作品是有趣的，这不仅因为他第一次尝试在普遍吸引力的基础上建立一种"宇宙体系"，还因为他提出了一些典型的特征或解释模式。我们会发现，后来胡克讨论了这些特征或解释模式，或起码是与之类似的东西。牛顿和莱布尼茨也对此表示提倡。所以，根据罗贝瓦尔的说法，充斥着或组成着这个"大宇宙体系"（拉丁语magnum systerna mundi）的流体和透明物质，形成了一个巨大（但有限）的球体。该球体以太阳为中心。太阳是炙热的旋转星体，对这种流体物质产生了双重影响：（1）它加热因而使流体变稀薄。正是这种稀薄化过程以及由此引发的宇宙物质膨胀，平衡了宇宙各部分相互吸引的力量，从而避免它们落到太阳上。这种稀薄化过程也赋予了宇宙球体一种特殊结构。它的物质密度随着到太阳距离的增加而增加。（2）太阳的旋转运动遍及整个宇宙球体。球体上的物质围绕太阳旋转，其速度随着到太阳的距离的增加而减小。行星被认为是小体系。它们与大体系类似，位于其密度与太阳相适应的距离下，也就是说，位于与它们自身密度相等的区域。于是，它们围绕太阳运动，就像物体在旋转容器内运动那样。奇怪的是，罗贝瓦尔从来没有考虑过离心力，却相信这些天体会画出圆形轨道!

　　人们从未给予罗贝瓦尔以应有的重视：他大部分作品都尚未出版。不过，伊夫琳·沃克写了一部很棒的《关于罗贝瓦尔"论不可分"的研究》（纽约：哥伦比亚大学教育学院印刷处，1932年），莱昂·奥热也有一部半通俗读物《罗贝瓦尔：一个被误解的学者》（巴黎：布朗夏尔出版社，1962年）。——原注

　　〔1〕附录三中，条目G进一步讨论了伽桑狄关于吸引和引力的观点，条目H进一步讨论了胡克的观点。——原注

当然，丰特内勒没有提到我所引用的历史先例，但他肯定知道。所以，我们就易于理解他的意思了：笛卡尔把我们从这些过时的、神话般的、非理性的观念中解放出来，艾萨克爵士难道不是又要复活这些观念吗？不仅如此，伏尔泰回答说：

几乎所有法国人（无论是学者还是其他人）都这样反复地指责他。人们到处都能听到这样的疑问："为什么牛顿不用我们很熟悉的'推动'这个词，而用我们不熟悉的'吸引'这个词呢？"牛顿可以这样答复对他的批评：第一，你对"推动"这个词的理解，并不比"吸引"明白……第二，我不能接受有"推动"。因为如果有推动，我必须发现确实有天体物质在推动行星。但我不仅没有发现这种物质，而且我已经证明了它不存在……第三，我用"吸引"这个词，仅仅是为了表达我在自然界中所发现的作用，即是未知原理所具有的确定、毋庸置疑的作用，是物质的固有属性。其原因等待着那些比我聪明的人去揭示，如果他们做得到的话。能称之为神秘属性的是"涡旋"，因为从未证实有"涡旋"存在。相反，"吸引力"则是真实存在的，因为我们证明了它的效果，计算了它的大小。而它的原因是上帝所知道的。就在此止步，不要深入探索了。[1]

所以，误以为自己理解了物质的人，不是牛顿而是笛卡尔。对我们的心

---

〔1〕伏尔泰，《哲学书简》，第15章（第二卷，朗松版第27页）。经文出自《圣经·约伯记》第38章第11节，原文作："你只可到这里，不可越过。"伏尔泰在处理牛顿的哲学（第15封信和第16封信）时，主要从丰特内勒的《艾萨克·牛顿爵士颂词》，彭伯顿的《艾萨克·牛顿爵士的哲学观点》（伦敦，1728年），以及莫佩尔蒂《论星体的不同形状——以及关于笛卡尔和牛顿体系的简述》（巴黎：1732年）中得到启发。事实上，伏尔泰正是在莫佩尔蒂的影响下，成为了牛顿主义者。因此1732年年底，他请莫佩尔蒂读他《哲学书简》的手稿（参阅朗松版《哲学书简》，第二卷，第8和29页）。关于莫佩尔蒂的内容，请参阅P. 布吕内，《莫佩尔蒂》（巴黎：布朗夏尔出版社，1929年）。——原注

□ 拉普拉斯

拉普拉斯是法国著名数学家和天文学家，有"法国牛顿"之称。他的《天体力学》集各家之大成，为18世纪牛顿学派的总汇。他的另一部代表作《宇宙体系论》也是一部集大成的宇宙学名著，解决了月球的长期加速度和大行星摄动这两大难题。

灵来说，没有什么东西能比物质更陌生了。这就是笛卡尔认为它充斥宇宙空间的原因，而牛顿却表明，不能确定整个宇宙中是否有一丁点坚实物质。恰恰相反，牛顿教我们承认存在我们不了解的东西，不必试图深入它们背后，用幻想来解释它们，而是去接受事物明显的可感属性（引力就是其中之一）[1]。

从某种意义上说，笛卡尔创造出的几何学是一位很好的向导，为他在物理学上指明了一条安全的道路。但他最后放弃了这个向导，而致力于构造体系所具有的精神。从那时起，他的哲学就变成了一部巧妙的小说……[2]他对灵魂本性、运动定律和光的本性的（所谓的）看法是错误的。他承认有天赋观念，提出了新的元素，创造了一个宇宙。

这个宇宙只存在于他的想象中，充斥着由精细物质组成的涡旋。有些人甚至计算出了涡旋速度（这对惠更斯进行了绝妙的讽刺），声称其速度是地球自转速度的17倍。这些人还不厌其烦地证明这些涡旋存在于自然界[3]。

〔1〕《哲学书简》，第16封信，第二卷，第46页。参阅：彭伯顿的《艾萨克·牛顿爵士的哲学观点》，第291页。所有的牛顿主义者（本特利、基尔、德古利埃、彭伯顿）似乎都非常满意证明出了这一观点：在宇宙中，虚空比坚实物质多得多，而且甚至坚实物质也主要由虚空构成。——原注

〔2〕《哲学书简》，第14封信，第2卷，第7页。——原注

〔3〕《哲学书简》，第15封信，第2卷，从第17页开始。——原注

伏尔泰认为，笛卡尔是另一个亚里士多德，甚至比亚里士多德更危险。因为他似乎更加理性。事实上，伏尔泰说："笛卡尔的体系似乎为这种现象提供了一个貌似合理的理由，而因为这个理由看起来简单，每个人都易于理解，所以这个理由似乎显得更加真实。但对于哲学上那些我们认为自己能轻易理解和无法理解的事物，都必须保持警醒。[1]

□ **地球的自转**

　　地球的自转会使诸多天体消失在人们的视野里，但随着旋转周期的临近，这些天体又会重新出现在原来的位置。

　　笛卡尔主义者认为，哲学永远不可能抛弃完美的可理解性这一理想。

　　这一理想正是笛卡尔所大力提倡的。他们还认为，科学永远不能接受把不可理解的事实当作其基础。可是，牛顿的科学恰恰是用其不可理解的引力和斥力来阐释的，并取得了胜利，这是多么的成功！但胜利者不仅创造了历史，也书写了历史。他们对待被征服者几乎不会仁慈。所以，在献给夏特莱侯爵夫人（和克莱罗）的法语译本《自然哲学的数学原理》里，伏尔泰（我引用伏尔泰的话，是因为在所有推广牛顿的人中，他是最有才华和最有影响力的）在其著名的序言中，向世界宣布了牛顿科学的决定性胜利。其判决如下：

　　在这里，作为原理所给出的一切都名副其实。它们是自然界最初的源泉。

---

　　〔1〕《哲学书简》，第15封信，第2卷，从第16页开始。——原注

□ 伏尔泰

伏尔泰是18世纪法国启蒙运动的泰斗，被誉为"欧洲的良心""法国最优秀的诗人"，主张开明君主政治，强调自由和平等。

在它之前的都是未知数。如果还有人不了解它们，那就不能称自己为物理学家了。

如果有人依旧荒谬，还在坚持微妙盘旋的（螺旋状）物质的存在，声称地球是一个带有外壳的太阳，而月亮被地球的涡旋吸引，认为是那种微妙物质产生了引力，以及一切取代古人无知想法的虚幻想法，人们会说：这是个笛卡尔主义者。如果他相信单子的存在，人们就会说：他是个莱布尼茨主义者。但没有牛顿主义者，就像没有欧几里得主义者一样。因为只有谬误才有派别之分。[1]

这一判决十分严厉。而艾萨克·牛顿爵士虽然厌恶笛卡尔和笛卡尔主义者，但也许不会做出如此严厉的评价。尽管

[1]《自然哲学的数学原理——献给夏特莱侯爵夫人》（巴黎，1759年），第7页。在笛卡尔的宇宙观里，上帝最初把物质分割为立方体（可分割的最简单的几何形体），并让它运动或"搅动"起来。立方体的棱角在这个过程中被打磨掉了，变成了小球体。这些磨碎的碎屑形成了第一元素，它们"搅动"而构成了光。而作为"第二"元素的小球体则传播光。除了发光元素和传光元素（第一元素和第二元素），还有第三元素，即由"碎屑"组合而成一些盘旋、螺旋或"有凹槽"（cannelis, striatae）的微粒。一方面，"第二"元素的球形微粒紧挨在一起，而这些微粒可以"盘旋"着进入其间的间隔或空隙。另一方面，它们可以相互结合形成较大块的物质，从而构成地球和行星的表面。参阅：笛卡尔的《哲学原理》，第3部分，第52条；惠特克的《以太和电的理论史》，第一章，从第8页开始。笛卡尔在他早年的《论宇宙》里，把他的三种元素与传统的元素——火、气和土联系起来［C. 亚当和P. 塔内里主编的《笛卡尔全集》（巴黎，1897—1913年），第11章，第24页］。笛卡尔认为，所有的天体最初都是发光的、炽热的恒星，只是后来由于表面物质的积累而"被包裹"起来，因此，它们都是"熄灭了的太阳"。这个概念绝不像伏尔泰认为的那样荒谬。关于笛卡尔的物理学，请参阅J. F. 斯科特的《勒内·笛卡尔的科学著作》（伦敦：泰勒和弗朗西斯出版社，1952年），以及G. 米约的《学者笛卡尔》（巴黎：阿尔康出版社，1921年）。——原注

我们必须承认，其中一定程度上（甚至很大程度上）有真相，但并不是全部真相。当然有一点是真的，那就是：笛卡尔起初的目的是提出纯粹理性的物理学纲领（他写信给梅森说："我的物理学中没有任何东西是几何学没有的"），但却以纯粹虚构的物理学而告终，就像惠更斯和莱布尼茨所说的，是以哲学故事而告终。有一点也是真的：宇宙上既没有微妙的物质，也没有盘旋的（螺旋状）微粒，甚至没有笛卡尔所认为构成光的第二元素的球形微粒。还有一点也是真的：不存在涡旋。即使存在，也没法用它来解释吸引和引力。最后还有一点很重要，物质和空间不等同，因此不能把物理学还原为几何学[1]。而荒谬的是，导致笛卡尔陷入进退两难境地的，正是因为他试图把物理学还原为几何学（我把这称为极端的几何化）。

人们可以说，尽管宇宙涡旋的观点是错误的，但并不像伏尔泰所说的那样荒谬；毕竟许多人都接受了它（虽然是在有所改进的情况下），包括惠更斯和瓦里尼翁这样讲究实际的人，更不用说莱布尼茨了。牛顿本人也没有彻底否定它，而是对它进行了仔细认真的批评和分析[2]。

---

〔1〕物理学不能还原为几何学，但试图这样还原是它的本性。爱因斯坦的相对论不就是试图将物质和空间融合在一起，或者说，想更好地将物质还原为空间吗？——原注

〔2〕牛顿或许在其年轻时就接受了这些观点。实际上，惠斯顿在他的自传里（参阅：《威廉·惠斯顿先生自传》，伦敦，1749年，从第8页开始）就是这么说的："现在继续讲我自己的历史吧。我在担任圣职后，回到学院继续进行自己的研究，特别是研究数学和笛卡尔哲学。这是当时唯一流行的风尚。但不久，我在经受极大的痛苦和无助之后，以极大的热情开始研究艾萨克·牛顿爵士在他的《自然哲学的数学原理》里的奇妙发现。我曾在公立学校听过一两个关于他的讲座，但是我当时根本不理解这些……我们这些在剑桥的可怜虫，正可耻地研究笛卡尔所虚构出来的假说。我听艾萨克·牛顿爵士说，他以前也做过这些假设。很久以前，1694年我和艾萨克·牛顿爵士初次相识，不久我就听他解释过他为什么会离开笛卡尔哲学，并发现他那令人惊异的万有引力理论。彭伯顿博士也对此作过类似的、更完整的叙述。"在他对牛顿哲学进行解释的前言里，他说道："事情是这样的。艾萨克·牛顿突然产生一种想法：月球并没有按照他认为的那样沿着轨道切线做直线运动，而因受力偏离轨道；石头和重物不论抛射速度多大，也因受到所谓的'重力'而下落；那这两种力是否是同一种力量？牛顿根据这个他之前想到的假设，猜想这种力量可能随地心距离而成比例递减。（转下页）

事实上，人们也可以说，地面物体被拉到了或者说被推到了旋转流体的中心，从而构成了能产生向心力的机制模式。那可以很自然地把这一作用模式推广到天空上。牛顿本人如此强烈地感觉需要这样的机制，以至于他不止一次尝试，而是三次尝试用以太介质中的运动或其压力来提供这种机制。以太是否存在，就和它产生的精细物质一样，是不确定的。最后，有人可能会说，宇宙涡旋的概念不久就成为了康德和拉普拉斯的模型。也有人会认为，虽然就像孔德和马赫说的那样，我们对自然的理解总是有一定的限制，所以我们不得不把一些无法理解和解释的东西当作事实接受下来；但我们人类的思想从来没有受限于此，而总是试图超越它们。但我们在这里不能展开这些话题。让我们提醒一下自己，在笛卡尔物理学中还有比涡旋和三种要素更有长久价值的东西。所以举例说，我们发现这是第一次尝试构建理性宇宙论，试图把天界和地界的物理学等同起来，从而让天空中第一次出现了离心力，尽管这一尝试并不成功。无论是开普勒还是伽利略，都不敢将这种力归因于

（接上页）艾萨克·牛顿爵士在第一次实验时，采用了当时使用的估算数据，只把地球表面大圆的一纬度当作60英里来计算月球运动距离的度数。他对结果感到有些失望。因为通过计算月球轨道的正矢而求出的使月球维系在其轨道上的力，和预期结果不一致，除非除了重力外还有别的力影响了月球。艾萨克·牛顿爵士由于对此感到失望，而怀疑这种力量一部分来自引力，一部分来自笛卡尔的涡旋。于是他将他的计算稿纸丢在一边，去做别的研究了。然而，过了一段时间，皮卡尔先生更准确地测量了地球，发现地球大圆的一纬度是69.5英里。艾萨克·牛顿爵士便查阅了他以前的稿纸，改进这个不完善的旧计算。他纠正了以前的错误，发现如果用正确的月地距离来计算的话，那么这种力量不仅像我们所熟悉的引力那样指向地球的中心，而且力的大小也是完全正确的。如果把一块石头放到月球上或者放到60倍地球半径处，让石头受引力而自由落体，再让月亮停止其自身的周月运动，并在维系其之前轨道的力的作用下运动，那么它们会以相同的速度落向相同的一点。因此，这就是引力作用，而没有别的了。既然这种力看上去可以传播到月亮上，即达到240000英里远的距离，那自然能假设，或者说必然能假设这种力量可以达到两倍、三倍、四倍的距离，等等，并永远按照距离平方而不断缩小。这一伟大发现，见证了美妙的牛顿哲学得以发明出来这一幸事。"——原注

天体的运动，因此也不需要向心力来抵消它们[1]。这一做法十分不凡。伏尔泰可以瞧不起它，然而牛顿却没有。可牛顿没提到过它，就像他从未提到过"动量"（mv）这个概念是笛卡尔提出的那样。尽管他拒绝接受笛卡尔提出的宇宙中运动守恒的想法，但他仍执意要把"动量"看作是力的量度，以反对惠更斯和莱布尼茨提出的"活力"（mv^2）这个概念[2]。牛顿也没有提到，启发他思考的，正是笛卡尔在表述惯性定律时把运动和静止放在了同一本体地位上。

我们不应该认为，牛顿主义者或者说牛顿本人有负于笛卡尔。人类的思想是需要争辩的，要在否定中才能成长发展。新真理是旧真理的敌人，必须把旧真理称为谬误。很难说谁有负于谁多少。而牛顿思想，几乎从一开始就是与笛卡尔思想相对立地形成并发展起来的。因此，我们不能指望从牛顿《自然哲学的数学原理》这本书中，看到他给予笛卡尔以赞扬或者是公正的历史评价。该书标题显然在影射和反对笛卡尔的《哲学原理》。然而，我们必须努力做到更公正。

---

〔1〕开普勒认为，圆周运动仍然是自然运动。所以，各个行星在太阳的动质推动下，会自然地环绕运行，而不会产生任何偏离倾向。换句话说，它们的圆周运动不会产生离心力。如果对于月球来说，它需要一股力量来阻止月球"降落"到地球上，那会是某种动物之力或生命之力，而不是离心力。伽利略所认为的情况也几乎一样，他认为，行星不再需要推动力或推动者来推动它们环绕太阳运动，运动本身自然是守恒的。——原注

〔2〕笛卡尔认为，运动的量（动量）取其绝对值的话，当然是不守恒的。无论是在宇宙中，还是在必须用代数方法计算的碰撞中（就像雷恩和惠更斯所发现的那样），活力（动能）是守恒的。然而，笛卡尔假设必定有某种能量是守恒的，这是他最大的贡献。后来，科学思想的发展充分地坚持着这一基本原理，尽管逐渐用一般的能量概念代替了特殊种类的能量。笛卡尔主义者（和牛顿主义者）与莱布尼茨主义者之间，存在用 mv 还是用 mv^2 来度量力的争论。该段历史可参阅：埃里克·阿迪克斯的《作为自然研究者的康德》（柏林，1924—1925年）；J. 维耶曼的《康德的物理学与形而上学》（巴黎：法国大学出版社，1955年）；和欧文·N. 希伯特的《能量守恒定律的历史根源》（威斯康星州麦迪逊市：威斯康星州历史学会出版社，1962年）。——原注

□ **开普勒**

　　开普勒是德国近代著名的天文学家、数学家和哲学家。他以数学的和谐性探索宇宙，是继哥白尼之后第一个站出来捍卫"日心说"，并在天文学方面取得突破性成就的重要人物，被后世科学史家称为"天上的立法者"。

　　我相信牛顿在《自然哲学的数学原理》里的三条运动原理或定律（及其相应定义），甚至是作用力等于反作用力的第三定律，都和笛卡尔关于运动传递的观点相关。该观点认为，一个物体给予或"传递给"另一个物体的运动量，恰好等于该物体所损失的运动量。但我在这里，并不打算对牛顿《自然哲学的数学原理》开篇的这些内容进行全面的历史考察。我将主要讨论第一定律即惯性定律。牛顿把该定律归功于伽利略。

　　这条著名的定律告诉我们："每一个物体都保持静止状态或匀速直线运动状态，除非受到外力作用而被迫改变这种状态。"它的拉丁语原文比起它的现代英语翻译，更能表达艾萨克·牛顿爵士的思想。拉丁语原文为："corpus omne perseverare in statu suo quiescendi vel movendi uniformiter in directum， nisi quatenus a viribus impressis cogitur statum ille mutare。"[1]这一表述的每个

〔1〕《自然哲学的数学原理》（伦敦，1687年），"公理或运动的定律"，第一定律，第12页。《艾萨克·牛顿爵士的自然哲学的数学原理》，安德鲁·莫特翻译，弗洛里安·卡乔里修订（伯克利：加州大学出版社，1934年），第13页。起初的莫特译本（伦敦，1729年），第19页里对牛顿拉丁语原文的翻译"每个物体都保持静止状态，或沿直线匀速运动，除非它被施加在其上的力所迫使改变这种状态"远胜于卡乔里修订版的翻译。——原注

词，不论就其本身来说，还是对牛顿来说，都是十分重要的。我们现在已经知道，牛顿写作时是极其细心的。他会把同样的一段话写了又写，有时会写五六遍，一直写到他完全满意为止。此外，这也不是他第一次努力阐述这些公理或定律。顺便说一下，这些公理或定律一开始被称为"假说"。每一个词都很重要，例如拉丁语的"保持"（perseverare）被翻译为了"继续"，这就很糟糕。可是我认为在这些词里，有两三个词比其他的词更重要，或者说是关键词。我认为，这几个词就是"状态"（status）和"沿直线"（in directum）。运动的"状态"：牛顿用这个词来暗示或声称，运动并非如两千年来（自亚里士多德以来）一直以为的那样，是变化的过程，从而有别于"静止"这一真正的"状态"[1]。运动同样是一种"状态"，也就是和"静止"一样都不包含变化。就像我刚才说的，运动和静止正是由于该词而被放在同一本体地位上，而不再是像开普勒把两者比作黑暗和光明那样，有着截然不同的差别。如今，运动正因为是一种"状态"（就像静止一样），自身才能守恒。而物体不需要任何力或原因的情况下就能保持运动，就像它们能保持静止那样。很显然，只要运动被认为是变化过程，物体就无法做到这样。正如牛顿明确指出的那样，任何事物的变化都是有原因的（至少在量子物理学之前是这样）。所以，只要运动是过程，它就不能在没有推动者的情况下继续运动下去。不需要原因或推动者的，只能是作为"状态"的运动。如今，并非所有的运动都是这样的"状态"，只有"沿直线"做匀速前进运动，即沿同一方向以同一速度运动才是这种状态。其他运动，尤其是圆周运动或旋转运动，都不属于这种状态；哪怕它运动速度均匀，哪怕旋转运动看上去和直

---

　　[1]状态一词，来源于"sto""stare"，意味着站立、位置、情况。"运动的状态"就像"静动力学"一样存在矛盾之处。——原注

线运动一样甚至比后者还要好（起码在我们的经验中，直线运动很快就停下了），但都不是这种"状态"[1]。事实上，正如希腊人很久以前所观察到的，我们在这个宇宙上唯一能看到的永恒运动是天空的圆周运动。希腊人甚至认为，只有圆周运动才是真正均匀不变的运动，而且认为没有别的运动是永恒的。当然，他们错了。可是它并不是乍一看就（第一眼就看出）那么错误。人们甚至可以说，对他们那个有限的宇宙来说，他们的看法是对的。因为惯性定律意味着无限宇宙。我们必须牢记这一点，以免对于那些不能从圆的魔咒中解脱出来，以及那些没有用直线代替圆的人，太过苛刻。

令人叹息的是，伽利略就是其中一员。他的伟大功绩在于打破了业里士多德把运动当作过程的成规，而主张运动守恒。也就是声称，物体一旦运动起来，就会永远运动，而不会慢下来或是恢复静止。当然，前提是它没有遇到外部阻力。但他也认为这种运动只是圆周运动才有，即只是天体和地球的永恒运动才有。至于直线运动，事实上，他从来没有说过沿直线运动，而是说沿水平运动或在水平平面上运动[2]。但起码有一次，他确实谈到了运动是一种"状态"，尽管这一看法实际上隐含在他关于运动的所有讨

---

〔1〕所以，罗奥认为，运动守恒的最佳例子是旋转球体（参阅《物理学》，第一部分，第11章，第50页；《自然哲学的体系》，第一卷，第53页："11.第三，如果一个物体几乎完全是在自发运动，因而几乎没有给别的物体传递什么运动，那么它应该在所有物体中持续运动最长时间。所以，我们根据经验可以发现，一个直径半英尺、抛光良好的光滑黄铜球，在两个枢轴支撑下，轻轻一击就能持续转动三四个小时。"）。这并不意味着罗奥误解了惯性定律。事实上，牛顿给出了同样的例子（参阅《自然哲学的数学原理》里的第一定律："陀螺……不会停止旋转。那类体积较大的天体比如行星和彗星……能在较长时间内保持前进和圆周运动。"）。——原注

〔2〕参阅：伽利略，《伽利略全集》（国家版：佛罗伦萨，1897年）；第八卷，第268、269、272、285页。英文译本，可参阅亨利·克鲁和阿方索·德萨尔维奥翻译的《关于两门新科学的对话》（纽约：多佛出版社，无出版日期），第244、245、248、262页。——原注

论中了[1]。

伽桑狄则没有这一想法。他被认为是最早在《论受迫运动》（拉丁语 *De motu impresso a motore translato*，1642年）里提出惯性定律的人。事实上，他宣称[2]"石头和其他我们所认为的重物，并不像通常所认为的那样抵抗运动"。他认为：在虚空即宇宙之外的想象空间里，物体既不受抵抗也不受吸引。而所有物体不论被推向何方，它们一旦运动

□ 伽利略

伽利略是近代科学之父，他不仅纠正了统治欧洲近两千年的亚里士多德的错误观点，不顾教会反对，坚持哥白尼的"日心说"，更创立了研究自然科学的新方法，为后人指出了一条明路。图中左为伽利略。

起来，就将永恒沿着同一方向匀速运动下去。所以，他得出结论：所有运动就其本性而言，都是这样。如果在我们宇宙里的物体实际上没有如此运动

---

〔1〕伽利略《关于太阳黑子的书信》，在斯蒂尔曼·德雷克译的《伽利略的发现与观点》（纽约市加登城：道布尔迪出版集团旗下锚图书出版社，1957年）里，我们发现："所以，如果去除所有外部障碍，那么重物……将保持它的原有状态。也就是说，如果它原来处于静止状态，那就会保持静止状态；（再举例说）如果它原来向西运动，它将继续保持向西运动。"但这个运动例子是"在与地球同心的球面上"的，所以它说明的不是直线惯性，而是圆周惯性。——原注

〔2〕有人声称，应当把首次发现惯性定律这一荣誉颁给卡瓦列里。他在《燃烧的镜子》（拉丁语*Lo specchio ustorio，overo tratato delle settioni coniche et Alcuin loro mirabilia effetti intorno al lume，caldo，freddo，suono et moto ancora*）（博洛尼亚，1632年）的第39章，第153页开始就指出：沿任何方向抛出的物体（如果不受重力影响的话），会继续沿着所施加的力的方向而匀速运动；如果受到重力影响，它就会画出一条抛物线。可参阅我写的《伽利略研究》（巴黎：埃尔曼出版社，1939年），第三部分，第133页。也有人声称，应把这一荣誉授予J. B. 巴利亚尼。事实上，他只在他的《论固态与液态重物的运动》（日内瓦，1646年）的第二版里，才提出方向具有的等价性。——原注

（即没有永远保持运动、没有匀速运动、没有沿同一方向运动）的话，那是因为地球引力把它们"往下"拉，使它们偏离原有路径[1]。我们必须承认伽桑狄取得了进展；我们也必须承认，当他声称物体"沿同一方向"运动时，没有用"直线"这个词。虽然他承认运动本身守恒，并主张"施动物体只给受动（物体）施加了运动"，"当施动物体和受动物体连在一起时，该运动与施动物体运动保持一致"，且"如果它不被相反力量削弱的话，它将永恒保持下去"，但是他没有把运动和静止等同起来，没有把它们当作"状态"[2]。

我们只有在笛卡尔和他那未完成的遗著《论宇宙》（*Monde*）[3]（1630年）里，才能发现这些。在早于伽桑狄、卡瓦列里和巴利亚尼的很久之前，笛卡尔不仅明确声称"惯性"运动具有均匀性和直线性[4]，而且明确地把运动定义为"状态"。虽然假设物体在宇宙内只做匀速直线的纯惯性运动，

---

〔1〕彼得里·伽桑狄《论受迫运动——两封书信》（巴黎，1642年），第15章，第60页。也可参阅我的《伽利略研究》，第三部分，第144页，以及文后的附录一。——原注

〔2〕彼得里·伽桑狄，《论受迫运动——两封书信》（巴黎，1642年），第19章，第75页；也可参阅我的《伽利略研究》第三部分，第144页；以及文后的附录一。——原注

〔3〕《论宇宙》，大约写于1630年，1662年在荷兰莱顿市首次出版，见《笛卡尔全集》，第11卷。——原注

〔4〕笛卡尔当然没有使用开普勒的术语，这意味着对运动的抵抗（当然，自牛顿以来，"惯性"指的是对加速度的抵抗）；与此相反，笛卡尔明确否认物体有任何类型的惯性。参阅他1630年12月的《写给梅森的书信》，《笛卡尔全集》，第二卷，从第466页开始："我认为物体没有任何惯性或天然的迟滞性，米多尔热先生同样如此……但我向德博纳先生让步说，较大物体受到同样的力，例如较大的船受到同样的风，总是比其他移动得更慢。或许这就够了，不再需要无法证明的自然惯性来作为理由……我认为，所有被创造的物质中都有一定量的运动，它既不增加也不减少。所以当一个物体移动另一个物体时，它失去的运动和它给出去的运动一样多……如今，如果两个不等物体都受到了等量运动，那么较大物体所得到的速度不会等于较小物体所得到的速度。因而我们可以说，在这个意义上，一个物体所含物质越多，它具有的自然惯性就越大。"——原注

这是完全不可能的事，但是使笛卡尔（和牛顿）声称他的第一运动定律或运动规则是有效的，正是为实际运动而建立出来的运动"状态"这一概念。事实上，实际运动本质上都是历时性的。一个物体从甲处移动到乙处需要一定的时间，而如果这段时间十分地短，这个物体必须受到改变其运动状态的力。然而，"状态"本身以另一种方式与时间联系在一起：它要么可以持续下去，要么只能持续一瞬间。因此，一个做曲线运动或做加速运动的物体，它的"状态"每时每刻都在改变，因为它每时每刻都在改变它的方向或速度。然而，它每一时刻又都处于匀速直线运动状态。笛卡尔清楚地表达了这一点：做直线运动，不是指物体实际运动中会这样，而是它有这种趋势。而牛顿对此说得很含糊，只是用了笛卡尔所说的"尽可能地"这一表达。

当然，笛卡尔和牛顿采用了截然不同的方式来解释物体如何保持其"状态"。牛顿用物体包含"固有之力"（vis insita）来解释，这是"某种抵抗的力量，每个物体都凭借这种力量来维持当下的状态，不论它是静止还是做匀速直线运动"（此句拉丁语作potentia resistendi qua corpus unumquodque, quantum in se est, perseverat in statu suo vel quiescendi vel movendi uniformiter in directum）。这种力量或者说这种力，是借用了开普勒的术语，并扩展了它的含义（我们知道，开普勒所认为的意思是对运动的抵抗），牛顿称之为惯性力[1]。

---

〔1〕牛顿完全知道这个术语的起源以及他赋予它的新含义。所以，正如哈佛大学的I. B.科恩教授所告诉我的那样，牛顿在他本人批注过且附有插页的《自然哲学的数学原理》第二版里做了以下注释："我认为，惯性力不是开普勒所说的使物体趋于静止的力，而是使物体保持其静止或运动状态的力。"他可能想把这句话加到以后的版本里。我们编撰的校对版《自然哲学的数学原理》里会收录这条注释以及其他类似的注解。关于这两种惯性概念的区别，参阅E.梅耶松的《身份与显示》（巴黎：阿尔康出版社，1908年），附录三，从第528页开始。——原注

笛卡尔则不愿意赋予物体以力量，甚至不愿意赋予物体自我守恒的力量。他相信上帝持续创造宇宙或对宇宙有持续作用。可以说，如果没有这些，宇宙就会立即回到它创生之前的"虚无"状态。所以，笛卡尔不是用"固有之力"来解释它们如何维持运动或静止状态，而是用上帝来解释。显然，上帝是永恒的，他只能维持直线运动（mouvements droits）〔1〕，而不能维持曲线运动；他让他所赋予宇宙的运动的量保持守恒，也正是因为他是永恒的。

笛卡尔在《论宇宙》里告诉我们，他不会描述"我们所处的"世界，而是另一个世界。上帝可能已经在遥远的想象空间中创造出了这个世界。当然，这是个小伎俩。笛卡尔希望避免别人对他的批评，也希望一开始就表明，这个只有广延和运动的新世界，与我们所处的世界相差不大〔2〕。于是就能（在不会被指控为不敬神的情况下）表明，自然定律足以在混乱中建立秩序，建立一个像我们这样的宇宙，而不需要上帝用任何特殊行为来赋予这个世界现在的模样〔3〕。

宇宙的最高定律是恒常定律，或译守恒定律。上帝所创造的东西保持在事物之中。所以，我们不需要探究事物运动的第一因、第一推动者和第一运

---

〔1〕笛卡尔使用了一个双关语：droit既有"直线"的含义，也有"正确"的含义。参阅《笛卡尔全集》，第11卷，第46页。——原注

〔2〕牛顿在他早年写的《论流体的重力与平衡》里，也同样这样做过（参阅牛顿的《科学遗稿》）。——原注

〔3〕参阅《论宇宙》，载于《笛卡尔全集》，第11卷，第37页。笛卡尔在他的《哲学原理》（第3部分，第43条）里说，尽管可以清楚推断出，一切现象的原因几乎不可能是错的，但他仍然（在第44条里）保留了这些原因，并且只把它们当作假说（法语译本说，他将不会声称他提出的这些假说是正确的）。他进一步（在第45条里）说，他甚至会假设一些明显错误的原因（法语译本为：他将会假设一些他认为是错误的原因）。例如，有宇宙论假说认为宇宙从混沌进化而来，这一假说可以断定是错误的。之所以肯定它是错误的，是因为笛卡尔相信上帝已经让宇宙变得极为完美，就像基督教所教导的那样。——原注

动者；我们只需要简单地承认，在宇宙创生时，事物就开始运动了。由此可知，这种运动将永远不会停止，而只是从一个物体传递到另一个物体。

不过，这一运动是什么样的呢？与它相关的定律又是什么样的呢？它根本不是哲学家所说的运动，即"潜能作为潜能的现实化"（拉丁语作actus ends in potential prout est in potentia）。笛卡尔认为"潜能作为潜能的现实化"是一堆拼凑出来的晦涩难懂的词语，让人无法理解[1]；它甚至也不是哲学家所说的"位置运动"。事实上，他们一方面告诉我们，运动的本质是难以理解的；另一方面又告诉我们，运动比静止更具现实性，而静止只是一种缺乏。笛卡尔的观点则相反，他认为运动是我们已经完全理解的东西。无论怎样，他说他将去探究那些比几何学家的线条更容易理解的运动[2]，它使物体从一个地方移动到另一个地方，并依次占据它们之间的所有空间。"这种运动并不比静止更具现实性。我认为恰恰相反，当物质停留在一个地方时，静止必须归结为物质的属性。这就像当物体改变位置时，运动必须归结为物质的属性一样。"[3]此外，哲学家所说的运动是如此奇怪，其趋势是最后静止下来。而笛卡尔所认为的运动则和其他事物一样，其趋势是一直持续运动。

笛卡尔运动所遵循的自然法则，或译自然定律，也就是上帝使自然运

---

〔1〕《论宇宙》，载于《笛卡尔全集》，第11卷，第39页。——原注
〔2〕《论宇宙》，载于《笛卡尔全集》，第11卷，第39页："几何学家……用点的运动来解释线，用线的运动来解释面"。笛卡尔还补充道："哲学家还设想了几种运动，按他们所说的，是物体不改变位置就能进行的运动。他们称之为形式运动、热的运动、量的运动，以及各种各样的运动。在我看来，我不知道还有什么比几何学家的线更容易理解的了：它让物体从一个地方移动到另一个地方，并依次占据了所有空间。"——原注
〔3〕《论宇宙》，载于《笛卡尔全集》，第11卷，第40页。——原注

转起来时所遵循的法则，都能轻易地由此推导出来[1]。第一条法则是：物质的每个特定部分只要没有与其他部分相遇而被迫发生改变，那就始终维持同一状态（法语état）。也就是说，如果它有一定的体积，只要不被其他物体分割，它就永远不会变小；如果它是圆的或方的，只要不受强迫，它就永远是这个形状而不改变；如果它静止在某个地方，只要不受驱使，它就永远不会离开那里；它一旦开始运动，就会以同样的力朝着同一方向永远运动下去，直到有作用阻碍它使它停下。笛卡尔说：

> 没有人会认为，（我们所处的）古代世界，会不遵守这条关于体积、形体、静止和类似事物的法则。但是，哲学家却把运动当作例外。而我最想要让这条规则所涵盖的东西，正是运动。然而，请不要因此就认为我想反驳他们：他们所谈论的运动与我所设想的运动是如此不同，以至于很可能一方认为是正确的东西，另一方却认为是不正确的。[2]

第二条法则，涉及一个物体作用于另一个物体时的运动守恒。笛卡尔说：

> 当一个物体推动另一个物体时，如果它要向另一个物体传递运动，就必须损失同样多的运动。如果它要从对方那里带走（运动），就必须增加同样

---

〔1〕《论宇宙》，载于《笛卡尔全集》，第11卷，第38页。参阅罗奥，《论物理学》，第一部分，第11章，第51页；《自然哲学的体系》，第一卷，第53页："13.因为宇宙是充实的，所以一个做直线运动的物体必然推动另一个物体，也必然接着推动第三个物体，但它不会这样无限推动下去。因为有些被这样推动的物体，会被迫离开，打破这一过程，而去占据那些最先被推动的物体的位置。那是它们唯一能去的位置，也是随时可以去的位置。所以，当任何一个物体被推动时，肯定就有一定量的物质以环或圆或与此等价的形式被推动。"参阅：牛顿，《自然哲学的数学原理》（1687年），第二卷，命题43，定理33，第359—360页；《自然哲学的数学原理》（1713年），第二卷，命题43，定理34，推论2，第334页；莫特—卡乔里校译本《自然哲学的数学原理》，命题43，定理34，第372页。——原注

〔2〕笛卡尔说的完全是对的，甚至比他自己所知道的还要对。事实上，他所说的运动（状态）与"哲学家"所说的运动（过程）是完全不同的。因此，对一方正确的东西，对另一方就不一定正确。——原注

多的运动。这条法则和前一条法则，非常符合我们的经验。在经验中，我们发现物体由于受到另一个物体推动或阻碍，才开始运动或停止运动。经院哲学家为这样一个难题所困扰：为什么抛出去的石头在离开人手之后还能继续移动一段时间呢。而我们在假定了前面的法则之后，就能避免这个难题。

因为人们应该问的是，为什么石头不会永远继续移动呢。而原因很容易给出。因为谁能否认石头所处的空气对它没有阻力呢？[1]

然而，我们必须考虑的并不是阻力本身，而是运动物体成功克服的那一部分阻力。也就是说，运动物体速度的减慢，与它传递给阻碍物的运动成正比。笛卡尔虽然求助于经验（空气阻力），但他完全明白，他所提出的法则（更不用说他后来提出的碰撞法则）与日常生活的常识经验不太相符，这就更糟糕了！的确，笛卡尔说：

尽管我们在旧宇宙感受到的一切，似乎都与这两条规则明显相反，但是这两条规则存在的理由是如此可靠，以至于我觉得必须把它们当作我所说的新宇宙的假设而接受下来。因为即使人们可以根据自己的意愿进行选择，还有什么真理能建立在比永恒不变的上帝更加坚固可靠的基础上呢？[2]

---

〔1〕《论宇宙》，载于《笛卡尔全集》，第11卷，第41页（参阅罗奥的《论物理学》，第一部分，第11章，第44页；《自然哲学的体系》，第一卷，第47页："运动物体如何能继续运动，这是与运动相关的重要的问题。这也使精深的哲学家们十分困惑。但根据我们的原理，不难解释它：因为正如前面所指出的那样，任何事物都不会趋向于毁灭自身。而一切事物除非有任何外在原因介入，否则将继续保持它们原来的状态，这是自然的规律之一。所以我可以这样说，今日仍存在的事物，将竭力永远存在；相反，那不存在的东西也将竭力永远不存在。因为如果它不是由某种外在原因而产生的，它就永远不会自发存在。同样，现在是正方形的东西，将竭力永远保持正方形的样子。而现在静止的东西，将永远不会自发开始运动，除非有什么东西使它运动；现在运动的东西，也永远不会自发停止运动，除非它遇到使其减速或使其停止运动的东西。这就是抛出去的石头在离开人手后仍然能够继续运动的真正原因。"）。——原注
〔2〕《论宇宙》，载于《笛卡尔全集》，第43页。——原注

不止前面两条法则明显符合上帝的永恒性，第三条法则也符合。笛卡尔接着说：

> 我还要补充一点。当一个物体运动时，虽然它通常是沿曲线运动的……但它的每个特定部分总是有沿直线路线继续其（运动）的趋势。所以，它们的表现，或者说它们不得不移动的趋势，与它们的（实际）运动是不同的。（例如，如果一个轮子在轴上旋转，）它的各个部分虽然做圆周运动，却有沿直线运动的倾向。（所以，）当一块石头被弹弓弹出时，它不仅在离开弹弓时就（沿）直（线）运动，而且它（石头）在投出的每一时刻，都在挤压弹弓中心（这说明了它被迫做环形运动）。这条法则（直线运动法则）与前两条法则一样，都有着同样的基础，即上帝发挥一次作用就使所有物体都守恒的原理。所以，可能在此前的某些时候是不守恒的，但上帝命令其守恒的时刻，它就都守恒了。但在所有的运动中，只有直线运动是完全简单的，它的全部本性在一瞬间就赋有了[1]。因为，如果设想直线运动，只要设想一个物体在运动中向某一方向运动就足够了，而物体运动的每一时刻都是向这一方向运动，并且在它运动的过程中是可以被阻止的。然而，如果设想圆周运动或其他可能发生的运动，我们至少需要考虑它的两个时刻，以及它们之间的关系。[2]

我们看到，（正确的）直线运动赋有十分特殊的本体论性质，或者说赋有完美性。它确实是"正确的"运动。笛卡尔这样以一个笑话总结道：

> 我们根据这条法则而不得不说：上帝作为宇宙一切运动的创造者，他把一切运动都安排为正确的运动，而使这些运动变得不规则和弯曲的，却是物质的不同天性。就像神学家所教导我们的，上帝作为一切行为的创造者，他

---

〔1〕《论宇宙》，《笛卡尔全集》，第11卷，第43、49页。——原注
〔2〕《论宇宙》，《笛卡尔全集》，第11卷，第45页。——原注

把一切行为都安排为善的行为，而使我们的行为变得邪恶的，却是我们的不同性情。[1]

　　1644年笛卡尔《哲学原理》的拉丁版出版了，1647年出版了法语译本。[2]该书不仅改变了支配运动的自然规则的顺序（如今统称为定律）（第三条定律变成了第二条定律，第二条定律变成了第三条定律），还改变了提出它们的方式。《哲学原理》是（或本来打算写成）一本教科书，而《论宇宙》则不是。但笛卡尔并没有改变它们的推导，也没有改变它们的内容，至少严格意义上的运动法则或运动定律是如此。物体相互作用的规则（《论宇宙》里的第二条法则、《哲学原理》里的第三条定律），以及碰撞过程中动（量）守恒的法则没有发生变化，但笛卡尔丰富并发展了《哲学原理》，并从中推导出了碰撞法则。这是他在《论宇宙》里所没有做的。

　　笛卡尔在《论宇宙》里所做的，是通过诉诸上帝的神圣永恒性，来引出基本的自然定律——守恒定律，即上帝的行为总是使宇宙的运动和静止的量保持与他创造宇宙时所投入的一样多[3]。笛卡尔说：

　　事实上，这种运动虽然只是运动物质的一种方式，但也具有一定的量。我们很容易理解，虽然量的个别部分可以变化，但它在整个宇宙中始终是守恒的。所以，我们要知道，例如说当物质的一部分运动速度是另一部分的两倍，而另一部分的体积又是这一部分的两倍时，体积小的部分就和体积大的部分有一样的运动的量。如果任何一部分运动变慢，那么另一部分运动就成

---

　　[1]《论宇宙》，《笛卡尔全集》，第11卷，第46、69页。——原注
　　[2]因为法语译本是珀蒂神父在笛卡尔的指导下完成的，它的内容有时比拉丁语原文更明确。所以，两者兼用是很有必要的。——原注
　　[3]《哲学原理》，第二部分，第36条："上帝是运动的首要原因，总是维持宇宙里运动的量不变。"——原注

比例地变快。我们也明白，上帝是完满的，不仅在于他自身是永恒的，而且在于他的行为也是最永恒不变的[1]……由此可以得出，上帝让物质保持他创世时的运动量，这才是最符合理性的……[2]

从上帝的永恒不变性中，我们还可以推导出对某些法则、定理或自然的知识。笛卡尔说：

第一条定律是：每一事物，只要是单一而不可分割的，就会尽可能地维持其原有状态，除非受到外部原因的作用而改变（其状态）。所以，如果有一块物质是方的，我们可以轻易地断定它永远是方的……我们相信，当它静止时，如果不受到某种原因，就永远不会开始运动；我们也相信，当它运动时，如果不受到任何东西阻碍，就不会以同样的力而停止运动。因此，我们可以得出这样的结论：运动的事物，将永远运动下去（而不会趋于静止，因为静止与运动是对立的）；而没有任何事物的本性是趋向于它的对立面，也就是趋向于毁灭自己的。（由此得出）第一条自然法则就是：一切存在的事物，总是保持原有状态。所以，事物一旦开始运动将永远运动下去。[3]

笛卡尔在《论宇宙》里告诉我们，物体尽可能保持直线运动状态，这同样

---

〔1〕笛卡尔认为"变化"是一个例外，因为我们是从神的启示中得知它的。——原注

〔2〕《哲学原理》，第二部分，第37条。——原注

〔3〕《哲学原理》，第二部分，第37条。其拉丁语作："Prima lex naturae: quod unaquaeque res, quantum in se est, semper in eodem statu perseveret: sicque quod semel movetur, semper moveri pergat." 拉丁语中"quantum in se est"不容易用现代语言表达。笛卡尔《哲学原理》的法语译本译为"就像"（法语autant qu'il se peut）。约翰·克拉克所翻译的罗奥《论物理学》里译为"尽可能地"（英语as far as it can）。牛顿《自然哲学的数学原理》的莫特—卡乔里校译本里译为："尽可能地多"（英语as much as in it lies）（定义三，第2页）。我引用的是笛卡尔的法语译本，因为它比拉丁语译本讲得更明确。——原注

来自上帝的永恒不变性。所以他的第二条自然法则宣称：虽然自然之中实际上是没有直线运动的，一切运动都是圆周运动，但一切运动就其本身而言是直线的[1]。他在《论宇宙》里，引用了圆周运动产生离心力来当作证据。[2]笛卡尔还声称："把运动和静止放在不同的本体论地位上是一种庸俗的错误；我们不能认为人们使运动物体静止下来，要比使静止物体运动起来需要更多的力。"这与他在《论宇宙》里的看法一样，不，应当说这比《论宇宙》里的看法强烈多了。当然，他是对的：新运动概念的核心，正是运动和静止在本体论上的等价。牛顿在使用笛卡尔的"状态"这一术语时也默认了这一点。[3]然而，不仅是笛卡尔的同时代人，连牛顿的同时代人也都难以承认和理解它。所以，无论是马勒伯朗士还是莱布尼茨，都没有把握住这一点。[4]

---

〔1〕《哲学原理》，第二部分，第33条："在一切运动中，由物体构成的完整的圆是如何同时运动的。"——原注

〔2〕《哲学原理》，第二部分，第39条："第二条自然定律是：一切运动的本性都是直线运动。所以，那些做圆周运动的物体，也总是倾向于脱离其圆心。"有趣的是，笛卡尔也清楚地知道，运动守恒并非直接就意味着物体做直线运动，并用两条定律来解释运动守恒和做直线运动，而牛顿则将它们统一在一条定律里。——原注

〔3〕关于运动状态和静止状态的进一步讨论，参阅附录三，条目J。——原注

〔4〕克拉克肯定会指出这一点。因此，他提到了马勒伯朗士的《真理的探寻》（巴黎，1674—1675年；第6版，巴黎，1712年）。该书在1694—1695年和1700年被翻译成英语。参阅罗奥《论物理学》，第一部分，第10章，第39页；《自然哲学的体系》，第1卷，第41页，第1条注释："大家对于静止的定义都很一致。但是，静止究竟仅仅是缺乏运动，还是属于某种任何积极的事物，这有着难以协调的争论。笛卡尔和其他一些人认为，静止的物体有某种使它维持静止状态的力，并凭借它来抵抗一切想改变其状态的物体。运动也可以称为静止的停止，就像静止是运动的停止一样。与此相反，马勒伯朗士《真理的探寻》第六卷第一章，和其他的一些人则认为：静止仅仅是缺乏运动。他们的简要论点可以在勒克莱尔先生的《物理学》第五卷第五章中发现。我对此事只顺便说一句，那就是：马勒伯朗士和勒克莱尔先生犯了预设结论为真的乞题谬误。他们是这样论证的：假设有一个静止的球，且上帝意欲不再对此球施加影响，那会怎么样呢？它仍然会保持静止。假设球在运动，且上帝意欲不再给此球施加推动力了，那接下来会发生什么呢？它将不再维持运动状态。难道不是这样吗？因为运动物体保持其原有状态所需要的力，是上帝的主动意志；而静止物体保持状态所需要的力，只是缺乏上帝意志。

所以，（假如两个物体都是坚硬的）它会以相同速度反弹回来。笛卡尔说：

第三条定律：当一个物体遇到另一个［比它］更强的物体时，它不会失

（接上页）这显然是犯了乞题谬误。事实上，使运动物体或静止物体维持其原来状态的力或者趋势，只是物质具有的惯性。所以，如果上帝可能不再发挥意志，那么运动物体就会永远运动下去，而静止物体也会永远静止。"

至于莱布尼茨，克拉克是与这位"博学的莱布尼茨先生"有过争论的［参阅《莱布尼茨与克拉克论战书信集》，H. G. 亚历山大编（曼彻斯特：曼彻斯特大学出版社，1956年），第135页］。他引述了莱布尼茨的著作里的大量内容，十分清楚地证明了莱布尼茨从未理解惯性原理。顺便说一句，这倒是一件喜事……否则，莱布尼茨怎么可能想到最小作用量原理呢？

1674年至1675年，A. 普拉拉德在巴黎首次出版了马勒伯朗士的《真理的探寻》一书，但没有署名。只有到了1700年，由M. 戴维在巴黎出版的第五版中，才写上了作者"尼古拉斯·马勒伯朗士，耶稣教堂的神父"。1694—1695年和1700年该书的英语译本出版。《真理的探寻》最好的现代校勘本是热纳维耶芙·刘易斯小姐主编的三卷本（巴黎：弗兰出版社，1946年）。关于运动和静止的讨论，可见于第6卷（"方法谈"），第二部分，第九章（刘易斯版第2卷，从第279页开始）。勒克莱尔，《哲学著作》，第四卷，《物理学或论有形物体，五卷本》（阿姆斯特丹，1698年，1728年第五版；莱比锡，1710年；诺德努萨，1726年），第五卷，第五章，《论运动与静止》，第13节。"运动的规则或定律"指的是：一个物体一旦把运动置于一个状态，它便静止了。然而，勒克莱尔提出了一个问题（第14节），即静止作为与运动相对的东西，和运动比起来是属于肯定还是缺乏？他得出结论说，静止只是一种缺乏，这是一种除笛卡尔以外所有的哲学家都接受的观点。勒克莱尔虽然没有引用马勒伯朗士的话，但确实遵循着他的推理："让我们想一想，地球要运动起来是必须有上帝来使它运动吗？我们不清楚答案，除非上帝不想让地球运动。"

然而，我们不得不承认，笛卡尔把运动和静止完全等价，这使得他把静止当作了抵抗（一种反运动），让静止物体赋有抵抗的力（静止的量），从而和运动物体赋有的运动的力（运动的量）相对照，这十分令人遗憾。他正是从这个概念出发，加上完善的逻辑，而推导出完全错误的碰撞法则。该法则认为：小物体不论以多大的速度运动，都永远无法使大物体运动起来。因为它不能克服比它更大、"更强"的物体的抵抗力。［参阅笛卡尔的第四条法则，载于《哲学原理》，第二部分，第49条。其中的拉丁文相当简短，只是说："如果物体C处于静止状态，并且体积比B稍大一些，那么，无论B以何种速度向C移动，它都不能使C运动，而是自己沿相反的方向反弹。这是因为，静止状态的物体可以抵抗较快的速度，并且这一抵抗能力与物体间相差的量成正比。所以，C抵抗B的力量总是大于B推动C的力量。"法语译本里补充了解释："因为B如果无法使C运动得与之后一样快，B就无法推动C。所以可以肯定的是：当B更快地朝C运动时，C必须与B的运动速度成比例地增加其抵抗力，并且这一抵抗的力必须大于B的作用力，因为C体积比B大。所以，例如说如果C体积是B体积的两倍，而B有3份的运动，那么如果B不向C转移2份的运动，即B的每一半各让出1份，只为自己保留1份，B就不能推动处于静止状态的C。这是因为B不大于C体积的一半，而且之后无法运动得比C的一半更快。（转下页）

去自己的运动［因此强的物体不会得到任何运动］；而且，当它遇到一个更弱的物体时，它损失的运动和它给予该物体的运动一样多。[1]

当然，笛卡尔在《论宇宙》里也不得不承认，在日常经验里并非如此。然而，这次他并不排斥日常经验。他认为，他的定律本身有效，但其前提条件没有在物体本性中实现（也无法实现）。也就是说，所讨论的物体不仅彼此完全分离，而且也与其余的宇宙分离，且它们是完全的刚体，等等。实际上，它们浸没在一种流体介质里。也就是说，它们周围的物质是四处运动的，并从各个方向挤压和推动这些刚体。因此，物体在流体里推动另一个物体时，会得到所有沿同一方向运动的流体微粒的"帮助"。所以，"极小的力就足以使被流体所包围的刚体运动起来"，这也适用于世界上存在的一切

（接上页）同样地，如果B的速度有30份，它就必须把20份的速度传递给C；如果它有300份速度，它必须转移200份速度。以此类推，它总是转移自己所剩余份数的两倍出去。但是由于C是静止的，它接受20份后的抵抗力是接受2份后的十倍，接受200份后的抵抗力是接受2份后的一百倍；所以，随着B的速度更快，可以发现C的抵抗力更强。因为C的每一半维持静止的力都与B推动它的力一样，而且这每一半是同时抵抗B，所以显然它们肯定能获胜，并迫使B反弹回去。因此，无论B以怎样的速度向C移动，只要C是体积大的静止物体，B永远不能使C运动。"

乍一看，笛卡尔的推理似乎是完全荒谬的。但事实上，这是完全正确的。当然，这需要我们要接受他的前提，即C和B是完全刚性的。事实上，在这种情况下，运动的传递，即其加速度应该是瞬时的，因此，物体从静止加至20份的速度时所受到的抵抗力，是加至2份速度时的10倍。——原注

〔1〕《哲学原理》，第二部分，第40条。通常认为，笛卡尔的碰撞法则只有第一条是正确的，其余几条都是错的。第一条说，两个相等的（坚硬）物体，以相同速度沿一条直线相向运动，碰撞后会以相同速度沿相反的方向弹回。事实上，正如蒙蒂克拉已经注意到的［《数学史》（新版；巴黎，1799年），第二卷，第212页］，第一法则和其他法则一样都是错误的：完全坚硬的物体（不是"无限弹性的"，而是刚性的）不会反弹。笛卡尔声称它们会反弹，那只是因为它们不反弹的话会造成运动损失，而这是笛卡尔所不能接受的。

笛卡尔的碰撞法则如此错误，甚至看起来如此荒谬（例如第四条法则，参阅前面的注释），以至于历史学家往往对此不屑理睬。他们谁都没意识到笛卡尔从前提推出结论的完美逻辑，即运动守恒和相互碰撞物体的绝对刚性。——原注

物体[1]。

尽管笛卡尔的碰撞定律本身就很有趣，但我在此无意讨论这类研究。正如我已经提到的，它们都是错误的。牛顿也必定如此认为。阅读它们，只会让牛顿更加反感笛卡尔物理学（即没有数学的数学物理学），并且会证明他本人在《哲学原理》空白处所做的批注是对的。批注内容就是著名的"错误、错误"[2]。然而，事实可能正是如此。这里我们所讨论的只是牛顿的第一运动定律——惯性定律。我们只要指出，牛顿在《自然哲学的数学原理》中的概念和他对此的表述，都受到了笛卡尔的直接影响，这就足够了。

正如我们所看到的，笛卡尔的《哲学原理》里的运动法则或定律，与他在《论宇宙》里所确立的运动法则完全一致。然而，与他早期的著作相比，他后来的著作中却有着重要的变化，即关于运动的半相对主义概念和纯粹相对主义的定义，以及将他在《论宇宙》里的观念看作一种通常情况的想法。所以，他首先解释说：

---

〔1〕《哲学原理》，第二部分，第56条。正是因为笛卡尔没有考虑到碰撞定律的"抽象"（笛卡尔没有用这个术语）性质，所以罗奥提出了反对这个定律的理由。参阅：罗奥《论物理学》第一部分，第11章，第50页；《自然哲学的体系》，第一卷，第53页："但因为物体不能向另一个物体转移过多运动，以免自己不能与其一起运动，而要留一些运动给它自己，尽管它的运动并不算少了。所以，物体一旦处于运动状态，似乎以后就不可能完全静止，这是与经验相悖的。但我们应当考虑到，两个几乎不运动的物体，彼此之间可以联系和调整，以至于它们在某种程度上是静止的。这就是经验所告诉我们的一切。"——原注

〔2〕参阅伏尔泰《哲学书简》，第15封书信［阿姆斯特丹（应为鲁昂市），1734年］，第123页："牛顿的外甥康迪特向我保证，他的舅舅牛顿20岁时就读过笛卡尔的书，他在书的第一页空白处用铅笔做注释，并且总是写着同样的注释内容，即'错误'一词。但是，他由于厌倦了每一处都得写上'错误'，而把这本书扔在一边，再也没有读过。"在《哲学书简》后来的版本中，伏尔泰删去了这一段（见朗松版，第二卷，第19页）。戴维·布鲁斯特爵士《关于艾萨克·牛顿爵士生平、著作与发现的回忆录》（爱丁堡，1855年），第一卷，第22页，第1条注释里，有这样的说法："我在我们家族的文稿里发现了牛顿保留的笛卡尔《几何》，许多地方都有他亲手的标记：'错误、错误，不是几何学。'"可知，牛顿标记"错误、错误"的书，不是笛卡尔的《哲学原理》而是《几何》。——原注

位置［拉丁语locus］和空间这两个词，并不表示我们所说的位于某处的物体与别的东西之间真的有不同，而只表示物体的体积、形状以及它位于其他物体之中的情况。而为了确定这种情况，我们有必要去考察处于静止状态的一些其他［物体］。但是我们可以说，因为我们所考虑的这些事物可能不同，所以同一事物改变了位置，同时又没有改变位置。例如我们可以考虑一下，一个人坐在一艘船的船尾，风从港口吹向船。如果我们只以这艘船作为参考，那么对我们来说，这个人没有改变他的位置。因为我们看到，他相对船的各个部分没有发生变化。而如果我们以邻近的海岸为参考系，我们会觉得这个人不断地改变他的位置，因为他正在远离海岸。除此之外，如果我们假设地球在进行轴自转，且地球从西往东的转动距离等于船从东往西的航行距离，那么我们又可以说，坐在船尾的人没有改变他的位置，因为我们是根据想象中天空的一些不动点来确定这个位置的。[1]

笛卡尔就这样解释了"位置"的相对性，接着说：

运动（也就是位置的运动——因为我想不到别的运动，所以我认为没有其他本性如此的运动），正如人们通常理解的那样，只不过是物体从一个位置到另一个位置的运动。所以，正如我们前面所提到的，同样的东西可以同时被说成改变了位置和没有改变位置，既在运动又没有运动。例如，当一个人坐在驶离港口的船上时，如果他以岸边为参考，认为岸边静止，那就可以认为自己在运动；但如果他以船为参考，那么因为他的位置相对于船的各个部分没有变化，所以他就没有运动。既然我们通常认为每个运动里都有活动，而静止就是活动停止，那么那个船上的人与其说在运动，不如说在静止，因为他自己并没有感觉到自己有任何活动。

---

〔1〕《哲学原理》，第二部分，第13条。——原注

但是，如果我们必须要考虑什么是运动，就不要从（这一术语的）通常理解，而要从事情的真相（ex rei veritate）来赋予其确定的本性。我们就说它的意思是：一部分物质或物体，从与其直接接触的物体（被认为是静止物体）转移到其他物体附近。[1]

笛卡尔解释说，他说的是"从与其直接接触的物体转移到其他物体附近"[2]，而不是"从一个位置转移到另一个位置"，这只是因为"位置"是一个相对的概念。否则，一切运动都可以加到同一给定物体上。而如果我们采用他对运动的定义，我们就只能把运动归为物体自身的固有运动。此外，他还补充说，他的定义还蕴含着运动的相互作用。他说：

我们无法想象，当物体AB不知道物体CD从它附近移开时，它能从物体CD附近移开。显然，每一方物体移开所需的力量和作用都是相同的。所以，如果我们想要知道运动的固有本性而不是别的，那么我们会说，当两个相邻物体彼此分开，一个物体移动到一边，另一个移动到另一边时，这两个物体的运动是同样多的。[3]

笛卡尔把反亚里士多德的位置概念运用到世界里。在这个世界里，一切物体都在运动，且没有固定点。这样的运动，使笛卡尔能通过各种参考点

---

〔1〕《哲学原理》，第二部分，第25条，最后一句。拉丁语为"［Motum esse］translationem unius partis materiae, sive unius corporis ex vicinia eorum corporum quae illud immediate contingunt et tanquam quiescentia spectantur, in viciniam aliorum"。笛卡尔坚持把静止物体作为运动物体的参照，这是牛顿所反对的。——原注
〔2〕《哲学原理》，第二部分，第28条。奇怪的是，笛卡尔反对"位置（地方）"概念，而他的"与其直接接触的物体邻近"概念只不过是对亚里士多德对"地方"定义的改写罢了。亚里士多德把"地方"定义为"围绕物体的表面"。——原注
〔3〕《哲学原理》，第二部分，第29条。这种说法显然与笛卡尔的"第三"运动定律不相容。——原注

来"拯救"运动这一相对主义概念。其价值足够明显。并且它给物体的"固有"运动概念以精确的含义，这也是相当重要的[1]。更重要的是，这给了他一种方法，用来规避教会对哥白尼体系的谴责。这一谴责（审判伽利略）吓坏了笛卡尔，导致他决定不出版他的《论宇宙》。十年后，他找到了一条出路，或至少是他自认为找到了一条出路：虽然地球仍然被涡旋携带着环绕太阳公转，但是他对运动的新定义使他能够从真理出发，"保持"地球不动。因此，笛卡尔声称对他的谴责是无效的。的确，他并没有让地球运动起来。恰恰相反，他声称地球是静止的[2]。毫不奇怪，这位波舒哀所说的"太过谨慎的哲学家"尝试让自己与哥白尼和伽利略脱钩，这一做法实在是如此微妙和天真。所以他除了骗过一些现代历史学家之外，谁也骗不了。但它却奏效了[3]。

另一方面，首先引发了牛顿反对笛卡尔物理学（不是反对涡旋理论）的，正是这一相对主义的运动定义（它确实成为了笛卡尔学派的官方定义）。而涡旋理论后来成为牛顿在《自然哲学的数学原理》里攻击笛卡尔的主要靶子。牛顿在一篇迄今为止尚不为人知的长篇论文（我已经提到过）里，深刻地批判了这一定义或者说概念，以及笛卡尔提出的一些最基本的哲学命题，例如把广

---

〔1〕毕竟，我们是相对于地球、房屋等而移动的。我们参与了许多运动，就像船上的水手或口袋里的手表那样。——原注

〔2〕笛卡尔解释了哥白尼和第谷的假说并没有什么不同（《哲学原理》，第三部分，第17条）。之后他又继续说："我在否认地球运动时，比哥白尼更谨慎，比第谷更接近真相"（第19条）。他也说："地球在天界中静止，然而却又被天界输送。"（第26条）他又说："确切地说，尽管地球和行星都是被天界输送，但却是不运动的。"（第28条）他还说："即使以通常的用法来不恰当地理解运动，也不能赋予地球以运动。然而，在这种情况下，我们可以说其他行星在运动。"（第29条）参阅：罗奥的《论物理学》，第二部分，第24章，从第303页开始；《自然哲学的体系》，第二卷，第62页。——原注

〔3〕直到1664年，《哲学原理》才被列入《禁书索引》。即使是在那个时候，该书也不是因为笛卡尔具有明显的哥白尼主义而被禁，而是因为他的物质概念与圣餐变体的教义不相容。——原注

延和物质等同起来、否认虚空与空间的实际存在、截然区分思维与广延这两种实体以及声称世界只是"无定限的"而不是"无限的"等奇怪论断。

这篇40页长的手稿论文还只是一部分内容，约翰·赫里韦尔博士和鲁珀特·霍尔教授善意地把手稿抄本交给我使用[1]。牛顿一开始就告诉我们，他的目的是用两种方法来研究流体的平衡问题以及流体中物体的平衡问题，"尽量使该问题与数学结合起来……以几何学家的方式，从抽象的、不证自明的原理推导出特殊的命题"；并尽量使之成为自然哲学的一部分，用"一系列注释和引理"来阐明这些"通过无数的实验"而得到的命题。[2]事实上，他两样都没做：他没有写流体静力学论文，而是写了一篇哲学论文。起码我对此并不遗憾。我认为，这篇论文对我们确实有特殊价值。因为它使我们对牛顿思想的形成有一定的了解，并认识到牛顿专注于哲学问题。这一哲学问题并不是其思想的外在补充，而是其不可分割的组成部分[3]。不幸的是，我们无法确定这份手稿的确切日期。它大约是在1670年完成的[4]。

牛顿和往常一样，开篇就给出"定义"，并告诉我们量、持续和空间不需要定义且不能被定义。因为比起用来定义它们的术语，我们更熟悉它们。但他做了以下的定义。他说：

Ⅰ."位置"是某个物体完全占据的那部分空间；

[1]第4003号手稿（MS. Add. 4003），题为《论流体的重力与平衡》。它现在被收录在A. 鲁珀特·霍尔和玛丽·博厄斯·霍尔编的《艾萨克·牛顿的科学遗稿——选自剑桥大学图书馆的朴次茅斯藏稿》（英国剑桥：剑桥大学出版社，1962年），从第89页开始。我将参考这份文献。——原注

[2]《艾萨克·牛顿的科学遗稿》，第90页。有趣的是，这正是他写《自然哲学的数学原理》的方式。——原注

[3]这也表明牛顿曾极为深入地研究过笛卡尔的《哲学原理》。——原注

[4]两位霍尔（《艾萨克·牛顿的科学遗稿》，第90页）认为这篇论文"写于1664到1668年间，是一位年轻学生写的"。或者即使更晚些，也是在1672年之前写的。——原注

Ⅱ."物体"是占据某个地方的东西;

Ⅲ."静止"是持续在同一位置;

Ⅳ."运动"是位置的改变,或者说是物体从一个位置向另一个位置的过渡、转移和迁移。不能以哲学的方式,把"物体"这个词理解为赋有可感属性的物理实体,而要以几何学家那样的方式,把它理解为抽象的、有广延的、可移动的、不可穿透的东西。[1]

牛顿的定义,尤其是将不可穿透性列为物体的基本特征(对笛卡尔来说,这是一个派生的特征),显然在暗暗反对笛卡尔把广延和物质等同起来,并且反对他对运动的相对主义定义。当然,牛顿完全意识到了这一点。因此,他写道:

因为在这些定义中,我假设了物体之外存在空间,还相对于空间本身来〔定义〕运动,而不是相对相邻物体的位置来定义运动……我现在要推翻他所虚构的观点,以免有人认为这是针对笛卡尔学说而提出的毫无道理的假设。[2]

只要运动的相对主义观点被认为是正确的(或用牛顿的话来说是"哲学的"),且与常识观点相悖的话,那它就是这些虚构观点里糟糕的东西(如果还不是最糟糕的话)。而牛顿自己认同的是被笛卡尔视为"庸俗"且错误的通俗观点。所以,牛顿试图通过一系列的论证来"推翻"它。这些论证有好有坏,甚至带有诡辩。其中最重要的论证(它出现在《自然哲学的数学原理》

---

〔1〕《艾萨克·牛顿的科学遗稿》,第91页。——原注
〔2〕《艾萨克·牛顿的科学遗稿》,第91页。——原注

中），取决于区分定义"正确、真实的运动"和"错误的、仅仅是表象的运动"所带来的效果。所以可以特别明显地看出，提供离心力的不是地球和行星的"哲学的"静止，而是它们围绕太阳的"庸俗"运动。同样可以清楚地看出，纯粹相对主义的"哲学的"运动永远不可能产生这种力。所以，这两种观点中哪种应该被视为真实的，就很明显了。

此外，牛顿说，笛卡尔似乎也承认它与自己的观点相矛盾。

因为笛卡尔说，确切地说，地球和其他行星在哲学的意义上没有运动。如果因为它们相对于恒星的转移而说它们在运动，那这就是通常意义所说的不讲道理[1]。然而，后来他假设地球和行星有种远离太阳的趋势，即远离它们公转的中心的趋势。它们所具有的这种［远离趋势，以及］远离类似旋转涡旋的趋势，使它们在离太阳一定位置处维持平衡。那又怎么样呢？难道真的像笛卡尔所说的那样，这种趋势是从真正的、哲学的静止，或通常的、非哲学的运动中产生出来的吗？[2]

结论是显然的。真正的运动，只是那些能产生真正有效果的运动（而不是没有效果的运动）。也就是说，绝对的、物理的运动是不会随着其他物体的位置而改变的（这只是一种外在的说法），而是会随着存在于物体之外的不动空间而改变。这一空间后来被称为绝对空间。只有在这样的空间中，"才能说不受阻碍的运动物体的速度……是匀速的，才能说它的运动是直线的"[3]。

---

〔1〕《哲学原理》，第3部分，第26章，第27章，第28章，第29章。——原注
〔2〕《艾萨克·牛顿的科学遗稿》，从第92页开始。前文注释里也有提到过。——原注
〔3〕《艾萨克·牛顿的科学遗稿》，第97页。牛顿是完全正确的：惯性定律意味着绝对空间。——原注

有趣的是，牛顿对运动的相对主义概念反对得太过了，因而也把这样一种观点丢掉了：如果两个物体彼此相对运动，那么可以随意把运动归为某一方。牛顿为了反对笛卡尔，说，如果接受了笛卡尔的理论，那么即使是上帝也不可能精准地确定天体已经占据的位置，或将要占据的位置；因为在笛卡尔的世界里，没有用来计算这些天体位置的固定参照物。牛顿说："所以，在确定位置和位置运动时，有必要参照某些不动的实体，如广延或空间本身，因为它被认为是与物体截然不同的东西（拉丁语作quale sola vel spatial quid a corporibus revera distinct spectatur）[1]。"

然而，仍然存在一个疑问。笛卡尔不是证明了不存在与物体截然不同的空间吗？广延、物质和空间不是相同的吗？一方面，他表明了"物体与广延没有任何区别"，也就是说，如果我们从物体中抽掉所有可感的、非必要的属性，例如"硬度、颜色、重量、冷、热等……那就只剩下它在长宽高上的广延"。另一方面，他指出虚空是无，所以不能测定任何内容。而测定距离、大小等所有的这一切，都需要主体或实体参与其中[2]。

于是，我们就"通过依次展示什么是广延和物质，以及它们之间的区别，来回应了这些论证"[3]。我们还必须更进一步，"因为把实体区分为思维和广延……是笛卡尔哲学的主要基础"，那我们必须尝试彻底摧毁它。牛顿认为，笛卡尔所犯的巨大错误，就是试图把对存在的旧的区分方法应用到广延上，也就是要把广延区分为实体和偶然性。然而事实上，它两者

---

〔1〕《艾萨克·牛顿的科学遗稿》，第98页。——原注
〔2〕《艾萨克·牛顿的科学遗稿》，第98页起。——原注
〔3〕《艾萨克·牛顿的科学遗稿》，第98页。——原注

都不是[1]。

它不是实体，因为它不像实体那样维持或承载属性，也因为它不是完全依靠自己而存在的。实际上，广延是上帝流溢出来的某种效果[2]，从而也是每个实体即每样东西的某种属性。但它也不是偶然，牛顿说：

因为我们可以清楚地想象出，在没有主体的情况下，广延也能独立存在。这就像我们能想象到超出宇宙之外的空间，或没有物体的空间那样。因

---

　　[1]《艾萨克·牛顿的科学遗稿》，第99页："（广延）具有其固有的存在方式，它既不是实体，也不是偶然性所能具有的。"1648年，帕斯卡在给勒帕耶先生的信［参阅：帕斯卡，《帕斯卡全集》（巴黎：伽利玛出版社七星文库系列，1954年），第382页］里认为，传统上把存在划分为实体和偶然性的看法，并不适用于空间（和时间）。它们两者都不是："既不是实体，也不是偶然性。这是真的，'实体'这个词是指物体或精神。那么在这个意义上，空间既不是实体也不是偶然，但它仍然是空间；而在同样的意义上，时间既不是实体也不是偶然性，但它仍然是时间。因为或许它不一定是实体或偶然性。"这很有趣。伽桑狄也有同样的言论，这可能成为帕斯卡和牛顿的资料来源。《物理学哲学论集》，第一部分，第一章，第二册，第一节，第182页，第1列［《哲学著作》（法国里昂市，1658年）］的第1条里写道："存在者这一术语，在其一般意义上区分为实体和偶然性，这是不恰当的；位置和时间必须作为这一划分的两个成员（补充）进来。所以我们说：一切存在者都是实体、或偶然性、或所有实体和所有偶然性所处的位置、或所有实体和所有偶然性所持续的时间。"《物理学哲学论集》，第一部分，第一章，第二册，第一节，第183页里写道："除此之外，很明显我们只能把空间和空间大小的名称，理解为通常称之为现象的空间。而绝大部分神学家都承认这种空间存在于世界之外。"《物理学哲学论集》，第一部分，第一章，第四册，第四节，第307页里写道："位置似乎就是空间，如果它被一个物体占据，就叫做充实（plenum）。如果它没有被占据，就叫做虚空（inane）。"参阅1649年伽桑狄早期对第欧根尼·拉尔修的第十本书（关于伊壁鸠鲁的哲学）的批评［彼得里·伽桑狄，《第欧根尼·拉尔修的第十本书的批评》（法国里昂市，1649年），第一卷，第613页］，里面说道："确实，（逍遥学派）对最一般存在者的区分是错误的。除了区分实体和偶然性这两个部分以外，还应该区分出位置和时间。这两个同样是一般存在者，是实体和偶然性之外的范畴。"彼得里·伽桑狄在《第欧根尼·拉尔修的第十本书的批评》（法国里昂市，1649年），第一卷，第614页里说道："如此说来，位置和时间既不是实体也不是偶然性；然而它们是实体，也就是说，并不是无。它们确实是一切实体和偶然性的位置和时间。"关于伽桑狄可能给牛顿带来的影响，参阅R. S. 韦斯特福尔，《牛顿自然哲学的基础》，载于《英国科学史杂志》1962年第1卷，第171—182页。——原注
　　[2]"流溢出来的某种效果"这个表达让我们明白，虽然空间不是独立于上帝的［（独立的和非产生的）；参阅伽桑狄，《物理学哲学论集》，第182页］，但确切地说，也不是上帝通过其意志而创造出来的。它是效果（而不是属性），而且是必要的效果。——原注

为我们相信，不论我们想象有物体存在或不存在，它都会存在。并且我们不相信，如果上帝要毁灭某个物体的话，它会随该物体而消失。所以，可以得知，它［即广延］并不以内在于主体的偶然性方式而存在。因此，它不是一种偶然性。[1]

至于笛卡尔对虚空实在性的否定，也是有错误的。这一错误来自他自己的原理。当然，我们确实没有关于"无"的清晰看法，因为它没有属性。但我们对空间有最清晰的看法，即它的长度、宽度和深度是无限的。我们十分清晰地认识到空间的许多属性。所以，空间绝不是空无一物。[2]正如我们刚才所说，它是上帝流溢出的效果。

当然，牛顿认为空间是无限的。这既没有令人惊讶，也不会有什么新颖[3]。但值得注意的是：（1）牛顿觉得自己与笛卡尔是对立的。笛卡尔确实主张空间（或更确切地说，是宇宙）只是无定限的，只有上帝才是与之相反的无限[4]。（2）牛顿的证明，从内在层面而言，是笛卡尔主义的。（3）至少

---

〔1〕两位霍尔所编的《艾萨克·牛顿的科学遗稿》，第99页。——原注
〔2〕同上，从第98页开始。牛顿推翻了笛卡尔的论证（在前文里提到过）。——原注
〔3〕两位霍尔所编的《艾萨克·牛顿的科学遗稿》，第101页。——原注
〔4〕笛卡尔在《哲学原理》中声称，空间广延是无定限的。他说，我们不能想象它会超出某个界限（第一部分，第26条）。"此外，我们将认识到，这个宇宙或者一切物质实体，其广延都没有限制。事实上，无论我们在哪里假装有这样的限制，我们不仅能想象到在这些界限之外还有一些可以无限延伸的空间，而且我们还会意识到这些空间是真正可以想象的、真实的。因此，它们也包含着有无限广延的物质实体。"（第2部分，第21条）"然而，对于我们认为找不到限制的一切事物，我们不应声称它们是无限的，而应认为它们是无定限的。所以，当我们无法想象大得不能再大的广延时，我们会说，一切可能事物的总和是无定限的。"（第1部分，第26条）所以，物质可以被划分的最小部分的数量，以及恒星的数量等，都是这样的："我们应当把所有这些都称为无定限，而不是无限的，是为了只把无限这个词留给上帝。一是因为，我们不仅发现只有在上帝身上无法发现任何限制，而且不容有任何限制。二是因为，我们不能以同样主动的方式设想其他事物（在某些方面）没有限制，而且被动地承认，它们的限制（如果它们有）不是我们能找到的。"（第一部分，第27条）

在一定程度上，他的反对意见和亨利·莫尔对笛卡尔的区分方法的反对意见是一致的[1]。牛顿说：

事实上，空间向各个方向无限延伸。因为我们无法想象，它在任何一处设立的限制之外会没有空间。因此，所有的直线、抛物线、双曲线，所有的圆锥体、圆柱体，以及所有（我们认为可以包含在其中的）其他图形，都会无限延伸，虽然它们可能被各处横贯到它们的各种直线和曲面所截断。[2]

我们在这里所说的无限是指"实无限"。牛顿对"实无限"的论证是相当有趣的。他让我们想象一个三角形，如果这个三角形的底角开始增大，那么顶点会不断地远离底边，直到两个底角互补时，也就是说三角形的两条边平行时，牛顿认为顶点或两条边的交 WW 点的距离：

将大于任何给定的值……任何人也不能说它在实际上不是无限，只是在想象中才是无限的。［因为］产生的直线（三角形的两边）的交点总是会满足实际，即使它在想象中超出了宇宙的界限。

另一方面，牛顿说如果：

有人表示反对，认为我们无法想象无限的距离。这点我是承认的。尽管如此，我还是认为我们能够理解它……我们能够理解，有超出我们想象的更大的广延存在。这种理解能力，必须与想象力截然区分开来。[3]

---

〔1〕参阅我写的《从封闭世界到无限宇宙》（巴尔的摩市：约翰斯·霍普金斯大学出版社，1957年）。——原注

〔2〕牛顿认为（《艾萨克·牛顿的科学遗稿》，第100页），空间是各种形体（球体、立方体、三角形、直线等）的位置。这些形体镌刻在永恒中，并且只能通过"物质描绘"而显现出来："我们坚信，在球体占据空间之前，空间是球形的。"这个空间，在数学的实在里是所有的形体，但在物理的潜能里，它是"容器"，是柏拉图式的"处所"。——原注

〔3〕《艾萨克·牛顿的科学遗稿》，第101页。——原注

这无疑是正确的。但它也纯粹是笛卡尔主义的。纯粹的笛卡尔主义，就像牛顿所声称的无限概念具有的肯定性那样。牛顿说：

如果有人进一步说，我们只能通过否定有限事物的界限来认识无限，那么无限只是一个否定的概念，因而是毫无价值的。我反对这种看法。恰恰相反，包含着否定的正是有限这一概念。而因为"无限"是对否定的否定（即对有限的否定），所以就其意义和对我们的观念而言，是最肯定的。尽管从语法上看，它似乎是否定的。[1]

然而，如果是这样的话，为什么笛卡尔声称"广延"不是无限的，而是无定限的呢？这一说法不仅错误，甚至连语法都不通[2]：事实上，"无定限的"总是表示将来的某物，也就是说还没有确定的某物。而世界虽然在它被创造之前可能是不确定的，但如今肯定不是不确定的了。如果笛卡尔坚持说，我们肯定不知道世界是没有界限的，而只是不知道世界是否有界限。这没有任何用，因为上帝肯定知道世界是没有界限的。此外，我们自己也非常清楚这种广延或者说空间，是超越一切界限的。

事实上，牛顿非常清楚为什么笛卡尔要否认空间的无限性，而只把无限归因给上帝。因为笛卡尔认为，无限意味着存在的完满[3]。因此他"担心"（metuit）如果他声称空间是无限的，那他将不得不因无限是完满的而把无限与上帝等同起来。但他却不能这样做，因为在他看来，空间或广延等同于物质实体，而物质实体与思维实体或精神实体是完全对立的。但牛顿则认

---

〔1〕《艾萨克·牛顿的科学遗稿》，从第101页开始。笛卡尔关于无限和无定限的观点，在附录三，条目K中进行了讨论。——原注

〔2〕牛顿说："语法学家会纠正这一说法。"《艾萨克·牛顿的科学遗稿》，第102页。——原注

〔3〕《艾萨克·牛顿的科学遗稿》，第102页。在笛卡尔之前的、关于上帝和无限的看法，参阅附录三，条目L。——原注

为，所有这些都是错误的：空间和物体不是一回事；无限本身并不是完满；广延和心灵是紧密相连的。的确，空间不是与物质相连，而是与存在相连的。空间是存在本身的属性。牛顿说：

没有物体在不与空间联系的情况下就能存在。上帝无处不在，被创造的思想位于某个地方，物体在它所占据的空间里。不可能有某种东西，既非无处不在，也非处处不在。由此推论，空间是原初存在［即上帝］所流溢出的效果（拉丁语作spatium sit entis primario existentis effectus emanativus），因为如果设定好一个实体，空间也被设定。延续时间也是如此。换句话说，两者都是效果或属性，分别对应着任何个体（实体）的存在量，即存在者的呈现广阔程度和延续时间长度。所以，上帝的存在量，在延续时间上是永恒的，在所占据的（呈现的）空间上是无限的。而上帝所造之物的存在量，其延续时间等于它从存在之初延续至今的时间；它的呈现广阔程度等于它所占据的空间。[1]

有趣的是，正是时间和空间这种完全平行的关系，使牛顿提出了呈现量（或大小量）的概念。这补充了笛卡尔把延续时间当作存在量（或大小量）的观点。这很有趣，也很重要。事实上，我认为我们可以在《自然哲学的数学原理》里某些著名的话里找到它的踪迹。牛顿在《自然哲学的数学原理》里如此坚定地认为，上帝无时不在（semper）、无处不在（ubique）。这不仅通过上帝的行为体现出来，也通过他的实体体现出来[2]。这一想法从何而来？可能来自亨利·莫尔。亨利·莫尔批评了笛卡尔关于世界只是"无定限

---

〔1〕《艾萨克·牛顿的科学遗稿》，第103页。——原注
〔2〕《自然哲学的数学原理》（第二版，英国剑桥，1713年）；总释，第485页；莫特—卡乔里校译本，第545页。——原注

的"而不是"无限"的观点。他反对笛卡尔否定虚空，并且反对他把广延和物质等同起来。他声称，物质的本质并非单一的广延，而是还包括不可穿透性和固定性；反之亦然，广延或空间也不同于物质，而且是独立于物质而存在的（因而不含物质的虚空就是可能，甚至是必要的；并且他反对笛卡尔把广延和思维实体等同起来的做法，他声称包括物质、思维甚至上帝在内的东西都有广延）。莫尔认为，空间仅仅是上帝的"广延"。与之相反，笛卡尔主义则把思维和上帝都驱逐出了世界，使他们既不能在某处存在（alicubi），也不能处处存在（ubique），而只能无处存在（nullibi）。所以，莫尔还认为笛卡尔是虚无主义者[1]。

---

〔1〕1648年12月11日，莫尔在他写给笛卡尔的第一封信（《笛卡尔全集》，第五卷，第238页）里说："首先，你给出了对物质或物体的定义，这一定义太宽泛了。事实上，上帝似乎是和天使一样有广延的东西。一般来说，一切事物都因自身而存在。同样，事物的外延似乎也和事物的绝对本质一样，被同样的界限所包围。这一界限可以根据事物的不同本质而变化。我认为，可以很清楚地知道，上帝的行动方式是有广延的，因为上帝无所不在，牢牢把控着整个世界机器和其中的每个微粒。如果上帝没有以最接近的方式接触宇宙中的物质，或者至少在某个特定的时间没有接触到它们，那么上帝又怎么可能曾经把运动传给物质呢？按你所说的，上帝甚至现在也把运动传给物质。如果上帝不是无处不在，不占据所有空间的话，上帝就永远不能做到这一点。所以，上帝以这种方式延展和伸展。所以，上帝是有广延的（res）……"

他还说："第四点，我不明白你说的世界广延是无定限的。事实上，这种无定限要么是绝对无限，要么是仅仅对我们而言。如果你把广延理解为绝对无限，那你为什么要用如此低调、如此谦虚的语言来模糊你的思想呢？如果是仅仅就我们而言的无限，那么广延实际上是有限的。因为我们的思维既不是事物的尺度，也不是真理的尺度。所以，由于上帝的本质还有另一种绝对无限的扩张，因而你的涡旋物质将远离它们的中心，整个世界的结构将化解成原子和尘埃颗粒。"

这是不完全正确的。因为在笛卡尔的世界观里，涡旋没有供远离的"广阔"之处。一些涡旋受另一些涡旋所包围和限制，如此类推以至于无穷，或用笛卡尔的话说，以至于无定限。当然，亨利·莫尔则有不同看法。他相信空间无限，认为这是上帝的属性。他相信物质有限，物质完全不同于空间。然而，他明白，笛卡尔把空间（广延）和物质等同起来，就几乎不承认这种（物质的）广延是无限的。于是他告诉笛卡尔（《笛卡尔全集》，第五卷，第238页）："我更佩服你的谦虚，佩服你承认自己害怕物质无限。因为你意识到，物质实际上被分成无穷多个粒子。如果你没有承认这一点的话，那么你会被迫承认的。"（转下页）

让我们花点时间来探讨一下，牛顿早年是如何看待空间存在，以及空间与上帝和时间的关系的。牛顿早年的观点，和他提出的疑问与《自然哲学的数学原理》里所指出或暗含的观点之间，有着相当惊人的联系。所以，我们从早年的牛顿身上了解到，空间是必要的、永恒的、不变的、不可移动的。虽然我们可以想象空间里没有任何东西，但我们不能认为空间是不存在的（莫尔认为我们不能不想象空间），也不能认为如果没有空间，上帝将无处可寻。我们还了解到，空间中一切的点都是同时的。最后我们了解到，空间是不可分割的，所以神的无所不在并不会让上帝成为复合体。这就像我们身体的存在并没有让我们的灵魂成为可分割的或被分割一样。是的，"既然我们认为，持续的某一时刻不需要部分就能在宇宙空间中传播，所以思维也应当不需要分割而在空间中传播"[1]。

当然，没有比思维或灵魂的概念更加传统，也更反笛卡尔的东西了。这一观念是在整体之中的整体、在一切部分之中的整体（拉丁语作tota in toto et tota in omnibus partibus）。尽管传统上认为上帝是无所不在的，但是这种

（接上页）当然，笛卡尔回答道，因为他并不想争论这些，所以如果有人说上帝是有广延的——因为上帝无处不在的话，他不会对此表示否定。虽然这样，但他会否认，像上帝或天使这样的精神实体，存在真正的广延。他还补充道（1649年2月5日写给亨利·莫尔的信，《笛卡尔全集》，第五卷，从第267页开始）："我把某些事物称为无定限而不是无限，这并不是出于谦虚的做作。我认为这是必要的预防措施。因为只有上帝，我才肯定他是无限的；至于其他的，如世界的广延、物质可分割部分的数量等，它们是否是绝对无限的呢？我承认我不知道。我只知道，我看不出它们有任何终结，所以我说它们是无定限的。虽然我们的思维不是事物或真理的尺度，但是它必然是我们肯定事物或否定事物的尺度。企图对我们无法用思维感知的事物做出判断，还有什么比这个更加荒谬、更加强人所难的呢？"——原注

[1]《艾萨克·牛顿的科学遗稿》，第104页。关于牛顿的时间观（以及该观点与巴罗的关系），参见E. A. 伯特的《现代物理科学的形而上学基础》（纽约市加登城：道布尔迪出版集团旗下锚图书出版社，1954年），从第155页开始。——原注

观点却从未应用到上帝与世界的关系上[1]。然而，牛顿认为，解释了上帝如何按照其意志在空间中移动物体（就像我们如何按照自己的意志移动自己的身体一样）的，正是这种存在。甚至，解释了上帝如何能够在纯粹空间里创造物体的，或至少解释了（这里牛顿遵循了笛卡尔的模式，把他的想法表述为一个纯粹的"假设"）上帝如何在不创造物体的条件下，仍然能够创造出物体所实际产生的一切现象的，也正是这种存在[2]。

事实上，上帝所要做的，就是赋予空间中某些确定的部分以不可穿透性、反光能力、可运动性和可感知性。上帝没有必要创造物质，因为如果要得到物体所产生的"现象"，没有必要假定存在不可理解的物质，只需要空间里有不可穿透的、可移动的部分或微粒，就能很好地解释"现象"。所以，这些部分或微粒会阻碍彼此的运动，并像光线一样相互反射。总的来说，至少在某种程度上，它们的行为非常像物体的行为。牛顿说：

如果它们是物体，那么我们就能把物体定义为确定的广延的量。这一广延量无处不在，上帝赋予了它以一定的条件。这些条件是：（1）它们是可移动的。所以我没有说它们是空间中绝对不可移动的数字部分，而只是说它们是可以从空间的一个位置转移到另一个位置的确定的量。（2）这两个微粒的任何部分都不能重叠。也就是说，因为它们是不可穿透的，所以当它们在相互运动中相遇时，它们就停止下来，并且按照一定的规律反弹出去。（3）它们能够在被上帝创造出来的思维中激发出不同的感知和幻想，并反

---

〔1〕牛顿的上帝不是世界的灵魂，世界也不是他的身体。参阅牛顿的《光学》（纽约：多佛出版社，1952），第31问，第403页，以及牛顿《自然哲学的数学原理》1713年版以及后续版本（莫特—卡乔里校译本，第544页）第三卷末尾的"总释"。——原注
〔2〕《艾萨克·牛顿的科学遗稿》，第105页。——原注

过来被思维推动……它们和物体一样真实，也同样可以被称为实体。[1]

　　而且，它们就是实体。它们甚至是可理解的实体。

　　所以我们看到，上帝所要做的，就是使笛卡尔认为的某些广延部分彼此不可穿透——是某些广延部分，但不是全部。这些不可穿透的部分之间，一直存在虚空，这是必不可少的。笛卡尔所犯的错误，就是他未能认识到这一点，因而未能认识到不可穿透性不属于广延。但上帝需要发挥其特定的

---

〔1〕《艾萨克·牛顿的科学遗稿》，第106页。参阅霍尔在本书第二部分（力学部分）引言中的评论（第81页）："贝克莱……援引上帝……来使物质存在。另一方面，牛顿为了证明上帝的存在而否认物质。这位科学家与其说是哲学家，不如说是神学家。"这里我不讨论霍尔对贝克莱哲学的解释，但对于牛顿，有一点很有趣，根据皮埃尔·科斯特的看法〔他把牛顿的《光学》译为法语（阿姆斯特丹，1720年；第二版，巴黎，1722年）；他非常了解牛顿〕，牛顿甚至直到晚年也没有放弃他的"非物质性的物质"和上帝造物的观点。事实上，1735年阿姆斯特丹出版了他所翻译的洛克《人类理解论》第三版（科斯特是按照洛克《人类理解论》的英语第四版翻译的；1700年亨利·舍尔特在阿姆斯特丹出版了译文第一版）。他在第三版书的一条脚注里提到，在洛克去世很久之后，他和牛顿进行过一次对话，讨论洛克书里一个特别晦涩的段落。洛克在这段话〔第四卷，第十章，第18部分；参见A. C. 弗雷泽的校订版《人类理解论》（牛津：克拉伦登出版社，即牛津大学出版社，1894年），第二卷，第321页〕里告诉我们，如果我们作出努力，我们就可以设想上帝创造物质的方式，尽管这十分不完美。然而，由于洛克没有提到任何关于这种创造的方式，所以科斯特无法理解这段文字，直到他受牛顿的启发才明白。参阅上文提到的《人类理解论》（阿姆斯特丹，1735年，第三版）第521页的注释。在埃莱娜·梅斯热《普遍吸引和自然宗教》（巴黎：埃尔曼出版社，1938年）的第32页里部分引用了这一注释。弗雷泽在《人类理解论》里321页的第2条注释里部分引用并翻译如下："最后，在洛克去世很久之后，我偶然和牛顿爵士谈到洛克先生的这部分内容，他为我解开了整个谜团。他微笑着告诉我，是他自己首先想到用这种方式来解释物质创造的。当他和洛克先生以及另外一位英国勋爵（即1733年2月去世的彭布罗克伯爵）交谈过这个问题后，他就想到了这种方式。他是这样解释他的想法的。他说，人们可以假设，上帝用他的力量阻止了任何东西进入纯粹空间的某个部分。因为空间的本性是可穿透的、永恒的、必然的、无限的，而这部分空间却具有不可穿透性，即物质的基本性质之一。这样便创造出了物质。而纯粹的空间是绝对均匀的，我们只能假设，上帝会把这种不可穿透性传递给空间的另一个部分。这就在某种程度上让我们了解了物质的可运动性，这是另一种对物质来说也非常本质的性质。"我们很难理解为什么牛顿告诉了科斯特，他在和洛克以及彭布罗克伯爵的谈话中想到了这个观点，却没有告诉科斯特，这一观点是他年轻时形成的。但是，我们不能怀疑科斯特报告的真实性。——原注

意志，赋予某些广延以不可穿透性。当然，由于上帝呈现于一切广延或空间中，所以他很容易做到这点。

牛顿坚持认为，上帝应该"呈现"在世界上，并且上帝在世界上的行为十分类似于我们移动自己身体的方式。这一类似相当惊人。这使他有了一些推断，

□ **圣经**

　按《圣经》上的说法，人类是按照上帝的形象造出来的，因而上帝的创造力也天然地暗含在人类的体内。

这些推断是无法从他的著作中得出的。所以，他告诉我们，如果我们知道我们如何移动我们的四肢，我们将能够理解上帝如何使给定的空间变得不可穿透，并使之具有物体的形式。"很清楚的是，上帝是根据他的意志来创造世界的。同样，我们也通过意志来移动我们的身体。"由此可以得出这样的结论："我们的能力和神力之间的相似之处，要超出哲学家所以为的程度。《圣经》上说，我们是按照神的形象而造出来的。"[1]因此，甚至上帝的创造力，在某种意义上也暗含在我们身上。

从纯粹空间中创造出物质，这不可避免地让我们想起《蒂迈欧篇》里所说的"物体从混沌中创造出来"。顺便说一句，笛卡尔的广延，只是柏拉图混沌理论的现代翻版。然而，牛顿的概念所引用的不是柏拉图的，而是亚里士多德的。牛顿告诉我们："亚里士多德主义者说，物质具有一切形式。就此而言，广延和印在广延上的形式之间，几乎等同于他们所假设的原初质料和实体形式之间的关系。"[2]这是一个相当奇怪的表述。它表明牛顿掌握

〔1〕《艾萨克·牛顿的科学遗稿》，第107—108页。——原注
〔2〕《艾萨克·牛顿的科学遗稿》，第107页。——原注

的哲学史知识和笛卡尔的一样糟糕。让我们回到牛顿对笛卡尔的评论。牛顿认为，他自己对上帝和空间的关系的看法、对心灵和身体的关系的看法，远远优于笛卡尔。因为他的看法里清楚地包含了形而上学中最重要的真理，并极好地证实和解释了它们。的确，牛顿说：

> 如果我们不假设上帝存在，且假设上帝在一无所有的虚空中创造了物体的话，我们就不能设定物体存在……但如果按笛卡尔所说的，广延就是物体，那么这不是为无神论开启了方便之门吗？……广延不是创造出来的，而是来自永恒。因为我们不必把它和上帝联系起来，就能有对它的绝对观念，能够设想它在上帝不存在的时候存在。［尤其是因为］如果把实体分为广延的和思维这两种形式是正当的和完善的，那么上帝就不会以一种卓越的方式把广延包含在它之中，因此也就不能创造它。上帝和广延将是完全的绝对实体。"实体"一词适用于这两者，且意义相同。[1]

有一种哲学，不承认上帝的存在是自明的，且不承认上帝存在是我们所拥有的最初和最确定的真理，其他一切事物都建立在这一真理之上。如果有人指责这种哲学为无神论开启了一道方便之门，这似乎是相当不公平的。这种哲学迄今都在否认世界的自律性和自主性，否认世界能凭其能力存在并维持下去（哪怕有上帝"习惯性的"帮助），而要求一种持续的创造。反过来，这种哲学也放大了上帝的创造能力。它不仅使世界的存在依赖于上帝的意志，而且使数学的"永恒真理"依赖于上帝的意志[2]。然而，我们知道，

---

〔1〕《艾萨克·牛顿的科学遗稿》，第109页。——原注
〔2〕笛卡尔认为，即使是数学的"永恒观念和真理"也是由上帝创造的，因为他也可以使"2乘2等于5"等。他本来可以这样子，但他没有。若2乘2真的等于5而不是4，那上帝就是在欺骗我们，但上帝是不会欺骗我们的。——原注

莫尔对此提出了指责〔1〕，牛顿和科茨也再次重申这一指责〔2〕。他们认为，笛卡尔的世界观太过完整和自给自足，不需要甚至是不承认上帝的干预。牛顿认为，笛卡尔是把上帝所造之物和"永恒、无限和非创造的"的广延（即虚空）混淆了。而这种混淆导致了形而上学上的错误，就像它导致了物理上的错误那样，使得行星甚至是抛射体的运动都不可能。"因为物质流体不可能不阻碍抛射物的运动……如果以太是一种没有任何间隙的物质流体，无论它如何被分割，它的密度仍然和其他这类流体一样，并产生对抛射体运动同样的阻力。"〔3〕这是牛顿在《自然然哲学的数学原理》和《光学》中使用的论点〔4〕。

我已经说过，我认为《自然哲学的数学原理》在根本上是反笛卡尔的，它的目的是用整体演绎所得出的推论来反对笛卡尔哲学。这是一种十分不同的"哲学"，是一种比笛卡尔哲学更注重经验，同时也更注重数学的哲学。这种哲学用让·佩兰的话来说，就是它把自身限制在认识"事物的表面"。它的目标是研究自然的数学框架和研究在自然界发挥作用的力所具有的数学规律，或用牛顿自己的话来说，是"从运动现象出发去研究自然的力，再由这些力来证明其他的现象"。

---

〔1〕这已经在前文里说过了，后文还将继续解释。——原注
〔2〕下文还会继续提到。虽然主要是针对莱布尼茨关于上帝是"超世界的心智"这一观点，但"总释"里坚持认为上帝是主而不是完满的，这肯定是针对笛卡尔的。下文将会提到。——原注
〔3〕《艾萨克·牛顿的科学遗稿》，第113页。——原注
〔4〕见《自然哲学的数学原理》（1687年），第三卷，命题6定理6推论3，第411页；莫特—卡乔里校译本，第414页。《光学》（伦敦，1706年），第20问，从第310页开始；《光学》（1717年英文第二版及以后版本），第28问。1704年《光学》英文版首次问世；1706年拉丁文版本首次问世；1717年有了英文版第二版；1721年有了第三版；1730年有了第四版；1952年再版（纽约：多佛出版社）。——原注

　　然而，尽管《自然哲学的数学原理》与笛卡尔哲学彻底相反，但我们在其中并没有发现对笛卡尔哲学的公开批判。我们所发现的是，对他的纯科学理论或科学假说的详细又明确的批评。当然，这样是有很好的理由的。最好的理由是《自然哲学的数学原理》的结构本身。它本质上是一本关于理性力学的书，为物理学和天文学提供了原理。在这样一本书中，可以正常地讨论笛卡尔的光学或者他的涡旋，但没有讨论他关于身心关系的概念和其他学说。然而，书中并非没有对这些的批评，而只是隐藏在牛顿定义自己物理学或自己世界观里的基本概念（空间、时间、运动和物质）的精心措辞中了。此外，1706年拉丁文版《光学》和《自然哲学的数学原理》的第二版里，这种批评变得更加明显，甚至明显地出现在科茨的"前言"里。

　　我们将回到对笛卡尔哲学的批判和反对上来。现在让我们把注意力转到牛顿对某些更具体的科学假说的处理方法上。

　　事实上，我们可以把《自然哲学的数学原理》第二卷（该卷讲的是物体在阻滞介质里的运动）看作是对笛卡尔想法的一种正面批判，同时也是年轻的牛顿对自己所设计划的执行。事实上，笛卡尔否认真空的存在。他认为，一切空间（用牛顿的术语来说的话）都充满了物质，甚至等同于物质（用他自己的话来说）。所以，在这种空间/物质中运动的物体必然遇到阻力。但是这一阻力是什么呢？笛卡尔没有提出这个问题。而牛顿首次批评笛卡尔时，提出的正是这个问题。这也正是牛顿具有的典型思维方式。这时他还没有对这个问题做出任何详细的回答。但在《自然哲学的数学原理》中，他全面地分析了这个问题。这也是牛顿的特点：不把自己束缚在特定问题上，而把它们当作更普遍的例子来处理。所以，牛顿在分析了在弹性介质和非弹性介质、阻力与速度或与速度平方成比例的介质、像空气一样振动或像水一样波动的介质里，所有可能的运动与不可能的运动及其传播的情况之后，才来分析光学和宇宙学的具体问题。即便如此，他还是把它们当作"例子"和问题。他重构

了这些问题并给出了他的解答。他在
解答中既没有提到笛卡尔的名字，甚
至没有提到他研究的是笛卡尔关于光
的本性和结构的假说。

当然，他是对的。笛卡尔认为发
光元素（第二元素）是由紧密排列在一
起的坚硬球形微粒构成的，认为光是
这种介质所传播的压力。而这些想法
都只不过是一个更普遍的问题，即压
力或运动在流体中的传播（第二卷，第
八节）。所以，得出的结论也是普遍
的，那就是压力不会沿直线传播。此
外，它还会"绕过拐角"。或者用牛
顿自己的话来说："压力在流体中不
会沿直线方向传播，除非流体微粒排列为一条直线。"

□ 《自然哲学的数学原理》书影

《自然哲学的数学原理》本质上是一本关
于理性力学的书，为物理学和天文学的发展奠
定了原理性的基础。

如果微粒a、b、c、d、e位于一条直线上，压力确实可以直接从a传到e；
但微粒e会倾斜地推动倾斜排列的微粒f和g，这些微粒f和g就无法承受这个压
力，除非它们得到位于它们后面的微粒h和k的支持。但是支撑它们的粒子也
受到它们的挤压；而这些粒子如果得不到位于更远处的微粒l和m的支撑，并
向它们传递压力，它们就无法承受这种压力。以此类推，以至于无穷远处。
所以，压力一旦传播到位于直线以外的微粒上，它就开始向两边偏转，并倾
斜地传播到无限远。在它开始倾斜传播之后，如果它到达更远的、不排列为
直线的微粒，它就会再次向两边偏转。当它传播到不精确排列为一条直线的
微粒时，它就会一直这样做。此即所证。推论：如果任何压力部分在流体中
从某一点传播出去时，被任意障碍物拦截了，那么其余未被拦截的部分将绕

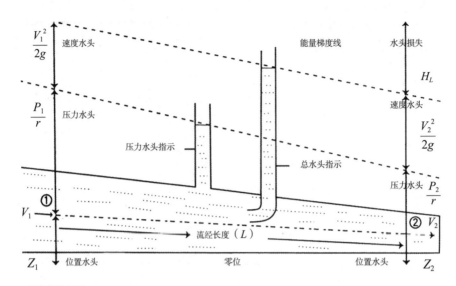

□ **流体中的压强**

　　按照力学定律，密闭液体任一部分的压强必然按其原来的大小向各个方向传递。这使得在工程技术中可以通过这样的密闭液体远程传递压强。图中显示的水管中的水压变化就是这种原理在日常生活中的运用。

过障碍物而进入其后面的空间[1]。然而，这些结论不仅适用于压力，而且适用于各种运动。牛顿说："一切在流体中传播的运动都从直线运动扩散到静止的空间。"[2]

　　牛顿自己没有指出这一结论，而是把它留给了读者。这一结论是很清晰明了的：笛卡尔、惠更斯和胡克的假说[3]都是错误的；它们都是刚才所研

---

　　〔1〕《自然哲学的数学原理》（1687年），第一卷，命题41，定理11，第354页；（1713年），第二卷，命题41，定理32，第329页。莫特—卡乔里校译本，第367页。参阅《光学》（1706年），第20问，从第310页开始；《光学》，第28问，第362页。——原注

　　〔2〕《自然哲学的数学原理》（1687年），第二卷，命题42，定理32，第356页；（1713年），第二卷，命题42，定理33，第331页；莫特—卡乔里校译本，第369页。——原注

　　〔3〕当然，牛顿是错的。因为如果波与所经过的开口相比足够小，就不会"绕过拐角"。但是，我们不能责怪牛顿没有预见到光的波动理论的发展，或者甚至责怪他没有认识到惠更斯解释这一事实的正确价值。——原注

究的普遍过程的例子，因此与光线的直线性不相容。然而，我想强调一点，这一否定性结论不是直接得出的，它只是肯定性结论的对应物或副产品。

牛顿几乎以同样的方法来对待笛卡尔的涡旋，即把问题扩大化、普遍化，研究它的各种例子，并计算这些情况的效果。虽然在这里牛顿也没有针对某人，但告诉了我们他的目的是什么。但是，就像光学里的例子那样，肯定性研究得出了拒斥涡旋这一副产品。这一研究推导出的结论与严格确立的天文学数据不相容。所以，涡旋的问题成为"流体圆周运动"的普遍问题（第二卷，第九节）。圆周运动可以认为发生在无限流体中，或者发生在封闭容器里的流体中；或者是只发生于一个地方，或者是同时发生在不同的地方等等。每个例子的目标，都是用数学和数值来确定相应的运动结构。

牛顿说，所以我们就能发现：

如果在均匀的、无限的流体中，有一根无限长的实心圆柱体围绕某一轴匀速转动，而流体仅仅受圆柱体的冲击才会转动，且流体的每一部分都匀速运动，那么我们说，流体各部分的周期时间，与它们到圆柱轴的距离成正比。[1]

牛顿说，另一方面：

如果在均匀的、无限的流体中，有一个实心球体围绕某一轴匀速转动，而流体仅仅受到该球体的冲击才会转动，且流体的每一部分都在匀速运动，那么我们说，流体各部分的周期时间，与它们到球体中心的距离平方成正比……［因为球体的转动］会向流体传递一种旋转运动，就像涡旋一样的运动。这种运动会逐渐向无穷远处扩散下去。且这种运动将在流体的每一部分中逐渐增加，直到流体各部分的周期时间，与它们到球体中心的距离平方成

---

〔1〕《自然哲学的数学原理》（1687年），第二卷，命题51，定理23，第373页；（1713年），第二卷，命题51，定理39，第345页；莫特—卡乔里校译本，第385页。——原注

正比。[1]

我们马上就会认识到，这是一个非常重要的结论。

如今，如果这一旋转球体，即中心天体（太阳或地球），影响了另一个球体，即行星或卫星，那会发生什么？有一个推论可以解答，牛顿说：

如果有另外一个球体漂浮在同一涡旋的中心外，同时因某种力的作用而不断环绕某一有着特定倾斜度的轴旋转，那么这个球体的运动就会使流体以涡旋的方式旋转。起初，这个新的小涡旋会带着它的球体绕着另一个球体的中心旋转。与此同时，它的运动就会像第一个涡旋那样，逐渐地向无穷远处扩散。出于同样的原因，新涡旋的球体之前被另一个涡旋的运动所带动，另一个涡旋的球体也被这个新涡旋的运动所带动，所以两个球体将围绕某个中间点旋转，并因为这一圆周运动而相互远离对方，除非有某种力量约束着它们。[2]

但在太阳系中，并非只有一个"星球"，而是有好几个"星球"在太阳的涡旋中公转，并各自环绕自转轴而旋转。在这一例子里，牛顿说：

如果在某一位置上的几个球体以一定的速度不停地围绕某一条轴旋转，那就会产生无数多的涡旋并伸展至无限。因为根据任何一个球体把其运动扩散到无穷远处的道理，每一个分离的球体也能把其运动扩散到无穷远处。这样，无限流体的每一部分都将受到一切球体的作用而运动。所以，各个涡旋

---

〔1〕《自然哲学的数学原理》（1687年），第二卷，命题52，定理39，第378页；（1713年）第二卷，命题52，定理40，第347页，推论2，第349页；莫特—卡乔里校译本，第387、389—390页。——原注

〔2〕《自然哲学的数学原理》（1687年），推论5，第378—379页；（1713年），第350页；莫特—卡乔里校译本，第390页。——原注

之间没有任何确定的界限，而是逐渐相互碰撞。由于涡旋之间相互作用，球体将不断远离它们的位置……除非有一种力量来约束它们，否则它们不可能维持它们之间的位置。[1]

这一结论实际运用到宇宙或天文学上，就意味着，在涡旋假设中，像太阳系这样的体系会因为缺乏稳定性和持久性而无法维持下去。如果没有某种力（涡旋机制所没有考虑到的力）"约束"着它，它就会解体；如果没有这样的力，即使是只有一颗行星或卫星的小体系也会很不稳定。此外，由于运动不断地从旋转球体转移到围绕它们的流体物质中，并且它们如果要传递运动，就要损失同样数量的运动，所以这一传递的运动（1）将被"消耗并最终消散于无限空间中"；而且，（2）如果这些球体没有不断地从某种"主动原理"中得到新的运动，它们的运动就会"逐渐减弱"，和涡旋一样"最终完全静止下来"。还有一个非常重要的结果，它表明涡旋的概念和运动守恒原理是不相容的。笛卡尔相信运动守恒原理，而牛顿不相信。此外，牛顿的结果表明，涡旋理论暗示了"主动原理"对"损失"的持续补偿，也就是说，它暗含了牛顿相信的、但笛卡尔主义者不相信的东西。

到目前为止，牛顿只研究了无限空间中单个涡旋体系的情况。但在笛卡尔对世界的看法里，这样的体系（每颗恒星都是一个体系）不是一个，而是无限多或无定限多的。也就是说，它们彼此围绕，因而相互阻止对方的扩张。这本身就是一个错误的想法：涡旋体系的边界不会保持稳定。涡旋不会保持分离，而是会相互渗透。尽管如此，有限的涡旋，即发生在有限封闭空间里的"旋转运动"，与可以无限自由扩张的涡旋是不同的。所以，牛顿开始研

---

〔1〕《自然哲学的数学原理》（1687年），推论6，第379页；（1713年），第350页；莫特—卡乔里校译本，第391页。——原注

究它。然而，他并没有像我一样，提到笛卡尔所提出的那些不可能的概念，即彼此相互"限制"的涡旋。相反，他把它们替换为流体在圆形容器里很可能发生的，甚至是在经验上可以实现的运动。其结果是相当令人惊讶的："封闭"并不改变流体的行为，并且"流体各部分的周期时间与它到涡旋中心的距离平方成正比。涡旋只有是这样的构造才能持久"[1]。但是，牛顿说：

> 如果容器不是球形的（事实上，笛卡尔涡旋的形状不是球形的），微粒就不会做环形运动，而是沿着容器形状运动。其周期时间，几乎与到中心平均距离的平方成正比。而在中心和圆周之间的空间中，空间宽的地方运动更慢，空间窄的地方运动更快[2]。

这是涡旋本身的运动。至于物体是漂浮在它们周围运动或是被它们携带着运动，我们不得不把两种情况区分开来：一是物体的密度与"旋转流体"的相同，二是物体的密度与"旋转流体"的不同（不论是更大或更小）。事实上，只有在前一种情况下（密度相同），物体才会在封闭轨道上运动："如果物体密度与涡旋的相同，就会保持和涡旋部分相同的运动，且在它周围的物质中相对静止。"[3]

相反，如果一个物体"在涡旋携带下"返回到同一轨道，它必须与涡旋具有相同的密度。事实上，在这种情况下，"它的旋转所服从的定律，和到涡旋中心相同距离或相等距离的流体部分的定律相同"。因此，它在携带它

---

〔1〕《自然哲学的数学原理》（1687年），推论7，第379页；（1713年），第351页；莫特—卡乔里校译本，第391页。——原注

〔2〕《自然哲学的数学原理》（1687年），总释，第381页；（1713年），第352页；莫特—卡乔里校译本，第393页。——原注

〔3〕同上（1687年），第二卷，命题53，定理40，第383页；（1713年），第二卷，命题53，定理41。第354页；莫特—卡乔里校译本，第394—395页。——原注

的流体中会保持相对静止。"如果涡旋的密度是均匀的，那么同一物体可以在到涡旋中心的任何距离处旋转。"然而，牛顿说：

如果（所讨论的物体）密度更大，它会更努力地退离中心。所以，它会克服涡旋所带来的、使其维系在轨道上并保持平衡的力，远离地球中心，螺旋环绕，而不再返回原轨道。同样的道理，如果它密度更小，它就会更接近中心。所以，除非它的密度与流体的密度相同，否则它永远不可能继续在同一轨道上运行[1]。也就是说，如果我们把这些结论用宇宙学术语来表达，那就是只有当地球的密度和行星的密度与星空物质的密度相同时，它们才能在涡旋的带动下，环绕太阳公转。

这似乎是对涡旋假说的强烈反对。然而，牛顿没有不使用它，可能是因为在笛卡尔的世界里，密度差异（就像牛顿在《自然哲学的数学原理》第三卷里所解释的和后来所进一步深化的那样，也像剑桥大学图书馆所藏的第4003号手稿里所指出的那样）是不可能的；事实上，他批判笛卡尔把广延和物质等同起来的基础，正是这种不可能性。尽管如此，牛顿仍然为拒绝涡旋假说提出了一个纯粹天文学的理由，那就是这与开普勒定律不相容。牛顿告诉我们：

我努力……去研究涡旋的特性，以便了解能否用涡旋来解释天体现象。因为有这样的天体现象：木卫围绕木星旋转的周期时间，与它们离木星中心的距离的$\frac{3}{2}$次方成正比；围绕太阳旋转的行星也有同样的规律……所以，如果这些木卫和行星处于涡旋之中而围绕木星和太阳旋转，涡旋就必须按照这个定律旋转。但在这里我们发现，涡旋各部分的周期时间，与到运动中心的

---

〔1〕《自然哲学的数学原理》（1687年），第二卷，命题53，定理40，第383页；（1713年），第二卷，命题53，定理41。第354页；莫特—卡乔里校译本，第394—395页。——原注

距离成正比，而这一比值无法缩小或化简为 $\frac{3}{2}$ 次方……如果如某些人所设想的那样，涡旋在靠近中心的地方运动得更快，在某一界限处运动得较慢，而又在靠近圆周的地方运动得更快，那么它们当然既不会有这种关系，也不会有任何其他确定的比值和力。[1]

牛顿在抨击完笛卡尔（牛顿所说的某些人设想的理论，其实就是指笛卡尔的理论）之后，得出了这样的结论："让哲学家们（指笛卡尔主义者）看看如何用涡旋解释这种现象吧。"

事实上，在涡旋假说里，不仅行星的周期时间与开普勒的理论有很大不同，而且它们在轨道上运行的速度也与之有很大不同。事实上，它们是这样的。牛顿说：

由此看来，行星不是物质涡旋携带着运动的。因为，根据哥白尼的假设，行星以椭圆围绕着太阳公转，太阳在该椭圆的公共焦点上。行星引向太阳的半径所扫过的面积与时间成比例[2]。但是涡旋的各个部分永远不会做这

---

〔1〕《自然哲学的数学原理》（1687年），第二卷，命题52，定理39，注释，第381—382页；（1713年），第二卷，命题52，定理40，注释，第352—353页；莫特—卡乔里校译本，第393页。科茨在他的《自然哲学的数学原理》第二版（1713年）序言里，简明扼要地介绍了牛顿对涡旋假说的批评。——原注

〔2〕当然，牛顿非常清楚哥白尼从来没有说过这类东西，而且他所提到的两条行星运动定律（开普勒第一定律和开普勒第二定律）不是哥白尼提出的，而是开普勒提出的。为什么他还是说"哥白尼假说"，把这些定律归于哥白尼，而不是归于它们的真正拥有者呢？是不是因为他（像之前的伽利略一样）讨厌开普勒，讨厌把"形而上学假设"和"自然哲学"糅杂在一起？这可能是事实，而且也可以解释为什么虽然他借用了开普勒的惯性这一术语和概念，只修改了惯性的内容，却没有在讨论其前辈时提到开普勒的名字（前文注释里提到过这点）；还有他为什么没有提到，按照《自然哲学的数学原理》第一卷的说法，周期时间的比例关系，即意味着引力平方反比定律（如果周期与半径的 $\frac{3}{2}$ 次方成正比，因而速度与半径的平方根成反比，向心力将与半径的平方成反比），就是开普勒第三定律。不仅克里斯托弗·雷恩爵士、胡克博士和哈雷博士都是从这一定律开始推导的，而且他自己也从这一定律来推导。（转下页）

样的旋转运动。令*AD*、*BE*、*CF*（如图1）表示围绕太阳*S*运动的三条轨道。其中最外面的圆*CF*与太阳同心；设内层两个椭圆的远日点为*A*、*B*，近日点为*D*、*E*。那么，在椭圆*CF*上旋转的天体，将做匀速运动。其引向太阳的半径所扫过的面积，与时间成比例关系。

图1

（接上页）［参阅《自然哲学的数学原理》（1687年），第一卷，命题四，定理四，推论6和注释，第42页；（1713年），第一卷，命题四，推论6和"注释"，第39页；莫特—卡乔里校译本，第46页。］同样地，他在第三卷里也没有提到开普勒，也没有提到他的第二定律［行星引向太阳的半径所扫过的面积与扫过的时间成正比。该定律参阅《自然哲学的数学原理》（1687年），第三卷，假说8，第404页；（1713年），第三卷，天象五，第361页；莫特—卡乔里校译本，第405页］。他也没有提到开普勒的第一定律［行星在以太阳中心为公共焦点的椭圆轨道上运行。该定律参阅《自然哲学的数学原理》（1687年），第三卷，命题13，定理13，第419页；（1713年），第三卷，命题13，定理13，第375页；莫特—卡乔里校译本，第420页］。另一方面，他确实提到了开普勒是第三定律的发现者［《自然哲学的数学原理》（1687年），第三卷，假说7，第403页；（1713年），第二卷，天象四，第360页；莫特—卡乔里校译本，第404页］。然而，我们必须考虑到，在整个17世纪，以太阳为中心的天文学说都被称为"哥白尼学说"。因而开普勒那本称为《哥白尼天文学概要》的书里，除了日心说外，就没有其他哥白尼的学说；至于"假说"一词，它也是一种普遍的、标准的表达。事实上，牛顿的《自然哲学的数学原理》在英国皇家学会上被宣布为一项旨在证明"哥白尼假说"的著作。前面已经提到过了。——原注而且，根据天文学定律，在*BE*轨道上旋转的物体，运动到远日点*B*时速度较慢，运动到近日点*E*时速度较快。然而，根据力学定律，涡旋物质在*A*和*C*之间的狭窄空间里的运动，要比在*D*和*F*之间的宽阔空间里的运动更快。也就是在远日点的运动速度比近日点的快。如今，这两个结论互相矛盾……所以，涡旋假说与天文现象是完全不相容的。它只会使人困惑，对于解释天体运动没有什么帮助。在没有涡旋的自由空间里，这些运动是如何进行的呢？这可以在第一卷里找到答案。如今，我将在下一卷里更充分地论述它。[1]

自由空间里没有涡旋。的确，无论是描述"宇宙体系"的第三卷，还是提出理性力学基本原理的第一卷，牛顿都假设了自由空间或虚空的存在。这两卷都是在不考虑进行物体运动的介质的情况下来研究物体的运动，第三卷对此讲得明确，而第一卷含蓄一些。而且，他把绝对时间、绝对空间和绝对运动定义为具有实在性，以此来暗示拒斥涡旋，并把这些和相对时间、相对空间和相对运动区别开来。当然，牛顿的同时代人是完全清楚这一暗示的。我认为我引用的手稿文本里也很清楚地表明了这一点。当然，每个人都知道这些著名的定义。不过，我仍然想把这些定义重申一下，牛顿说：

绝对的、真实的、数学的时间，依其本性而均匀流逝，与任何外部事物无关。绝对时间又叫做"延续性"。相对的、表象的、通俗的时间，是用运动来对绝对时间进行的测量。这一测量方式是可感觉的、外在的（无论测量得是否准确或均匀）。[2]

---

[1]《自然哲学的数学原理》（1687年），第二卷，命题53，定理40，注释，第383—384页；（1713年），第二卷，命题53，定理41，注释，第354—355页；莫特—卡乔里校译本，第395—396页。——原注

[2]《自然哲学的数学原理》（1687年），从注释到定义，第5页；（1713年），从注释到定义，第5页；莫特—卡乔里校译本，第6页。——原注

也就是说，时间既不是像经院哲学家所认为的那样，是测量运动（量）的尺度；也不是像笛卡尔所定义的那样，是事物的延续，即它们持续存在的数量。时间有它自己的本性，独立于一切"外在事物"。也就是说，时间独立于世界的存在或不存在[1]。如果没有世界，时间或延续性还是会存在[2]。它是什么的延续性呢？牛顿没有告诉我们答案，但我们知道：是上帝的延续性。然而这一时间、这一延续性（牛顿失去了他年轻时的热情和信心）不是"我们"的延续性，或"我们"的时间。"我们"的时间或"我们"的延续性，只是对均匀流逝着的"绝对的、真实的和数学的时间"进行的一种可感知、相对的和不完美的测量。即使是用来校对惯常的测量时间的天文时间，也不过是一个近似值。的确，时间是用运动来测量的。但是，牛顿说：

也许不存在一种可以用来精确测量时间的匀速运动。一切运动可能加速、可能减速，但绝对时间的流逝不受任何变化影响；无论运动是快是慢，或根本没有运动，事物存在的延续性或持久性都是不变的：因此，这种〔绝

---

〔1〕参阅《艾萨克·巴罗的几何学讲座》，J. M. 蔡尔德编（芝加哥：敞院出版社，1916年），第一讲，从第35页开始。——原注

〔2〕对笛卡尔来说（对亚里士多德来说也一样），如果没有世界，也就没有时间。亨利·莫尔遵循新柏拉图主义的传统，对此表示反对，认为时间与世界无关（参阅1649年3月5日《给笛卡尔的第二封信》，笛卡尔，载于《笛卡尔全集》，C. 亚当和P. 塔内里编，第五卷，第302页）："因为，如果上帝毁灭了这个宇宙，一段时间过后，又从虚无中创造出另一个宇宙，那么可以用一定的天数、年数或世纪数来计算这两个世界之间的间隔期或缺失期。所以，有一段时间是不存在事物的，这段时间称为广延。因此，无或虚空的广度，可以用厄尔（英国旧时量布的长度单位）数或里格（旧时的长度单位）数来测量，就像那段不存在的时间可以用小时数、天数和月数来测量一样。"然而，笛卡尔却坚持如下的观点（参阅1649年4月15日《给亨利·莫尔的第二封信》，《笛卡尔全集》，第五卷，第343页）："我认为，设想在第一个世界的毁灭和第二个世界的创造之间存在时间是自相矛盾的；因为，如果我们把这段时间或类似于东西以上帝观念的延续为参照，那么这就是我们的理智犯错了，而没有真正认识某事物。"这在前文里提到过。——原注

对] 延续应当和那仅能通过感官来测量它的时间区分开来。〔1〕

　　空间和时间一样，不与世界或物质发生直接的和本质的联系。当然，就和世界在时间中一样，世界也在空间中。但是，如果没有世界，也会有空间。在我引用的牛顿手稿中，牛顿直率地告诉了我们它是什么：它是上帝的空间。虽然他仍然这样认为，但却没有这么说，而是称之为绝对空间。确实，绝对空间不是直接提供给我们的；我们通过知觉只能感知到物体，而正是通过我们与可运动物体的关系，我们才确定了"我们"的空间。然而，如果没有认识到，与"我们"相对的、可运动的"空间"只有在不可移动的空间中才可能存在，那就是错误的。所以牛顿写道："绝对空间的本性，是不和任何外在事物相关的。它始终是相似的、不可移动的。相对空间是对绝对空间的可运动的测量，或者说测量尺度；我们的感官通过它相对于物体的位置来确定。"〔2〕

　　更进一步说，物体在空间中，也就是说，它们有它们所填充或占据的位置，或者它们就在它们的位置上。但是，牛顿说：

　　位置，是物体所占据空间的一部分。而根据空间的不同，它可以是绝对的，也可以是相对的。我所说的，是空间的一部分，而不是在空间的处所，也不是环绕物体的外表面，像笛卡尔或经院哲学家所定义的物体外表面那样。〔3〕

----

　　〔1〕《自然哲学的数学原理》（1687年），从注释到定义，第7页；（1713年），从注释到定义，第7页；莫特—卡乔里校译本，第8页。牛顿告诉我们，我们从天象出发，用天文学方程来确定或试图确定绝对时间。唉，但我们无法对空间也这么做。——原注
　　〔2〕《自然哲学的数学原理》（1687年），第5页；（1713年），第6页；莫特—卡乔里校译本，第6页。——原注
　　〔3〕《自然哲学的数学原理》（1687年），第5页；（1713年），第6页；莫特—卡乔里校译本，第6页。参阅罗豪，《论物理学》，第一部分，第10章，第一条注释，第36页；《自然哲学的体系》，第一卷，从第39页开始；以及后面的附录M。——原注

物体在某些位置；但它们并没有停留在那里；它们运动，也就是说它们改变位置。改变的是位置，而不是像笛卡尔所说的那样——是它们在其他物体之间或相对于其他物体的位置。因为有两种位置，因而也就有两种运动。牛顿说：

绝对运动是物体从一个绝对位置移动到另一个绝对位置；相对运动，从一个相对位置运动到另一个相对位置。所以，在航行的帆船上，物体的相对位置，是物体所占据的那一部分船，或者说是物体所填充的那一部分船舱，所以物体与船一起移动。相对静止，是指物体继续停留在船的同一部位或船舱。但真正的、绝对的静止，乃是物体停留在那不可动空间的同一部分中。这个空间里的船本身、船舱，以及船所包含的一切物体，相对于它都是运动的……

时间各部分的次序不可改变，空间各部分的次序也同样不可改变。假设空间的这些部分移出了它们的位置，那么它们自身也将移出（如果可以这样表述的话）。因为可以说，时间和空间既是它们自己的位置，也是所有其他事物的位置。所有事物都是按时间先后顺序排列的；按空间的位置顺序排列[1]……而认为事物的基本位置可以运动的这一说法是荒谬的。所以，这些就是绝对位置。从这些地方移出去，是唯一的绝对运动。[2]

我们还记得牛顿曾极为强烈地谴责过笛卡尔，说他让一切运动都变成相对的，从而无法确定天体的真实位置和真实运动。那时过后，牛顿就意识到

---

〔1〕莱布尼茨认为，正是这些秩序构成了时间和空间。——原注
〔2〕《自然哲学的数学原理》（1687年），从注释到定义，第6页；（1713年），从注释到定义，第6页；莫特—卡乔里校译本，第7—8页。也可参阅，克拉克在罗奥《论物理学》第一部分，第十章，第一条注释，第36页的评论；《自然哲学的体系》，第一卷，从第39页开始；以及后面的附录M。——原注

他太苛刻了，因为要确定天体的真实位置和真实运动是几乎不可能的。至少对我们是这样，因为我们不能直接让运动以绝对位置为参照。牛顿说：

> 但因为空间的各个部分是无法看到也无法用感官将其彼此区分开来的，所以我们用可感知的测量尺度来代替这些方式。因为我们从物体与不可移动物体之间的位置和距离出发，定义了所有的位置；然后以这些位置为参照，我们估计了所有运动……所以，我们用相对位置和相对运动来代替绝对位置和绝对运动。[1]

对于通常的情况，这不会带来不便。"然而"（牛顿并没有放弃他的旧理想），"在哲学研究中，我们应该从我们的感觉进行抽象，并思考抽象出来的事物本身，把它们和仅仅用感觉来测量的事物区分开来"。但我们不能让一切运动都以绝对静止物体为参照，以便达到该目的。"因为也许没有真正处于静止的物体，可以让其他物体来参照它的位置和运动。"而且，即使"在恒星区域内或在更遥远的地方，有这种物体存在"[2]，我们也无法从我们区域内的物体位置上知道它。

所以，我们不能通过参照绝对静止物体来确定绝对运动，但我们不能像笛卡尔那样放弃绝对运动的概念。因此，我们必须坚持这一点。牛顿说：

> 完全和绝对的运动，只能由不动的位置来决定；因此之故，我在前面提到过绝对运动是指不可移动的位置，而相对运动是指可移动的位置。如今，没有不可移动的位置，除了那些从无限到达无限的物体。这些物体彼此之间维持着同样的给定位置，因此必须永远保持不动，从而构成不可移动的

---

〔1〕《自然哲学的数学原理》（1687年），第7页；（1713年），第7页；莫特—卡乔里校译本，第8页。"考虑到不可移动的……"，这已经在前文里提到了。——原注

〔2〕C.诺伊曼所说的刚体α〔即一种刚性的固定物体，用来定义惯性运动〕。

空间。[1]

显然，牛顿这话并不是指空间无限，他指的是时间无限。从无限到达无限，意味着在绝对时间的整个无限流逝过程中，从永恒到达永恒，从无限的过去到达无限的未来。这让我们再次想起了手稿里所描述的空间本质。

再重申一遍：我们如何确定相对于不可移动位置的运动呢？事实上，我们已经知道答案了，那就是通过它的结果或原因："绝对运动和相对运动的区别，就在于施加在物体上使之运动的力。"为了引发或改变物体的绝对运动，我们必须在物体上施加力；为了引发相对运动，我们不需要这样做，我们可以把力施加到其他物体上。相反，绝对运动确实引发相对运动所无法引发的效果，至少在圆周运动时是如此。牛顿说：

区分绝对运动与相对运动之间的效果，是退离圆周运动的旋转轴的力。因为在纯粹相对的圆周运动中没有这种力，而在真正绝对的圆周运动中，该力的大小取决于运动的量。[2]

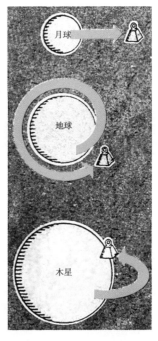

□ **重力与速度**

图中描绘了同一物体在不同星体上的运动。月球：如果月球上的一个秤锤受到一定的推力，那么秤锤将持续飞离月球表面。地球：在地球上，同样的推力可以使秤锤进入绕地球的轨道。木星：在一个更大的星球上，同样的推力只能使秤锤离开木星表面一定高度，然后再落下来。

---

[1]《自然哲学的数学原理》（1687年），第8—9页；（1713年），第8页；莫特—卡乔里校译本，第9页。——原注

[2]《自然哲学的数学原理》（1687年），第9页；（1713年），第8页；莫特—卡乔里校译本，第10页。——原注

所以，在牛顿的著名实验里，"有一根长绳子吊着"旋转容器，容器内的"水形成一个凹面"。这是水的绝对运动，而不是它相对于容器两侧或周围物体的相对运动（笛卡尔对真正的运动或"哲学的运动"给出的定义）引发了这种效果。我们甚至可以通过测量这些力的大小，来确定圆周运动的方向和绝对速度。因为，牛顿说：

任何一个旋转物体只有一种绝对圆周运动，并只对应一种努力使它退离旋转轴的力。这是它足以引发的适当效果。但同一物体的相对运动，是按照它与外界物体的各种关系来定义的，因而是数不胜数的。并且它和其他关系一样，是完全没有任何实际效果的……所以，他们所认为的宇宙体系，是天空在恒星天球之下旋转，并带着行星一起旋转。而天空的几部分以及一些行星虽然在天空中相对静止，但确实在运动，因为它们会相互变换位置……它们是旋转整体的一部分，都在努力远离旋转轴。[1]

所以，绝对运动和绝对空间就在这场争论中获胜了。它和它所包含的事物之间是没有本质联系的，因而是自由的。但真的是这样吗？《自然哲学的数学原理》第三卷给出了答案。

牛顿在该卷里，描述了"宇宙体系"，也就是说，"证明"了引力作用、又可以反过来被引力解释的行星运动体系。牛顿在这里强化了他在手稿里的论证。他告诉我们，如果所有空间都像笛卡尔说的那样完满，那么一切物体都将是同一密度，这是很荒谬的[2]。显然，给定空间中物质的总量

---

〔1〕《自然哲学的数学原理》（1687年），第10页；（1713年），第9页；莫特—卡乔里校译本，第11页；见后文所说的惠更斯实验。惠更斯用一块玻璃板把他的容器封起来，但没有发现牛顿所观察到的现象。——原注

〔2〕《自然哲学的数学原理》（1687年），第二卷，命题6，定理6，推论3，第411页，《自然哲学的数学原理》第三卷，命题6，定理6，推论3，第368页；莫特—卡乔里校译本，第414页。——原注

可以减少，甚至是变得极少的。否则的话，行星的运动就会遇到强大的阻力。但事实上，行星几乎没有遇到任何阻力，彗星也根本没有遇到过。"但是，如果物质的总量可以因稀释而减少，那又是什么阻碍了它无限减少下去呢？"所以必然会有真空。

十年后，牛顿在他拉丁文版《光学》补充的疑问里，更加明确地提到：

［我］反对用流体介质来充斥天空（除非它们非常稀少）的观点，其中一个重要的反对理由是，天空中行星和彗星以各种方式进行的运动都十分有规律且非常持久。由此可见，显然没有任何可感知的阻力，也没有任何可感知的物质……

［事实上］如果天空的密度像水的一样大，它的阻力也不会比水的小多少。如果其密度和水银的一样，它的阻力也不会比水银的小多少。如果它绝对稠密，或者是充满物质而没有任何真空，那么只要物质不会如此精细和易于流动，它就会有比水银更大的阻力。[1]

所以，天空中不可能有任何连续的物质。天空中也许有很稀薄的"蒸汽"，或一种极为罕见的以太介质，但不会有致密的笛卡尔流体。对于这种流体，牛顿说：

对于解释自然现象来说，是毫无用处的。没有它，行星和彗星的运动就能得到更好的解释。它只会干扰和阻碍那些巨大天体的运动作用，使大自然的结构衰退……既然它没有用……也没有证据证明它存在，因而应该反对它。

然而，这还不是全部原因。反对这一介质还有更深层次的哲学原因。因

---

〔1〕《光学》（1706年），第20问，第310、313页；《光学》（1952年），第28问，第364—365，368页。——原注

为这样做的话，牛顿说：

我们可以引用希腊和腓尼基一些最古老和最著名的哲学家的看法。他们把真空、原子和原子的引力当作他们哲学的首要原则。他们默认不把引力归因为致密物质，而是归因于其他原因。后来的哲学家把对这一原因的考虑排除出了自然哲学，而杜撰出了一些假说，以便机械地解释一切事物，并将其他原因归因于形而上学。[1]

所以我们发现，牛顿并非是纯粹出于科学原因而反对笛卡尔主义的，其中还有宗教原因。笛卡尔主义是一种唯物主义，它排除了自然哲学中一切目的论问题，而把每一件事都归结为盲目的必然性[2]。这显然无法解释宇宙具有的多样性和有目的性的结构，"而自然哲学的主要任务，就是不通过杜撰假说来讨论问题，而是从结果推断出原因，直到我们找到非机械的第一原因"……所以，"认为宇宙可能是按照纯粹自然原理从混沌中产生出来的，这并不符合哲学"。

笛卡尔主义者把所有非物质力量都驱逐出了自然。然而，事实上有一些"主动原理"在发挥着作用，这些原理不能完全归结为物质力量[3]。其中最主要的就是引力，正如古迦勒底和古希腊的哲学家所看到的那样。牛顿说，这些主动原理直接出自：

一位强大永恒的推动者之手。这一推动者无处不在。他运用他的意志使

---

〔1〕《光学》（1706年），第20问，第314页；《光学》（1952年），第28问，第368—369页。——原注

〔2〕这在前文里已经提到过了。正如我们所看到的，科茨在谴责笛卡尔主义和莱布尼茨主义时，忠实地表达了牛顿本人的观点。——原注

〔3〕《光学》（1706年），第23问，第322、341、343—346页；《光学》（1952年），第31问，第375—376、397、399、401、403页。——原注

物体在他无限统一的感受器官（即绝对空间）内运动，从而形成和改造宇宙的各个部分。这要比起我们运用我们的意志来运动我们自己的身体部分容易得多。[1]

几年后，牛顿的观点变得更加明确了。无疑，他被笛卡尔主义者的顽固反对激怒了。而莱布尼茨也暂时忘掉了自己对笛卡尔的敌意，并和他们联合起来对抗共同的敌人。因此，牛顿在《自然哲学的数学原理》第二版里，把

---

[1]《光学》（1706年），第23问和第20问，第346页和第315页；《光学》（1952年），第31问和第28问，第403页和第370页。莱布尼茨反对牛顿和他的哲学［《给孔蒂神父的信》，见后文的注释；《给威尔士王妃的信》，载于《莱布尼茨与克拉克论战书信集》，H. G. 亚历山人编（英国曼彻斯特：曼彻斯特大学出版社，1956年），第11页］，其中一个主要原因是牛顿把感受器官归给上帝，并把上帝和感受器官等同起来。而克拉克在回信里反驳莱布尼茨，说："艾萨克·牛顿爵士从来没说过空间是上帝的感受器官。他只是把它与生物的感受器官相比，说上帝在类似感受器官的空间中感知事物。"克拉克为了证明他的观点，引用了《光学》［（1706年）第20问，第315页；《光学》（1952年），第28问，第370页］里的话。里面确实这样说道："所以从现象来看，好像有一位无形体的、有生命的、有智慧的、无所不在的上帝。他在无限空间之中，就好像在他的感觉中，亲切地感受到各种各样的事物本身。"事实上，牛顿在同一页［《光学》（1706年），第20问，第315页；《光学》（1952年），第28问，第370页；参阅《光学》（1706年），第23问，第346页；《光学》（1952年），第31问，第403页］里用到了"感受器官"这个词。而至于克拉克引用的段落，牛顿首先写道："一位把空间当作感受器官的、无形体的、有生命的、有智慧的、无所不在的上帝。"之后，在出版后，牛顿又决定修改他的内容，加上了一个保全面子的"就像"。这可能是因为切恩博士表达了相同的观点，而牛顿不愿与切恩有什么联系（后文注释里会提到）。切恩在《自然宗教的哲学原理》（伦敦，1705年），第二部分，定义四，第4页里说"圣灵是有广延的、可穿透的、活跃的、不可分割的、有智慧的实体"。他又在推论四，第53页里说："宇宙空间，是神圣无限性在自然里的形象和表现。"他还在推论五，第53页里说："因此，宇宙空间可以被非常恰当地称为神的感受器官，因为它是自然事物或整个物体体系呈现给神的全知的地方。"有趣的是，十年后，艾迪生称赞这一概念为"思考无限空间的最高贵和最崇高的方式"。该内容请参阅《旁观者报》，第565期（1714年7月），引用自H. G. 亚历山大，《书信集》，第16页。而对牛顿关于神感的观点的进一步讨论，请参阅E. A.伯特，《现代物理科学的形而上学基础》（第二版；伦敦：根基·保罗出版社，1932年），从第128、233、258页开始；（纽约市加登城：道布尔迪出版集团旗下锚图书出版社，1954年），从第135、236开始，从第259页开始。也可参阅：A. 柯瓦雷和I. B. 科恩，《牛顿和莱布尼茨、克拉克的通信》，载于《国际科学史档案》，1962年第15卷，第63—126页。——原注

第三卷"研究哲学的规则"这条规则和第一版里的两条假说合在一起（第一版里的另一条"假说"现在被称为"现象"）。他在第三卷"研究哲学的规则"里，坚持自然哲学具有"实验的"经验特征，并在"总释"中宣布了他著名的对假说的谴责（"我不杜撰假说"[1]），认为假说在实验哲学里没有立足之地："我们当然不能为了幻想和我们的虚构而放弃实验证据。"[2]他把"硬度、不可穿透性、可运动性、惯性"以及广延列为物质的本质属性。而物体中最小微粒所具有的属性，与物体的这些属性相同。而且，尽管他否认引力对物体来说是本质的，但他仍然声称，物体相互间的万有引力甚至比它们的广延还要可靠，因为万有引力是从现象中归纳而来的，不能为了"假说"而放弃归纳论证。为了谁的假说？当然是指笛卡尔主义者——他们所坚持的是清晰分明的天赋观念。事实上，在牛顿遗稿的第五条"规则"里，他明确提到：

任何不是从事物本身推衍出来的观念，无论它是通过外部感觉得来的，还是通过思考得来的，都必须当作假说。所以我认为，只有"我思"的同时也感受到"我在"的话，才是可能的。但我不觉得任何观念都是天赋的。[3]

在今人看来，著名的"总释"可以称之为一篇糅杂了纯科学和纯形而上学的奇怪文章。毕竟，牛顿的科学还是自然哲学。他一开篇就攻击涡旋假

---

[1] 关于"假说"，参阅I. B. 科恩的《富兰克林和牛顿：以牛顿的经验科学和富兰克林关于电的成果为例》（费城：美国哲学学会，1956年），附录一，第575—589页；参阅A. 柯瓦雷，"牛顿科学思想中的概念和经验"，《牛顿和莱布尼茨、克拉克的通信》，第二章。——原注

[2]《自然哲学的数学原理》（1713年），第三卷，规则三，第357页；莫特—卡乔里校译本，第398页。——原注

[3] 参阅A. 柯瓦雷的《牛顿的哲学规则》，后文将会提到，第六章。——原注

说，说这一假说"面对着许多难题"[1]。最明显的难题就是，按照涡旋假说，行星的周期时间应当不遵守开普勒定律才对。卫星运动也应如此。彗星运动"极其规律"，且"遵循和行星运动规律一样的规律"，涡旋假说也根本无法对此做出解释。"因为彗星的偏心运动画过了天空的所有部分，这一自由运行与涡旋运动是完全不相容的。"

这是对涡旋理论的攻击。至于笛卡尔把广延和物质等同起来，并否认有真空，牛顿这样说：

物体抛射到空气中，只会受到空气阻力而不受其他阻力。如果把空气抽掉，就像在波义耳先生所做的真空罐里面那样，那就连阻力也没有了。因为在这一真空里，一片羽毛和一块纯金都以同样的速度下降。同样的论证也适用于地球大气层以上的天体空间。

这些空间不阻碍行星运动，因此必然是空的。此外，笛卡尔认为有序的宇宙体系可能仅仅由机械原因造成，这一观点是荒谬的。牛顿说：

这个由太阳、行星和彗星组成的最动人的体系，只能是全智全能的存在者设计和统治的。

不仅是这个体系，还有整个宇宙。牛顿说：

为了避免恒星体系因其引力而相互撞击，上帝将这些体系彼此间安排得很远。

上帝这一存在者，不是作为宇宙的灵魂而是作为万物之主而统治着万物。因为受他统治，所以习惯上把他称为"我主上帝"，或"宇宙统治者"。……

---

[1]《自然哲学的数学原理》（1713年），第三卷，总释，第481页；莫特—卡乔里校译本，第543页。——原注

作为存在者的至上上帝，是永恒、无限且绝对完满的。

不仅如此，无限和完满并不就是上帝。所以，牛顿写道："他［真实的上帝］又是活动着的、全智的、全能的存在者……他是永恒的、无限的，是无所不能的、无所不知的。"

当然，这还纯粹只是传统的做法。而牛顿又说："他的持续从永恒到永恒；他的呈现从无限到无限。"至少在我看来，这句添加上去的话肯定和牛顿早年的信念有关，也肯定包含了对笛卡尔的上帝的反对[1]。牛顿认为，笛卡尔的上帝，以及如今莱布尼茨的上帝，都未呈现在世界上[2]。当我们读到上帝"不是永恒的和无限的，而又是永恒的和无限的"时，尤其能体会到这一点。事实上，牛顿认为，上帝并不是传统意义上的永恒，而是持恒的（sempiternal）[3]。也就是说，他不超越时间，而是在时间和空间上"延展"。牛顿说：

他不是时间或空间，但持续存在于时间中，并总是呈现在空间中。他永远长存，无处不在，由此他长存于时间且充斥于空间。因为空间的每个微小

---

〔1〕牛顿手稿里的"总释"部分（参阅两位霍尔编的《艾萨克・牛顿的科学遗稿》，第357页）是这样写的："上帝是永恒的和无限的，或者说长存于永恒，来自无限又走向无限。他不持存，既不在现在的时刻，也不在任何一处地方。"而第359页里写道："谁证明了完满存在者的存在，却没有证明它是宇宙主宰或宇宙统治者，就不能说证明了上帝存在。永恒、无限、全知、完满而不主宰的存在者不是上帝，而是自然。存在永恒、无限、全知、全能，就存在造物主。不是出于抽象观念，而是要出于现象及其原因，才能最好地证明作为主宰的上帝或神。"牛顿和帕斯卡似乎认为，"哲学家所说的上帝"不是信仰的上帝。——原注

〔2〕莱布尼茨的"上帝"，其心智在世界之上，是个"逍遥神"。请参阅克拉克在《莱布尼茨与克拉克论战书信集》里对莱布尼茨的批评。也可参阅《从封闭世界到无限宇宙》一书。——原注

〔3〕波伊提乌从柏拉图的时间概念中获得了灵感，认为时间是不可移动的、永恒的流动形象。波伊提乌作出了经典的定义——"永恒是全部无数生命，并且占有着完满"，即永恒是现在，没有过去、将来或任何延续。然而，牛顿在他上述的手稿里明确反对这个概念。——原注

部分都总是永恒的，时间的每个不可分割的一瞬都是无处不在的，所以造物主不可能无时不在、无处不在。

我们记得，牛顿早年曾坚持上帝呈现在世界上；从那时起，他似乎就没有改变主意。因此牛顿告诉我们：

上帝是全在的。上帝不仅在现实中全在（如笛卡尔的看法），而且本质上也是全在的。因为现实不能脱离本质而存在[1]。万物包含在上帝中，且运动在上帝之中。但两者彼此不产生影响。上帝不会因物体的运动而受影响，物体也不会因上帝存在而受到任何阻碍。

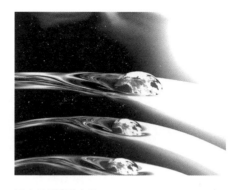

□ **加速膨胀的空间**

我们所处的空间不可能像原先人们想象的那样始终是静止的，相反是处于加速膨胀的状态。但这里有一个著名的悖论：空间向何处膨胀。如果回答"空间向没有空间处膨胀"，那么既然没有空间，怎样容纳它呢？

这个论断相当奇怪，因为牛顿肯定和我们一样清楚，没有人会认为上帝的全在会妨碍物体的运动。然而，牛顿就是这样说的。

所以，这一奇怪说法的背后，可能隐藏着牛顿对上帝实体呈现于世界的思考方式。牛顿说：

所有人都认为至高无上的上帝必然存在；由于同样的必然性，他总是时时存在、处处存在。

---

〔1〕上帝以他的力量呈现在世界上，这是传统的看法，并且笛卡尔也是这样认为的。——原注

时时和处处，也就是指无限时间和无限空间。所以，无限时间和无限空间的存在就像上帝的存在一样是必要的。不仅如此，如果上帝不是永恒存在和无处不在，那么上帝就不可能存在。正是在这个绝对空间里，创造了世界，也就是由坚硬的、不可穿透的、被动的惰性微粒所组成的世界的，是上帝（*而不是"盲目的"形而上学必然性，因为虽然它也时时存在、处处存在，但却不能产生"各种各样的事物"*）。上帝赋予了这些微粒以"带电的和具有弹性的精气"[1]，这似乎可以用来解释所有短程范围的现象，例如微粒的吸引和排斥现象、光的反射和折射现象等[2]。上帝还赋予了这些微粒以引力，从而能够向遥远距离传播引力[3]。

牛顿告诉我们"形而上学的假设在实验哲学中没有立足之地"。然而，形而上学信念在艾萨克·牛顿爵士的哲学里起着主要作用，或者至少起到了重要作用。这是十分清楚的事。而使他建立三大运动基本定律的，正是因为

---

〔1〕拉丁文版的《自然哲学的数学原理》没有提到这种具有弹性的和带电的精气；上面只说了是最精细的精气。但是莫特在他的译本中写了"带电的和具有弹性的"，而牛顿自己在他的《自然哲学的数学原理》一书里又写上了这些术语。参阅A. 鲁珀特·霍尔和玛丽·博厄斯·霍尔的《牛顿的带电精气：四处奇特之处》，载于《伊西斯》1959年第50卷，第473—476页；I. B.科恩和A. 柯瓦雷的《牛顿带电的和具有弹性的精气》，载于《伊西斯》1960年第51卷，第337页；亨利·格拉克的《弗朗西斯·霍克斯比》，载于《国际科学史档案》1963年第16卷，第113—128页。——原注

〔2〕牛顿对分子间和分子外的短距离引力的看法，以及把它们还原为电力的做法，可参阅A. 鲁珀特·霍尔和玛丽·博厄斯·霍尔的《艾萨克·牛顿爵士的科学遗稿》，第349—355页。根据亨利·格拉克教授的《弗朗西斯·霍克斯比》，牛顿曾受到霍克斯比实验的影响。——原注

〔3〕值得注意的是，牛顿并没有把重力的产生归因于"带电的和具有弹性的"精气的作用，而是区分了重力和电力。用今天的语言来说，他区分了重力场和电磁场。所以，即使他在《光学》一书里的疑问里提出了一种用以太压力来解释重力的方法［《光学》（1952年），第21、22问，第350—353页］，他仍然重申道："自然是非常自身一致的，而且十分简单。一切天体的伟大运动都是通过物体间的重力吸引来实现的。而这些微粒的所有微小运动几乎都是通过这些微粒之间的一些引力和斥力来实现的。"［《光学》（1706年），第23问，第340—341页；《光学》（1952年），第31问，第397页］——原注

他承认了绝对空间和绝对时间。而使他超越波义耳和胡克肤浅的经验主义和笛卡尔狭隘的理性主义，从而放弃机械论解释的，也正是因为他相信无所不在和无所不能的上帝。尽管他自己反对一切超距作用，但他却把他的世界建立在相互作用力的基础上，这是自然哲学必须遵守的数学定律。

这一过程不是纯粹猜测，而是通过归纳实现的，这是因为我们的世界纯粹是由上帝意志所创造的。所以，我们不能规定他的行为，我们只能发现他做了什么。

经验—数学的科学的背后是对创世论的信仰，这似乎很奇怪。然而，人类寻找真理的思维方式，确实非常奇怪。心灵追求真理，这不是一条笔直的道路。这就是这一探索的历史如此有趣、如此充满激情的原因。或者，用亲身探索过的开普勒的话来说："人类认识天上事物，这一过程的可钦佩之处不亚于天上事物本身。"

空间、引力与无限性

A 惠更斯和莱布尼茨论宇宙引力

令人接受牛顿学说，该过程所遇到的最大障碍正是牛顿的万有引力概念（这一概念是他最伟大的胜利）被理解为或误解为一种超距作用。所以，在法国发表的第一篇对《自然哲学的数学原理》的评论[1]，赞誉了它在"力学"方面的价值，却又相当严厉地谴责它的"物理学"。其中写道：

牛顿先生的著作是一部力学著作。这是我们所能想象到的最完美的著作。因为前两卷里，对光、弹性、流体阻力和作为物理学主要基础的吸引力和排斥力的证明是很精确的，不可能有比这更精确的了。但是，我们必须承认，我们只能把这些证明看作是机械的；事实上，作者在第四页末尾和第五页开头也说了，他不是以物理学家，而只是以几何学家的身份来考虑这些原理的。

虽然第三卷只是试图解释宇宙体系，但他在第三卷开头也承认了同样的事情。而他所做的只是设定假说，其中大多数假说都是随意设定的。因此，这些只能作为纯力学论著的基础。他解释潮汐的不均等性，是基于所有行星相互吸引的原理……但这一假说是随意的，因为它还没有得到证明；所以，基于该假说的证明，只能算作是力学。

为了使一部著作尽可能完美，牛顿先生需要给我们提供一部像他的"力

---

[1]《萨瓦内特杂志》（1688年8月2日），从第153页开始，部分引自P. 莫于的《笛卡尔物理学的发展》（巴黎，1934年），第256页。——原注

学"一样精确的"物理学"。当他用真实运动来代替他所假设的运动时，他就能做到这一点。

□ 太阳

在光球之上是大气，它分为色球和日冕，日冕的延伸范围能达到太阳直径的几倍甚至几十倍。

这篇评论的作者（莫于认为雷吉斯可能是作者），是一个严格信奉笛卡尔主义的人；此外，他可能未能很好地评价牛顿在《自然哲学的数学原理》里所取得的巨大数学进展。从这些观点来看，惠更斯和莱布尼茨的反应则更为有趣。在大约二十年前（1669年），惠更斯就向法国皇家科学院提出了一个相当详尽的地球引力理论。在这个理论里，小微粒围绕着地球表面，向各个方向旋转。他用这样一组圆周运动来取代笛卡尔涡旋，并表达了他的疑虑。1687年7月11日，惠更斯给德迪利耶写信说："如果他没有假设引力存在的话，我就不会同意他是笛卡尔主义者。"[1]

但惠更斯在阅读了《自然哲学的数学原理》后，似乎已经被说服了。所以，1688年12月14日，他写道：

著名的牛顿先生已经把［关于开普勒定律的］所有难题和笛卡尔涡旋都甩开了。他已经证明，行星因为受到太阳的引力而维系在它们的轨道上。而偏心圆必然会变成椭圆。[2]

---

〔1〕《惠更斯全集》（荷兰海牙市：马蒂纳斯·奈霍夫出版社，1888—1950年），第九卷，第190页。——原注
〔2〕《惠更斯全集》，第二十一卷，第143页。——原注

　　这意味着，牛顿已经做到了惠更斯在发现离心力定律后本能做到却未做到的事：（1）牛顿从万有引力的平方反比定律出发，证明行星轨道为椭圆。惠更斯则未能通过纯粹机械手段（即圆周运动）来重建行星轨道，并对此存有顾虑；（2）牛顿把地月之间的开普勒引力扩展到整个太阳系，而得出了万有引力定律（惠更斯不承认有这种"引力"，所以他没有这么做，而且也不可能这么做）。牛顿通过离心力定理确定了使行星维持在轨道上的向心力（该定理是惠更斯在牛顿之前建立的，但却未能应用于天体运动）。惠更斯因过分忠实于笛卡尔的理性主义，而付出了巨大的代价。

　　让惠更斯认识到并承认自己错过了这一伟大发现，这一定是很困难的事。然而，我们马上就会看到，他竟然欣然承认了[1]。但他并没有转为信奉牛顿学说，也没有放弃他坚定的信仰，也就是相信：有必要用机械的方法来解释引力，以及它无法脱离某种涡旋；如果没有涡旋，行星就不会停留在它们的轨道上，而是会逃离太阳。所以，他在《私想集》（*Pensées privées*）（1686年）里写道："行星在物质中游动。因为，如果它们不这样做，什么会阻止行星逃离，什么会使它们移动？开普勒想要解释，但他错了，原因应该是太阳。"[2]1688年，他仍然写道：

　　牛顿摧毁了涡旋。我指的是在其位置上做球状运动的那些涡旋。

　　修正涡旋的概念。

　　涡旋是必要的；［如果没有它们，］地球就会远离太阳；但涡旋之间的距离却很遥远，不像笛卡尔先生所说的那样彼此很接近。[3]

---

　　〔1〕见惠更斯于1690年发表的《光论》（荷兰莱顿市，1690年），他在附录《论重力的成因》后做了"补充"，载于《惠更斯全集》，第二十一卷，从第443页开始。——原注

　　〔2〕《惠更斯全集》，第二十一卷，第366页。——原注

　　〔3〕《天文学杂记》，载于《惠更斯全集》，第21卷，第437—439页。——原注

惠更斯试图用一组更小的涡旋，来取代牛顿所摧毁并驱逐出天空了的巨大笛卡尔涡旋。这似乎有些奇怪。然而他还能做什么呢？他既不承认牛顿引力，也不承认开普勒引力。所以，为了让行星不远离太阳，他必须坚持存在涡旋。至于引力，他觉得他自己的理论仍然是站得住的，特别是如果他把产生重量的微粒的球形运动延伸到月球，就能证明他的理论。他甚至觉得他自己的重力理论能够而且应该和牛顿的理论对立起来。所以，1689年，他在访问伦敦期间会见了牛顿，并受到了皇家学会的接待，还做了一场关于引力成因的演讲[1]。我们不能确切地知道他在演讲中到底说了什么，但无疑，其内容和1690年他写的《论重力的成因》（*Discourse on the Cause of Gravity*）差别不大。这篇文章包括：1669年所写该文的修订稿、一篇对地球形状的讨论（他说这篇是后来写的）和一篇"附录"。他在附录里说自己"读了牛顿先生的高深博学的学术著作后"，讨论了牛顿的一些概念，其中包括万有重力或译万有引力可以理解为一个物体对另一个物体的直接作用，或至少是非机械作用。1690年11月18日，他在写给莱布尼茨的信中说：

我对牛顿先生所给出的流动原因，一点儿也不满意。我也不满意他所建立在引力原理之上的其他一切理论。我认为这些理论看起来是荒谬的，我在《论重力的成因》的附录里已经提到过了。我常常纳闷，牛顿是如何只从那条特定的原理出发，费尽心思地展开如此大规模的研究和繁杂的计算来的。[2]

事实上，惠更斯是一个彬彬有礼、教养良好的绅士。他并没有在《论重力的成因》一书里告诉读者说牛顿的引力是"荒谬的"。他只告诉他们：

---

〔1〕《惠更斯全集》，第九卷，第333页，第1条注释；第二十一卷，第435页，第31条注释，第443页，第34条注释，第466页。——原注

〔2〕《惠更斯全集》，第二十一卷，第538页；C. J. 格哈特编，《莱布尼茨的哲学著作》（柏林，1882年），第一编，第二卷，第57页。——原注

（1）他不接受它的原因，是因为这样的引力是无法用机械方法解释的；（2）他认为解释重力是多余的；（3）他不反对牛顿的向心力。当然，前提是他要能解释向心力，并且他不需要承认重力是物体的固有属性。他补充说，牛顿自己肯定不承认重力是物体的固有属性。所以，他写道：

我不同意这样一种原理，即我们可以想象在两个或几个不同物体的所有小部分都相互吸引或有相互接近的趋势。

我不能承认这一原理。因为我很清楚地知道，这种引力的原因是无法用任何力学原理或运动规则来解释的。我也不相信让整个物体相互吸引是有必要的。因为我已经证明，即使没有地球，物体也会向我们称为重力中心处靠拢。[1]

然而，我们称之为重力的是什么呢？或者说：什么是重力呢？

惠更斯认为（在这方面，他是一位优秀的笛卡尔主义者），重力当然不像亚里士多德学派所认为的那样，是某些物体（重的物体）的构成性质，就像轻力（*levity*）是另一些物体（轻的物体）的性质那样；重力也不是像阿基米德和他的16、17世纪的追随者们所认为的那样，是所有物体的基本性质；它也不是像哥白尼或伽利略所认为的那样，是物体的同质部分重新结合为整体的内在倾向的表达；也不是像开普勒和罗贝瓦尔所认为的那样，是部分和整体相互吸引的效果。相反，惠更斯和笛卡尔认为，重力是外在作用的效果：物体是有重量的。这是因为它们是由其他一些物体推动，确切地说是由围绕地球而极为快速转动的精细物质或流体物质的涡流推动，而朝向地球。所以，他说：

---

〔1〕惠更斯，《论重力的成因》，第159页；《惠更斯全集》，第二十一卷，第471页。——原注

如果我们简单地看待物体，而不［考虑］称为重力的性质，那么它们的运动自然是直线或圆形的。直线运动，是它们在没有阻碍的情况下运动；圆周运动，是当它们被维系于某个中心，或围绕某个中心转动时的运动。我们充分了解直线运动的本性，以及物体相撞时所遵循的运动规律。但是，只要我们只考虑到这种运动和该运动在物质各部分中所产生的反射，我们就找不出任何原因来使它们向某个中心倾斜。所以，我们必须转向考虑圆周运动的性质，看看是否有一些性质对我们有帮助。

我知道，笛卡尔先生在他的《物理学》（*physics*）里也努力用某种环绕地球的物质运动来解释重力。他是第一个产生这种想法的人，这是一件很伟大的事。但是，我将在对《论重力的成因》续篇的评论里提到，他的方法和我所提出的方法是很不同的。而且我认为，他的方法在某些方面是有缺陷的。[1]

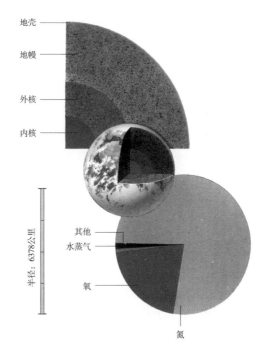

地壳
地幔
外核
内核

半径：6378公里

其他
水蒸气
氧
氮

□ **地球内部**

地球的核心处是一固态的铁核，温度为4000℃，外层被使地球产生磁场的液态铁包围，再往外是地幔中的岩石，地壳中较轻的岩石则在顶部。大气层中包含77%的氮、21%的氧，还有少量的水蒸气和其他气体。

---

［1］《论重力的成因》（莱顿，1690年），第135页；《惠更斯全集》，第二十一卷，第455页；《论重力的成因》（1690年），载于《惠更斯全集》，第十九卷，第634页。——原注

惠更斯在提醒了读者注意离心力性质后，继续说道：

所以，远离中心的作用力是圆周运动所带来的不变效果。尽管这种效果似乎直接与重力相抵触，并与哥白尼学说相悖——按照这一说法，地球24小时的自转会把房屋和里面的人都扔到空中——但是我将证明，使旋转物体远离中心的力，正是使其他物体趋向同一中心运动的原因。[1]

惠更斯为了解释清楚，或更好地说明清楚这一矛盾效果，他提醒我们他曾做过的一个实验。"这一实验是特地为了这个目的而做的。这一实验值得注意，是因为它使我们用肉眼就可以看到重力的效果。"他1668年做了这个实验，后来该实验变得非常著名。罗奥在他的《自然哲学体系》（*System of Natural Philosophy*）里描述了该实验[2]。惠更斯在实验中，把直径8英寸或10英寸的圆柱形容器放在一个转盘上，这样圆柱容器就可以围绕转轴而转。容器里装满了水，放入几块西班牙蜡（一种比水重的物质），然后用玻璃板把容器盖上。当他开始转动容器时，他注意到西班牙蜡块比水更快、更容易地旋转起来，并朝着容器边缘移动。

然而如果他把容器转得足够久，让水也完全和容器一起进行圆周（旋转）运动，然后突然停止，他观察到：

顷刻间，所有的西班牙蜡都向中心靠拢。我认为这就是重力的效果。这是因为，尽管容器其余部分不动，水仍然继续作圆周运动，而西班牙蜡却不再或几乎不再做圆周运动，因为它接触到了容器底部而停止了下来。我还注意到，这种蜡粉是沿着螺旋线走向圆心的，这是水带着它运动的效果。

---

〔1〕《论重力的成因》（1669年），第131页；《惠更斯全集》，第二十一卷，第452页。——原注

〔2〕《论物理学》，第二部分，第28章，第8节，第326页；约翰·克拉克译《罗奥的自然哲学体系》（伦敦，1723年），第二卷，第94页。——原注

然而［罗奥没有描述这个阶段的实验］，如果我们在容器里放入物体，使它不和水一起进行［圆周］运动，而只是朝向中心运动，那么该物体会直接被推向中心。因此如果小球L可以在第一条线段AA、第二条线段BB和第三条线段KK（线段KK是稍微高一些、水平穿过容器中部的线段）之间，我们将看到，当容器运动停止时，这个小球将立刻朝着中心D运动。[1]

□ 惠更斯

　　惠更斯（1629—1695年），荷兰数学家、天文学家、物理学家，光波动论的创立者。

　　惠更斯向我们展示了离心力产生向心运动的例子（事实上，这是一个很好的笛卡尔涡旋模型）。之后，他又试图用同样的动力机制来解释重力。然而，惠更斯为了避免笛卡尔概念中所包含的难题，修改了重力的概念。的确，笛卡尔的涡旋，（1）就像惠更斯容器里的水一样，是绕轴旋转的。因这一旋转而产生的向心运动也指向轴，而不是像重力那样指向中心。（2）由于构成涡旋的一切物质都沿着一个方向运动（还是像惠更斯容器里的水一样），所以它们带着沉浸在它们之中的物体而运动，使这些物体走出螺旋状的曲线而不是直线。

　　所以，惠更斯假设，"涡旋"微粒不是在同一平面上沿着同一方向旋转的，而是在通过地球中心的一切平面上沿着一切方向上旋转。他说：

---

　　[1]惠更斯，《论重力的成因》，第133页；《惠更斯全集》，第二十一卷，第453页。——原注

我假定，在地球及其周围天体所组成的球形空间里，有一种流体物质。它由非常小的微粒组成，以极快的速度沿着各个不同方向运动。我认为，既然这一物体的运动是不离开这个被其他物体所包围的空间的，那么它就必须部分地绕着中心做圆周运动。然而，并不是它的所有粒子都以同样的方式旋转，而是它的大部分运动都围绕这个空间中心的球面而进行，即围绕地心的球面而进行。[1]

惠更斯在肯定了这一点后，接着说：

解释这种运动如何产生重力，这并不是一件困难的事。因为，如果在那些我们假设在空间中旋转的流体物质之中，存在比组成流体物质更大的物质，或者是存在连在一起的微粒束，并且[如果]这些物体不随[流体]物质旋转而快速运动的话，那么它们必然会被推到运动的中心，在那里形成地球，如果我们假设地球还不存在的话。其原因和上述实验中使西班牙蜡聚集在容器中心的原因相同。所以，物体重力很可能带来这种[效果]。我们可以说，它[即重力]是流体物质远离中心，并把不和它一起运动的物体推入该中心的努力。如今，我们看到的在空气中下落的重物不随着流体物质做球形运动的原因，已经相当清楚了。因为有向着四面八方的运动，物体接收到的来自四面八方的运动是如此之快，以至于它在如此短的时间内无法获得明显的运动。[2]

惠更斯在满意地解决了重力问题之后，继续解决流体物质环绕地球旋转的速度问题：流体物质以该速度来克服地球自转的离心力，并使下落物体得

---

〔1〕《论重力的成因》，第135页；《惠更斯全集》，第455页。——原注
〔2〕《论重力的成因》，第137页；《惠更斯全集》，第456页。——原注

到实际的加速度。这些计算的结果相当惊人：流体物质的运动速度要比赤道上快17倍才行。惠更斯承认：

> 我知道，这一速度可能会让那些想把它与我们在这里所看到的运动进行比较的人感到奇怪。但这不应该有什么困难。甚至就地球球体或地球大小而言，这一速度也不会显得很大。举个例子，如果我们从地球之外来看地球，想象地球上有一点在14秒内或在14次脉搏跳动中只前进了一度，我们就会发现这种运动非常温和，甚至看起来很慢。[1]

所以，惠更斯由此而发现重力的成因是运动，而不是无法进行机械解释的引力。他得出结论：

> 所以，牛顿先生用其所谓的"向心力"来解释行星受到了太阳和月亮的吸引，我对此并无异议。恰恰相反，我十分同意［他］，没有［发现］什么疑点。这不仅是因为，我们从经验中已经知道，自然界中存在这样的吸引力或推动力，而且也因为它可以用运动定律来解释，就像我前面关于重力的论述一样。事实上，没有什么能阻止朝向太阳的向心力，这与我们所说的重物落向地球的原因相同。据我所知，在很久以前，人们就认为使太阳成为球形的原因，可能与使地球成为球形的原因是一样的。但我没有把重力的作用推广到太阳和各行星之间、或月球和地球之间这般遥远的距离。因为虽然我以前觉得笛卡尔先生的涡旋很合理，而且现在也是这样认为的，但涡旋与这些情况不符。我也考虑过重力这种规律性的递减，也就是重力与到中心的距离平方成反比。这是重力的一种新的、显著的性质，确实值得研究。但现在我看到了牛顿先生的证明：他假设有一种朝向太阳的重力，按照所说的比例而

---

[1]《论重力的成因》，第143页；《惠更斯全集》，第460页。——原注

递减。这一重力能很好地平衡好行星的离心力，并精确地产生椭圆运动。这一椭圆运动是开普勒曾经猜到且通过观察证明了的。所以我不能怀疑这些关于重力的假设，也不能怀疑以此为基础的牛顿先生的体系……

当然，如果有人假设重力是有形物质的固有本质，那就会不一样了。但我不相信牛顿先生会承认这一点，因为这样的假说会使我们远离数学原理或机械原理。[1]

此外，在牛顿的世界观中还有一些惠更斯无法接受的东西，那就是天体空间完全空虚，或近乎完全空虚。这并不是说惠更斯希望它们是充实的。我们知道，惠更斯不接受笛卡尔把广延和物质等同起来，他也没有对虚空提出（形而上学意义上的）反对意见。不仅如此，他作为一个原子主义者，必须假定原子存在。但是，用传统的术语来说，他只接受"散布的真空"（*vacuum interspersum*）或"弥散的真空"（*disseminatum*），而不接受"分离的真空"（*vacuum separatum*）。这是有原因的：他相信光不是粒子构成的，而是波或粒子的脉冲（这点和牛顿相反）。他不相信存在不同于物质的发光以太（这点也和牛顿相反）。他不得不得出这样的结论：完全真空或者像牛顿所说的那样几乎完全真空，是不能传播光的。当然，如此稀薄的介质是不可能为"引力"作用提供机械论基础的。因此，他总结了他对牛顿的批评：

牛顿先生拒绝笛卡尔涡旋时唯一遇到的困难，就是他要求天体空间里只有非常稀薄的物质，以便行星和彗星在运动过程中遇到的阻力极小。因为物质如此稀薄，似乎无法解释引力作用，或光的作用，至少不能用我所用的方法来解释。为了检验这一点，我认为，空气中的稀薄物质可能有两种存在

---

〔1〕《论重力的成因》，第160、162页；《惠更斯全集》，第472、474页。——原注

方式：一是它们的微粒彼此相距遥远，在它们之间留下了一个很大的空隙；二是它们彼此接触，但它们之间是松散的组织，散布有大量的小空隙。我毫不费力地承认有虚空，甚至相信它是微粒之间运动的必要条件，因为我不同意笛卡尔先生的观点。笛卡尔认为只有广延才构成物体的本质。我认为除了它［广延］，完全硬度也是物体的本质。它使物体无法穿透，不会被破坏或凹陷。然而，如果考虑第一种稀薄的方式，我不知道该如何解释重力；在如此的虚空中，我也无法解释光具有的极快速度。我在《光论》（法语 *Traité de lumière*）中介绍过，罗默先生证明了光速比声速快60万倍。这就是我认为用这种稀薄物质的理论不适合解释太空的原因。[1]

所以，这就是惠更斯的看法。他从未改变他的想法，也从未接受过牛顿的引力。他还（明智地）从未试图用一系列分离的行星涡旋来取代笛卡尔的巨大太阳涡旋，以复活中世纪的天体概念。1698年他写的《宇宙观察者》（*Cosmotheoros*），和1688年他笔记里对这些内容的论述一样，写得十分含糊不清：

我认为每一颗太阳（每一颗恒星）都环绕着某种快速运动的涡旋物质，但这些涡旋与笛卡尔涡旋大不相同，不仅是在于它们所占据的空间，也在于这些物质的运动方式。[2]

惠更斯提醒我们，就像阿方斯·博雷利所指出的，特别是像艾萨克·牛顿所指出的那样，使行星保持在它们的轨道上的正是重力。他继续说道：

---

　　[1]《论重力的成因》，第161页；《惠更斯全集》，第473页。——原注
　　[2]惠更斯，《宇宙观察者》（海牙，1698年）；《惠更斯全集》，第二十一卷，第819—821页。——原注

现在按照我们对重力本质的看法，即行星因为其自身重力而有靠近太阳的趋势，有必要认为天体涡旋物质不是只绕一个方向旋转，而是沿着各种可能方向进行着不同的、快速的运动……我在《论重力的成因》里试图解释物体朝向地球的重力及其一切效果，所采用的正是这种涡旋方式。因为我们认为，行星朝向太阳的重力本性是相同的。

惠更斯和笛卡尔理论的另一个不同之处，在于涡旋的大小不同："就像我所说过的那样，我使这些涡旋所占的空间比他所做的要小得多，并且把它们隔开很长一段距离，这样它们就不会相互干扰。"

说来也奇怪，做到了惠更斯所未能做到的事的，正是莱布尼茨的《论天体运动的原因》（拉丁语 *Tentamen de motuum coelestium causis*）[1]。而惠更斯不同意他的做法，这十分重要。《论天体运动的原因》并没有讨论牛顿的概念。莱布尼茨还告诉我们，他写作这篇论文时在罗马，没有读过甚至没有见过牛顿的《自然哲学的数学原理》，而只是从1688年发表在《学人辑刊》（拉丁语*Acta eruditorum*）的一篇书评中了解到它（后文将会提到）。在牛顿发表了《自然哲学的数学原理》两年后，莱布尼茨发表了他的《论天体运动的原因》，戴维·格雷戈里对此表示惊讶。莱布尼茨便在他的《试论天体运动的原因》（拉丁语*Illustratio tentaminis de motuum coelestium causis*）[2]里反驳戴维·格雷戈里[3]。他再次声明（引用《论天体运动的原因》第20节的内容）自己并没有读过《自然哲学的数学原理》，只是读了《学人辑刊》上对此的报

〔1〕《学人辑刊》（1689年）；参见C. J. 格哈特编的《莱布尼茨的数学著作》（海牙，1860年），第六卷，从第144页开始。——原注

〔2〕《莱布尼茨的数学著作》，第六卷，第255页。——原注

〔3〕《物理天文学和几何天文学纲要》（伦敦，1702年），第一册，命题77，第99页。——原注

道："但这篇书评报道促使我发表我的想法。这些想法此前没有被其他人看到或听到，也没有发表。"莱布尼茨补充说，他得出平方反比定律的方法和来源与牛顿的不同，并且《论天体运动定律》的命题之间是紧密扣在一起的，这足以证明他是在阅读《学人辑刊》报道之前就产生了这些想法。

□ **五星连珠**

从地球上看天空，水星、金星、火星、木星与土星五大行星依次排列，由高往低连成一条线，就像一条美丽的珠链，这种现象被称为"五星连珠"。

我们没有理由怀疑莱布尼茨的声明。尤其是，如果他研究过《自然哲学的数学原理》的话，对于天体运动及其原因，他就不会在他的论文里犯下那些明显的错误。然而，《论天体运动的原因》一书无疑是莱布尼茨尝试（无疑受到了前面那篇书评的启发）用他自己的观点来反对牛顿的天体力学，并试图顶着牛顿的攻击来"拯救"和充实其观点。

《论天体运动的原因》有两个版本：

一个版本是在《学人辑刊》上发表的，另一个版本是在莱布尼茨论文中所发现的（由格哈特发表为"第二版"）[1]。"第二版"与已发表的版本非常相似，但它包含了一个相当重要的附录，涉及重力的本性和结构。由于这一附录显然是莱布尼茨在他的论文发表在《学人辑刊》之后的一段时间写的，所以我将按照同样的顺序来处理这两个版本，即首先谈已发表的版本，然后再

---

[1]《莱布尼茨的数学著作》，第六卷，从第161页开始。——原注

谈附录。同时也必须提到，莱布尼茨甚至已经写好了一篇介绍性前言，并计划发表，旨在告诉天主教教会：如果他们按照他们理应做的那样，承认运动是一个相对概念，那么他们也需要承认哥白尼、第谷和托勒密的体系是等价的；所以，对哥白尼的谴责是毫无意义的，应该被取消。然而，他并没有发表它。因为他从他的天主教朋友那里得知，他最好保持沉默。

《论天体运动的原因》以开普勒天文学为基础。莱布尼茨认为开普勒天文学描述天体运动的一切定律都是正确的。这些定律可以解释为，对这些定律在充满物质的世界是否有效的研究。也就是说，在这个世界中，运动通常会遇到阻力，所以行星也会遇到阻力（这是开普勒从未考虑过的可能性），除非（这是莱布尼茨的解决方案）物质本身随着行星一起运动，或者是反过来，行星随着包围它的物质一起运动。换句话说，《论天体运动的原因》是一项对行星运动的研究：流体球体在天空中输送行星，行星在流体球体中保持静止；球体和行星的运动同时服从运动基本定律（开普勒定律），莱布尼茨称之为"和谐"。因此，莱布尼茨一开始就极力赞扬了开普勒。并且他为了贬低笛卡尔，不承认自己亏欠于笛卡尔，甚至把不是开普勒所发现的内容（例如，行星运动产生了离心力）归功于开普勒，并认为开普勒才是涡旋概念的真正提出者，而笛卡尔窃取了开普勒的概念[1]。

因此，莱布尼茨写道：

开普勒发现，每颗主行星都会画出椭圆轨道，太阳位于其中一个焦点上。它们的运动服从这样的规律，即引向太阳的半径所扫过的面积总是与扫过的时间成正比。他还发现，在同一太阳系内，几颗行星的周期时间的平方与到太阳的平均距离的三次方成比例。事实上，如果他知道（正如著名的

---

〔1〕L. 普勒南《莱布尼茨著作里反笛卡尔的引文》，载于《国际科学史档案》，1960年第13卷，第95页。——原注

卡西尼所指出的）木星卫星和土星卫星环绕它们各自的主行星所遵循的定律，和这些主行星环绕太阳所遵循的定律相同的话，那么他将大获全胜。但他未能给如此众多、如此永恒的真理找出原因，这要么是他因为相信理智和同类感应辐射（sympathetic radiation）而受到了阻碍，要么是因为他所处时代的几何学和运动科学还比不上今天。

□ **开普勒的涡旋论**

　　开普勒的涡旋理论在物理学尤其是天文学中，有多少内容汲取了前人的成果，他自己也不知道。

　　然而，第一次揭示出重力的真正成因和重力所依赖的自然定律的，正是开普勒。也就是说，［围绕中心］做圆周运动的物体，往往在切线处远离这个中心。所以，如果一根秸秆或稻草在水中漂浮，旋转容器而［使水］开始做涡旋运动，那么因为水比秸秆密度更大，所以水会被更强烈地甩出中心，而秸秆则向中心运动，就像他自己在《天文学概要》（*Epitome of the Astronomy*）里多处提到的那样[1]。

　　事实上，正如我已经提到过的，开普勒从来没有承认行星有按其圆形轨道切线远离的趋势；如果说他在《新天文学》（*Astwnomia nova*）[2]里确

---

　　〔1〕《莱布尼茨的数学著作》，第六卷，从第148页及以后，从第162页开始。——原注

　　〔2〕第38章；参阅开普勒，《开普勒全集》，弗里施编（法兰克福，1858—1891年），第三卷，从第313页开始；《开普勒文集》，M.卡斯帕编（慕尼黑，1938—1959年），第三卷，从第254页开始。——原注

□ **行星漂浮**

　　我们看到的宇宙中的星球，不管质量大小，几乎和地球处于同一个轨道平面上。科学家发现，让星球悬浮在同一个轨道平面上的是暗物质产生的暗能量。

实提出了涡旋的例子，那么他并没有用这个涡旋所产生的向心力来抵消离心力，而是为了解释行星与太阳距离的周期性变化（像在河岸来回摆渡的渡船那样接近和远离河岸）。此外，他在《哥白尼天文学概要》（*Epitome astronomiae Copernicanae*）[1]里并没有继续坚持涡旋。相反，他拒绝了涡旋理论，而用太阳的磁力对行星带来了吸引和排斥的理论代替了它[2]。很难说莱布尼茨是否知道这一切。但无论如何，莱布尼茨还是继续说：

　　［开普勒］对［他的涡旋概念］仍然有些怀疑，而不知道自己的理论是多么宝贵［莱布尼茨把开普勒评价哥白尼的话用来评价开普勒］。他也没有充分认识到，在物理学尤其是天文学中，有多少内容是继承这一涡旋概念而来的。

　　但笛卡尔后来却对此大加利用。笛卡尔按照他的习惯隐藏了作者。我常常在想，据我们所知，笛卡尔从未试图提出开普勒所发现的天体定律的原因，这或许是他未能充分把这些定律和他自己的原理协调起来，或者是他忽

---

　　〔1〕《开普勒全集》，第六卷，从第345页开始；《开普勒文集》，第七卷，从第300页开始。——原注

　　〔2〕参见 A. 柯瓦雷，《天文学革命》（巴黎：埃尔曼出版社，1961年），第三部分，"开普勒与新天文学"，第一章。——原注

略了这些发现的成就，并且不相信它能如此忠实地反映自然。

现在，让上帝赋予恒星以特殊的理智，这似乎很难符合物理学的要求。甚至不值得让令人钦佩的上帝去这么做，因为这就仿佛上帝没有能力通过物质定律来达到同样的［结果］。由于坚实球体后来被摧毁了［莱布尼茨再次使用了开普勒的表述］，所以交感、磁力或其他类似的深奥性质，要么是无法理解的，要么是被视作物质印象所产生的效果。我认为，必须承认天体运动是以太运动引起的，或者从天文学上来说，承认是不同流体的（但不是坚实的）球体运动所引起的。

这一观点是十分古老的，但它却一直被人们忽视。留基伯已经在伊壁鸠鲁之前就表示，他把形成［世界］体系的东西称为涡旋。我们已经看到，开普勒是如何用涡旋运动的水来含糊地暗示重力。德蒙科尼先生在他的游记里[1]，确实告诉了我们，他在第20次"参观"意大利时拜访了托里拆利（1646年11月，从第130页开始）：

"托里拆利还向我解释说，物体环绕它们的中心而做旋转运动时，就像地球和土星环绕着［太阳］公转那样，并使环绕它们的一切以太都旋转起来。但近处部分比远处部分旋转得更快。经验告诉我们，用一根棍子在水里搅拌，也是类似情况。而行星环绕着［太阳］、［月球］环绕着地球、木卫环绕着木星，都是同样的情况。他还告诉我，伽利略观察到月球上的黑点，也就是在所谓里海上的黑点，有时离月球边缘较近，有时离月球边缘较远。这让人明白，月球球体是在轻微颤动的。"

---

〔1〕《德蒙科尼先生游记》，由他的儿子勒西厄尔·德利耶韦斯先生出版，他担任迪鲁瓦的国王顾问和私人委员会顾问，以及里昂市长办公室的刑事中尉（法国里昂市：谢·奥拉斯·布瓦萨和乔治·勒默尔出版社，1665年），第一部分，《在葡萄牙、法国普罗旺斯地区、霍利奇、埃及、叙利亚、君士坦丁堡和纳托利的旅行》。——原注

我们知道托里拆利有如此的看法（我怀疑他的老师伽利略也是如此认为的）：以太和行星一起围绕太阳旋转，随着太阳的自转而公转，就像容器里的水会随着容器中轴旋转棒的自转而公转那样；就像稻草或秸秆在水中浮动那样，越靠近中心的恒星［行星］旋转得越快。但这些较普遍的［考虑］很容易得出。然而，我们的目的是把自然定律解释得更清楚一些……因为我们在这件事上有了一些了解，我们的调查研究似乎进展得也很顺利、很自然，并取得了成功。所以我确实希望我们已经在接近天体运动的真正原因了。

莱布尼茨接着说：

首先，根据自然定律可以证明，"所有在流体中沿曲线而运动的物体，都是由该流体的运动所推动的"。事实上，所有沿曲线运动的［物体］都倾向于沿着切线而远离曲线（运动的本性使然）。所以，一定有什么东西迫使［它们不能远离］。但是，物体只接触到了流体，而没有接触其他任何东西（假设如此）。除非物体接触到了什么东西并且在运动着（由于物体的本性），不然它的自然倾向不会受到限制。所以，流体本身必须处于运动状态……

由此推断，行星是由它们的以太推动的。也就是说，它们受到流体球体的输送或推动。因为大家一般都承认它们是沿曲线运动的，而仅仅假设直线运动是不可能解释这些现象的。因此（由上述可知），它们是由周围的流体所推动的。同样的事情可以由"行星运动不均匀"这一事实证明。也就是说，行星没有在相同时间内走过相等的空间。所以可以推断，周围物体的运动肯定推动着它们。[1]

---

〔1〕《莱布尼茨的数学著作》，第六卷，第149、166页。——原注

到目前为止，我们完全站在笛卡尔或惠更斯的立场上：行星漂浮在以太涡旋或以太球体中，并被它所带动。然而，这种运动与笛卡尔或惠更斯的涡旋运动有些不同：它是一种"和谐"运动。

然而，什么是"和谐"（harmonic）运动，或者说"环绕"（circulation）运动呢？事实上，它是这样一种运动或者说环绕运动：开普勒（顺便说一下，他没有把它称为"和谐"运动）认为，行星实际上在环绕太阳运行；也就是说，就像开普勒从行星运动的面积定律出发而错误推导出的那样[1]，行星的运动速度总是与它们到太阳的距离成反比。然而，莱布尼茨没有认识到开普勒所犯下的错误，他没有告诉我们任何关于他的概念的天文学起源（开普勒也没有告诉我们）。恰恰相反，他给出了"和谐环绕"的抽象定义，并成功地（但也是错误地）从这个定义中推导出了开普勒第二定律（从历史上说，应该是第一定律），也就是面积定律。所以，他写道：

如果某个物体的环绕速度与它的旋转半径成反比，或与到旋转中心的距离成反比，那我便把这种环绕看作是和谐的。如果物体环绕该中心的速度与到该中心距离的增加成反比递减，或者简单地说，环绕速度随物体接近［中心］而成比例增加（我也同样把它看成是和谐的）。

所以，事实上，如果半径或距离均匀增加，或按算术比例增加，速度就会以调和级数递减。这样，和谐环绕不仅可以发生在圆弧上，也可以发生在［由物体］所画出的各种曲线上。让我们假设：

---

〔1〕《莱布尼茨的数学著作》，第六卷，第149、166页。柯瓦雷，《天文学革命》。——原注

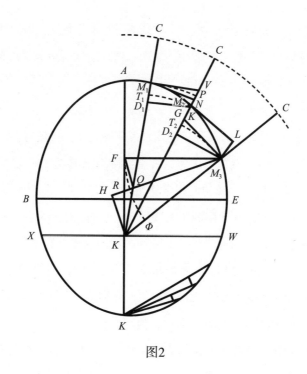

图2

运动的［物体］M在某条曲线$M_3M_2M_1$（或$M_1M_2M_3$）上运动，并在相等的时间内画出了曲线的M_3M_2部分、M_2M_1部分［如图2］。可以把［这种运动］理解为：环绕某一中心（例如点⊙［太阳］）而做圆周运动（例如M_3T_2、M_2T_1）以及做直线［运动］（例如T_2M_2、T_1M_1）（假设线段⊙T_2等于线段⊙M_3，线段⊙T_1等于线段⊙M_2）。运动还可以理解为：从假设的一把尺子或绝对刚性的直［线］⊙C（穿过行星）绕着中心点⊙旋转，又同时沿着这条直［线］⊙C而［向着中心点⊙］运动。[1]

---

　　[1]《莱布尼茨的数学著作》，第六卷，从第150页开始。该图出自E. J. 艾顿，《科学年鉴》，1960年第16卷，第69页。——原注

莱布尼茨认为，如下的事实并不会影响沿曲线"环绕"所具有的"和谐"特征。他说：

只要运动物体M所做的环绕运动（例如M_3T_2）与另一个环绕运动（例如M_2T_1）的比，［等于］$\odot M_1$和$\odot M_2$的比值；也就是说，只要在相同时间单位内所进行的环绕运动次数和半径成反比，那么［运动物体的］接近中心的运动或远离中心的运动就是直线的

□ **行星在以太中运动**

　法国数学家笛卡尔建立了以太涡旋说，他以此解释了太阳系内各行星的运动。笛卡尔的以太概念为后来的物理学发展提供了可供想象的空间媒介物。

［我把这叫做近心（paracentric）运动］。因为，由于基本环绕所画出的这些弧，与时间和速度形成了复合比，并且假定基本环绕时间相等，那么环绕与速度成正比，所以速度就与半径成反比；所以，环绕将是和谐的……

如果运动物体在和谐环绕中运动（无论是怎样的近心运动），那么环绕中心到运动物体的半径所扫过的面积将与假定的时间成正比，反之亦然。

唉，但事实并非如此。我们回顾一下开普勒对行星运动的分析（莱布尼茨所陈述出的唯一新内容是"和谐"和"近心"这两个术语，他用这两个术语来解释开普勒称之为向日而牛顿称之为向心的运动），可以发现，莱布尼茨犯了与开普勒同样的错误。事实上，"和谐"环绕、椭圆轨道和面积定律是不相容的，并且行星在它们轨道上运行的速度并不与它们到太阳的距离成反比。不知道这是幸运的事还是不幸的事，莱布尼茨没有注意到这一点（然而牛顿注意到了；而胡克没有，雷恩和哈雷也没有）。所以莱布尼茨总结道：

由此可以得出，行星是和谐环绕着的，主行星以太阳为中心环绕着，卫

星以它们的主行星为中心环绕着。由环绕中心引出的半径所扫过的面积，与扫过的时间成比例（根据观察可知）。[1]

事实已经确定清楚了，我们就要来解释它。为什么行星以这种方式进行运动呢？莱布尼茨认为，它们之所以这样，是因为它们是和谐环绕的以太所带动的。莱布尼茨说：

因此，"每颗星具有的以太或流体球必须在和谐环绕中运行"。因为前面已经证明，没有一个物体［能］凭借本身而在流体中走出曲线运动。所以，以太中将肯定会有环绕。这一环绕将和行星的循环一致，并且每个行星的以太的环绕也都是和谐的，只有这样才合理。所以，如果想象一下行星具有的流体球被分成了无数个极小的同心球体，那么每一个球体离太阳越近，环绕速度就越快。[2]

莱布尼茨当然是对的：如果我们假设行星在以太中运动，并且它们的运动不受以太阻碍，那么我们就必须假设以太和行星的运动方式完全一样。但为什么以太会以这种特殊的方式移动呢？莱布尼茨并没有提出这个相当自然的问题。此外，他的以太形成了流动的行星轨道，不仅伴随着行星的运动，而且决定了行星的运动。他说：

所以我们假定，行星运动是传输流体球进行的和谐环绕运动和近心运动这两种运动合成的。这就像某种重力或引力，即太阳或主行星［所产生］的推动力一样。的确，使行星和谐环绕的，是以太的环绕，而不是它自己的运动。它自己的运动，只会使在传输流体里的行星，准静止地跟着流体而游

---

〔1〕《莱布尼茨的哲学著作》，第六卷，第151、168页。——原注
〔2〕《莱布尼茨的哲学著作》，第六卷，第152、169页。——原注

动。所以，当行星被传输到一个较外层〔球体位置〕（抗拒速度大于自己）时，它不会维持它在较内层球体位置和较接近〔太阳〕时的快速推动力，而是徐徐地与这个球层相容，逐渐放慢较快的推动力而变为较弱的推动力。反之亦然，当它〔行星〕从一个外层〔球体位置〕趋向于一个内层〔球体位置〕时，它需要获得推动力。

乍一看，"近心"运动似乎是多余的：行星不是在带着它们和谐运动的流体球体里安静地漂浮吗？决非这样，它们只是近似如此而已。如果没有这一近心的类引力运动或类重力运动，它们就会沿着切线方向逃逸。所以，莱布尼茨继续说：

既然我们已经解释清楚了和谐环绕，就必须来解释行星的近心运动了。这一运动，是环绕运动的挤压力〔即离心力〕和太阳引力的合力所致。我们可以称它为引力，尽管实际上它应该是一种推动力。事实上，我们有理由把太阳看作是一块磁铁。然而，它的磁性作用无疑是流体的推动产生的。因为这颗行星是有着朝向环绕中心即太阳的趋势的重物，所以我们也称它为"重力的吸引"。但球体的形状取决于一种特殊的引力定律。因此，让我们看看哪一种引力定律引发了椭圆路径。[1]

莱布尼茨又一次说对了：不同的引力定律决定了不同的轨道。然而，当我们看到他使用了我们本以为他会避免使用甚至是拒绝的术语和概念时，还是有点惊讶的。此外，我们还有些困惑：究竟是引力定律决定了流体球体形状，从而决定了行星轨道，还是相反地，是它决定了流体球体必须与之适应

---

〔1〕《莱布尼茨的数学著作》，第六卷，第152、169页。——原注

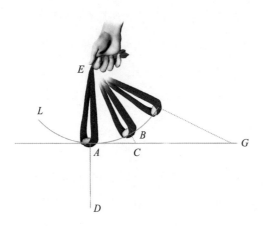

□ **离心力原理**

离心力即惯性力，当物体做圆周运动时，向心力加速会在物体的坐标系产生如同力一般的效果，像有一股力向离心方向作用，因此称为离心力。此图中，如果没有吊带的约束，重物将沿着图中的直线ACG运动。当重物受到吊带约束后，它将发生偏转做圆周运动。

的行星轨道呢？这一点确实不太清楚。还是说这个"引力定律"仅仅表达了流体球体的特殊结构？尽管如此，显然莱布尼茨（尽管毕竟牛顿做了同样的事情）想要使用引力这一概念，却不承认它是一种真实的物理力。因此，他说：

因为每个运动物体都有沿着运动轨迹的切线逃逸的趋势，所以我们可以恰当地把这种自然趋势称为"挤压"（extrussoorius），就像投掷类运动中需要一个相等的力来迫使运动物体不会跑开一样。我们可以用与该切点相距不远的下一切点上的垂线来表示这一趋势。因为这条线是圆形的，所以著名的惠更斯，也就是第一个从几何学角度研究它的人，把它称为离心［力］。[1]

事实上，一切点与"下一切点"之间的无限小曲线可以被认为是圆的，所以可以用惠更斯离心力定律来确定所说的"趋势"。所以莱布尼茨得出推论："环绕的离心趋势或挤压趋势，可以用环绕角度的反正弦（sinus versus）来表示。"[2]也就是说，用环绕中心到运动物体半径所形成的角度

---

〔1〕《莱布尼茨的数学著作》，第六卷，第152、169页。——原注
〔2〕《莱布尼茨的数学著作》，第153、170页。——原注

的反正弦表示。

所以，莱布尼茨利用微积分方法，在犯了一些相当严重的错误（例如"和谐环绕中物体离心的趋势与半径的立方成反比"）之后，最后声称道：

如果具有重力的运动物体，或者是像行星朝向太阳那样朝向某一中心的运动物体，沿着椭圆轨道（或沿着别的圆锥曲线）和谐环绕，如果椭圆焦点既是环绕中心又是引力中心，那么引力的吸引或重力的吸引将与环绕半径的平方成反比，即与中心距离的平方成反比。[1]

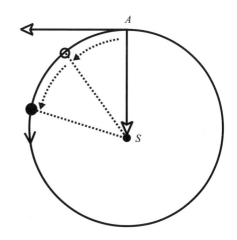

□ **引力与开普勒行星运动定律**

如图所示，牛顿证明了一个在引力作用下做惯性运动的物体会遵从开普勒第二定律，在相等的时间里扫过相等的面积。也就是说，如果开普勒第二定律成立，做轨道运动的物体就应该是在某种引力的作用下运动的。

换句话说：

同一颗行星得到太阳的吸引力是不同的，也就是说，它受到的引力跟着它到太阳的距离的变化而变化。所以，如果它［离太阳］的距离为原来的二分之一，那么太阳将永远以四倍大的新压力来吸引它；如果距离是原来的三分之一，那么就有九倍大的压力来吸引。这是显然的事。前面已经说过了，因为这颗行星被认为是在和谐环绕着，画出椭圆轨道，并且不断地受到太阳

---

〔1〕《莱布尼茨的数学著作》，第156、176页。——原注

吸引。[1]

正如我们所看到的，引力平方反比定律（然而，我们对它的产生方式一无所知）是由莱布尼茨从开普勒第一定律推导出来的，而不是像牛顿（胡克、雷恩和哈雷）那样从开普勒第三定律推导出来的。此外，这一推导有着错误假设，即认为行星是"和谐"运动的（这是一个真正了不起的成就）。这只能与开普勒自己的错误一起提出了：因为两个错误抵消掉了。

因此，无疑，莱布尼茨有他的原创性。但我们不得不承认（正如他自己所承认的）他知道著名的艾萨克·牛顿已经了解到了平方反比[2]，因为《学人辑刊》的书评里提到过了。但我们必须相信，尽管"［莱布尼茨］不知道他［牛顿］是如何得出这个结论的"，但促使他写了《论天体运动的原因》，并促使他把牛顿运用得十分成功的"引力"概念借鉴过来的，正是这篇书评。令人叹息的是，正如我们所看到的，他在这样做的过程中犯了一些相当严重的错误。然而，因为这只是他写作《论天体运动的原因》时匆忙所致的，尤其是1706年他已经把其中一些错误纠正过来了，而且在1712年左右牛顿已经在对莱布尼茨《论天体运动的原因》的书评（该书评未发表）里把这些错误都列举出来了，所以我不会讨论这些问题[3]。

现在让我们转向研究《论天体运动的原因》的"第二个"版本。正如我所提到的，其文本内容实际上与第一个版本的相同。然而，它包含了一个对

---

［1］《莱布尼茨的数学著作》，第六卷，第157、181页。——原注

［2］《莱布尼茨的数学著作》，第六卷，第157、181页；1690年10月13日，致惠更斯的信，载于《莱布尼茨的数学著作》，第189页；惠更斯，《惠更斯全集》，第九卷，从第522页开始。——原注

［3］参阅J. 埃德斯顿，《艾萨克·牛顿爵士和科茨教授的通信》（伦敦，1850年），附录31，从第308页开始。——原注

重力和引力概念的重要补充部分。莱布尼茨在两段话之间把它补充了进去。一段是说他希望自己在正确解释天体运动道路上更进一步，另一段是评论他自己的理论[1]。这部分补充文字如下：

> 从著名的吉尔伯特的观点来看，很显然，世界上我们所知道的每一个较大物体都具有磁性。而且，除了［使］物体朝向某个极点的导向力（vis directiva）之外，还有一种别的力。这种力吸引［位于］其［力］范围之内的母体［类似］天体。这种力吸引地球上的事物时被称为引力。通过某种类比，我们把它归因给恒星。但是，造成这一明显现象的真正原因是什么，以及这一原因是否与磁力的原因相同，都还不够清楚。

莱布尼茨承认，这个问题"还没有"得到一个令人满意的回答。然而，他认为他可以提出一个或许可行的解决方案。他说：

> 在任何情况下，都可以声称引力是由某种物质辐射产生的。事实上，非物质的［原因］绝对不能用来解释物质现象。此外，认为球体有一种自然趋势，即把那些不适合的物质、会扰动的物质、不能在［地球内部］充分自由运动的［物质］都赶出［它自身之中］，这是合理的。由此，球体会使［其他物质］受到来自环绕方向的吸引，即那些与发出吸引的球体内部运动相一致的物质、发生较小扰动的物质会受到环绕方向上的吸引。这方面的例子之一就是火焰，就我们所感知到来说，它在排斥一种事物而吸引另一种事物。

然而，我们可以进一步研究这个"例子"。我们设想一个流体球在以太中漂浮，就像一滴油在水里游动一样。（这一例子相当有趣：莱布尼茨是在哪

---

〔1〕《莱布尼茨的数学著作》，第六卷，第163—166页。——原注

□ **向心力演示器**

产生指向圆心的加速度的力称为向心力，向心力并不是具有确定性质的某种类型的力。实际上，任何性质的力都可以作为向心力，它可能是某种性质的一个力，或某个力的分力，还可以是几个不同性质的力沿半径指向圆心的合力。

里看到一滴油能在水里面游动的？）现在，他说：

> 流体的本性不同，内部运动也有所不同。当这些内部运动受制于周围［介质］，使得物体无法逃逸或返回的话，那么它们就会转化为圆周运动，并努力按大圆轨迹运动。因为它们只有以这种方式才能保留最大的逃逸趋势。通过这个［趋势］，那些含有较少流体的物质，或较少这种逃逸趋势的物质，将被压回内部。

到目前为止，莱布尼茨对重力的解释和笛卡尔的涡旋概念是一致的。在笛卡尔的涡旋概念中，离心力推导出了向心力，即被赶出的物质所具有的"向外"压力把其他物质推回其原来的位置，从而驱使或牵引那些物质向着"吸引"体或向着它的中心运动。然而，莱布尼茨改进了这一解释，并用和惠更斯完全相同的方式，把环绕轴的圆周运动替换为环绕球心的多种运动。他说：

> 但如果用开普勒的方式来解释离心力［明显有误：应改为向心力］，那么它不能由以太沿着赤道和纬线的运动推导出来。因为这会把［物体］推向地球的轴，但是，我记得我很久以前就观察到，沿着与球体同心的大圆［的运动］，与磁体作用下的运动类似……这样，在我们［对重力的］解释中……不同的原因……彼此吻合。与此同时，球体辐射、磁性引力、在逃逸的扰动［物质］、内部的流体运动、大气的环流，［所有这些］共同［产

生了] 离心力 [应改为向心力]。无论重力的原因是什么,如果我们 [承认],发出吸引的球体会放射出类似于光线的物质射线,或者从中心向各个方向发射出远离中心的推动线,那就够了。然而,这 [种方式] 并不是说地球的某些部分必须接触这个重物,而是说,物质推动物质,那么推动力便传播出去了,就像光、声音和运动的流体一样。

这些"推动线"源于离心力。无数的以太物质涡旋围绕在"引力球体"内外,以极快的速度旋转,形成了这种离心力。这些离心力会对周围的介质产生压力。然而,莱布尼茨警告我们,这种压力或推动力是在时间中传播的,而不是(像笛卡尔那样)误以为是在瞬息之中传播。无论如何,这在莱布尼茨的世界里是不存在的。莱布尼茨否认绝对坚硬物体的存在,而且他还知道光的传播不是瞬间完成的。他说:

但是,让我们回到产生引力的磁力线(magnetic rays)上来。这些磁力线有着某种无法察觉的流体的退离趋势,流体的各部分紧密地压在一起,尽管流体本身被分割为最精细的部分。如果物体多孔(如地球上的物体),那么它所含的具有远离中心趋势的物体,比同等体积的微小流体的要少,所以具有较少的轻力。当这些物体被放入可感觉的流体中,那发射出来的流体就必然较多,地面 [物体] 就必然被推向中心。

有趣的是,莱布尼茨将重物定义为是那些"轻力较少"的物体,这正与人们通常认为的轻的物体是重力较少的物体这一观点相反。但他是完全正确的:离心运动和离心压力即"向上"的运动和压力,才是主要因素;"向下"或"向中心"的运动只是"向上"运动和压力的次要效果。

所以,这似乎就能充分说明重力的起因了(尽管,说实话,还不够充分)。然而,莱布尼茨并不满意。他认为,为了解释地球上物体的不同比重，有必要假定另一种更精细的流体。这种流体可以穿透那些小到不能容纳重力流体的微粒的固体孔隙。但他没有坚持这一点，而是继续说道：

　　但另一方面，如果物体比重相同，那么按照［物体所接受的］不同的辐射量（像光的辐射量那样估计），使它趋向中心的能力是或大或小的。事实上，就像前段时间某些有学识的人［其实就是指开普勒］所证明的那样：正如物体被照亮的程度与它到光源的距离平方成反比一样，被吸引物体所受到的引力也会与它到发出吸引物体的中心距离成反比。两者的原因是相同的，也是显而易见的。[1]

　　到目前为止，我们已经进行了一项先天的工作，并且万有引力的平方反比定律是通过纯粹的推理来确定的。但这还不够。莱布尼茨宣布他将后天地确立了同样的定律，也就是说，"从行星的普遍现象（即椭圆轨道）用微积分分析出"这一定律，从而让"理性认为的和实际观察到的保持出奇地一致，并极好地得出确切的真理"。这是毫无疑问的。然而，莱布尼茨在《论天体运动的原因》（第二个版本）的前言里给出了一个非常实证主义的论断，从而远远地把牛顿的说法甩在了后面。这相当令人惊讶，且完全出乎意料。因为他说：

　　接下来的内容［也就是说，《论天体运动的原因》］不是基于假说的，而是由运动定律从现象中推导出来的。无论太阳是否吸引行星，如果我们能够按照所描述的定律来确定［它们的］靠近和远离，即确定它们［到太阳］距离的增加和减少，那就足够了。无论它们是否真的围绕太阳公转，如果它们能相对太阳改变它们的位置，就像在做和谐环绕运动那样，那就足够了。

---

　　[1]事实上，两者都在空间中均匀传播，所以光照和重力吸引，都与到辐射中心或吸引中心的距离平方成反比（《莱布尼茨的数学著作》，第六卷，第165页）。——原注

所以我们就可以获得"知性原理"。这些原理极其简单而又丰富，我不知道以前人们是否敢于期望得到这些原理。

但是，对于这些运动的成因，我们必须由此得出什么结论呢？我们给每一个人留下用他们的智慧去思考的余地。

事实上，可能事情已经解决得相当好了，以至于没有一个有理解力的诗人敢认为天文学家的研究是徒劳的。[1]

我已经提到过，惠更斯不喜欢莱布尼茨的球体涡旋——这是很自然的，他觉得他自己的理论就够了，而且莱布尼茨实际上也受到了他们的启发。因此，惠更斯让自己充当了"恶魔守护者"，故意误解莱布尼茨，认为他完全接受了牛顿的引力，并无视莱布尼茨认为引力可以用机械的方法来解释的观点。事实上，惠更斯可能认为，与自己相比，莱布尼茨甚至没有想过要给出机械上的解释（但牛顿自己不是告诉他的读者，引力可能是压力或推动力吗？）惠更斯告诉莱布尼茨，说他试图同时用引力与和谐环绕来调和牛顿和笛卡尔的观点是完全多余的，和谐环绕也是完全多余的。他说：

我知道您［和牛顿先生］曾就行星椭圆轨道的自然原因问题达成一致看法。但是您在处理这个问题时，只看了他著作的摘录，而没有看过原作。我很想知道，您在那以后是否有改变过您的理论呢？因为您引入了笛卡尔先生的涡旋理论。（不客气地说）在我看来，如果承认了牛顿先生的体系，那这就是多余的。因为牛顿先生认为，行星运动可以用朝向太阳的重力和与之抗衡的离心力来解释。[2]

---

〔1〕《莱布尼茨的数学著作》，第六卷，第166页。——原注
〔2〕参阅1690年2月8日，惠更斯写给莱布尼茨的信，载于《莱布尼茨的数学著作》，第二卷，第41页；惠更斯，《惠更斯全集》，第九卷，从第367页开始。——原注

惠更斯做出的反驳（他在1693年8月11日写给莱布尼茨的另一封信中重申了这一观点）[1]似乎相当中肯（《惠更斯全集》的编者甚至认为它说服了莱布尼茨，或至少影响了他）[2]。

事实上，无论是对莱布尼茨还是惠更斯来说，这一反驳意见并不像乍看起来那样令人印象深刻。因为它不仅意味着要接受牛顿的引力概念，还要接受牛顿的真空概念。而他俩从未承认过这两者。事实上，只有在空空如也的空间里，即在物体运动不受任何阻力的空间里，服从牛顿定律的行星才能沿椭圆轨道运行。而在充满物质的空间（莱布尼茨认为的），甚至只充满一半物质的空间（惠更斯认为的），它们甚至不能做圆周运动，它们会被太阳拉去。

惠更斯忽略了这个问题。然而，莱布尼茨却完全注意到了这一点。因此，他极力要拯救充实空间，试图消除周围介质的阻力。要做到这一点，唯一的方法就是赋予介质与物体以相同的运动。在这种情况下，正如笛卡尔已经解释过的，物体将在运动的介质中处于静止状态，它将被介质"带动"或"自由地游动"。所以，莱布尼茨坚持他的"和谐环绕"不是多余的，而是绝对必要的，这么说是完全正确的[3]。因为他相信（可惜的是这是错的），物体以这种方式运动，"就像在虚空中靠着简单的冲动［惯性运动］与重力而运动一样。而同一物体也在以太中运动，仿佛它在以太中安静地游动，而没有自己的冲动……而且它只是绝对地服从它周围的以太而运动"。至于"近心"运动即靠近中心的运动，莱布尼茨确实对此做出过解释。但惠更斯则只给出了对地球重力的解释，而没有对宇宙的重力或引力做出解释。

---

〔1〕《莱布尼茨的数学著作》，第二卷，第187页；惠更斯，《惠更斯全集》，第十卷，从第267页开始。——原注

〔2〕《惠更斯全集》，第九卷，第368页，第10条注释。——原注

〔3〕1690年10月13日，莱布尼茨写给惠更斯的信，《莱布尼茨的数学著作》，第六卷，第189页；惠更斯，《惠更斯全集》，第九卷，第525页。——原注

莱布尼茨试图把涡旋和引力统一起来，也就是调和笛卡尔与牛顿的理论。当然，让笛卡尔涡旋在"和谐环绕"中运动起来是没有成功的。惠更斯指出，在这种情况下，行星将不会遵守开普勒第三定律。这说得是对的。而莱布尼茨试图挽救这种情况，又假设了（就像在重力的例子中那样）另一种精细物质，是在滥用"假说"。惠更斯甚至不屑于讨论这一"假设"。然而，我们不能因为莱布尼茨没有成功完成一些本不可能完成的事情而责怪他。而且，无论如何，能责备他不这样做的人，也不是惠更斯[1]。

B 能责备他不这样做的人，也不是惠更斯

事实上，尽管莱布尼茨在1689年出版的《论天体运动的原因》里使用了引力这一概念（或者说他玩弄了这–概念），但强调牛顿引力类似于神秘属性，并用引力是奇迹这一说法来强化论证类似关系的人，也正是莱布尼茨[2]。然而，他很晚才这么做。起初，他在1690年[3]时只是表达了他的惊讶，即牛顿似乎认为引力是某种无形体的、无法解释的效果，不相信可以机械地解释它——而惠更斯不是很好地解释了吗。但在1690年，莱布尼茨并没有提及它是神秘属性，或提到奇迹。事实上，他责备惠更斯把微粒引入自然哲学，惠更斯所相信的原子的不可分割性难道不是一个永恒的奇迹吗？直到1703年，莱布尼茨才在他的《人类理智新论》（*Nouveaux essais*）里，提到了

---

〔1〕惠更斯和莱布尼茨之间的讨论，可参阅F. 罗森贝格尔，《艾萨克·牛顿和他的物理原理》（莱比锡，1895年），从第235页开始；以及R. 迪加，《17世纪力学史》（巴黎：迪诺出版社，1954年），从第491页开始。——原注

〔2〕C. J. 格哈特编，《莱布尼茨的数学著作》（海牙，1860年），第六卷，第144页及以后，从第161页及以后。——原注

〔3〕1690年10月写给惠更斯的信，载于惠更斯《惠更斯全集》（海牙：M. 奈霍夫出版社，1901年），第九卷，第521页。——原注

□ **德国的莱布尼茨**

　　戈特弗里德·威廉·莱布尼茨(1646—1716年)，德国博物学家、哲学家，历史上少见的通才，被誉为17世纪的亚里士多德。

"神秘属性"和"奇迹"（然而他没有出版该书，因为洛克去世了，而他不想攻击这位死去的对手）。因此，莱布尼茨在提到洛克写给斯蒂林弗利特的信[1]时，说：

　　他举了物质相互吸引的例子［出自第99页，尤其是出自第408页］，并谈到了牛顿先生所提出的物质对物质的引力……

承认我们永远无法想象它是"如何可能"的。实际上，这就回到了神秘属性，甚至更糟糕地说，回到了无法解释的属性。[2]

　　莱布尼茨解释说，上帝不把与事物的本质不相容的固有性质赋予它们，而只赋予那些对事物来说是自然的、能够理解的性质（除非是奇迹）。他接着说：

　　所以，我们可以声称，物质不会像上面所说的那样自然地具有吸引［力］，也不会自行沿着曲线运动，因为我们无法想象它如何能够这样，也就是说，我们无法机械地解释这一曲线运动。而自然的东西肯定都能清晰地设想……只要区分出什么是自然的、什么是超自然且不可解释的，就解决了

---

　　〔1〕参阅《洛克先生给伍斯特主教的回信，对第二封信的回信》（伦敦，1699年）。——原注
　　〔2〕埃德曼编《人类理解新论》，前言（柏林，1840年），从第202页开始。还可参阅C. J. 格哈特编，《G. W. 莱布尼茨的哲学著作》（柏林，1875—1890年），第五卷，从第58页开始。——原注

所有的困难。如果不这样做，就会留下比神秘属性更糟糕的东西，从而使人们放弃了哲学和理性，而为呆板的体系打开了物质和懒惰的庇护所。这一体系不仅承认存在我们不理解的属性（这些属性太多了），而且承认也有这样的［属性］：即使上帝给最伟大的心灵打开了每一条可能的道路，心灵也无法理解这些属性。也就是说，这些属性要么是奇迹，要么是毫无道理可言的。上帝创造奇迹，也是毫无道理可言的。所以，这种懒惰的假说不仅会摧毁我们寻求事物原因的哲学，也摧毁了给事物提供原因的上帝智慧。[1]

直到1711年，他才在一封写给N. 哈尔措克的信里[2]这样表示。事实上，发表在《特雷武市纪事》（ *Mémoires de Trévoux* ）和《文学纪事》（ *Memoirs of Literature* ）上的三封信只是莱布尼茨和哈尔措克之间通信的一部分。1706年他们开始通信，1710年后哈尔措克出版了他的《对诸物理猜想的澄清》（ *Éclaircissements sur les conjures physiques* ）（阿姆斯特丹，1710年）后，通信变得频繁起来。莱布尼茨在发表那封（1711年的）信之前，就写信告诉哈尔措克说，哈尔措克声称原子存在，但他不承认原子的存在[3]。而哈尔措克[4]在回信中不怀好意地将莱布尼茨的"协同运动"与"尊敬的马勒伯朗士神父的小涡旋"联系在一起。莱布尼茨接着说[5]，假设原子（即物质某些不可分割的原始部分）存在，这是求助于奇迹或神秘属性。哈尔措克[6]

---

〔1〕《人类理解新论》，第203页。——原注
〔2〕1711年2月6日，首先发表在《特雷武市纪事》（1711年），然后1712年在《文学纪事》上发表了英文译本；参阅《莱布尼茨的哲学著作》，第三卷，从第516页开始。——原注
〔3〕《莱布尼茨的哲学著作》，第三卷，第497页，第五封信。——原注
〔4〕《莱布尼茨的哲学著作》，第三卷，第498页，第六封信，1710年7月8日。——原注
〔5〕《莱布尼茨的哲学著作》，第三卷，第306页，第七封信。——原注
〔6〕《莱布尼茨的哲学著作》，第三卷，从第501页开始，第八封信。——原注

回答说，莱布尼茨所说的"协同运动"是更大的甚至是永恒的奇迹，没有理由认为上帝不创造原子。莱布尼茨[1]再次解释说，"上帝不会创造自然原子或不可分割的物体"，因为这是荒谬的；"缺乏想象力就需要有原子"，"虚构很容易，但要让虚构出来的东西讲得通却很难"。然而[2]，哈尔措克不认为原子是不合理的。他补充说，如果人们称它们为奇迹，那么就有理由认为，一切东西都是永恒的奇迹。

莱布尼茨在回信中[3]再次表示，他对哈尔措克无法理解他的"协同运动"概念感到惊讶。他再次攻击原子论，他一再声称原子的存在是不合理的，它需要得到一个解释。他接着说：

如果你只是靠上帝旨意来说明它，那你就得求助于奇迹，甚至是永恒的奇迹。因为当我们不能从事物本性来解释上帝的意志及其影响时，上帝的意志就会通过奇迹而发生。例如，如果一个人说，行星运动应沿着其轨道旋转而没有任何其他的原因，这是上帝的旨意，那么我认为这将是永恒的奇迹。按照事物的本性，做圆周运动的行星如果不受到阻碍的话，将沿着轨道切线方向离开；如果没有自然原因，上帝就必须不停地阻止它……

可以十分恰当地说，一切事物都是值得钦佩的、永恒的奇迹。但我认为，行星只需要上帝的帮助而不需要其他，就能维持其在轨道上的运动。这与行星不断地被物质拉向太阳而维持在轨道上相比，十分明显地表明了自然的、理性的奇迹，与那些应恰当地称为超自然的奇迹之间的区别；或者是表明了合理的解释，与为支持不合理观点而虚构出来的解释之间的区别。这就

---

〔1〕《莱布尼茨的哲学著作》，第三卷，从第506页开始，第九封信，1710年10月30日。——原注

〔2〕《莱布尼茨的哲学著作》，第三卷，第514页，第十封信，1710年12月10日。——原注

〔3〕《莱布尼茨的哲学著作》，第三卷，从第516页开始，1711年2月6日，第十一封信。第一封发表在《特雷武市纪事》上。——原注

是那些阅读了罗贝瓦尔先生的《萨摩斯的阿利斯塔克斯的宇宙体系》的人的说法：一切物体都是通过上帝在万物之初所创造的自然法则来相互吸引的。为了不需要其他原因就获得这样的效果，为了不承认这是上帝为了实现其目的而使出的手段，他们求助于奇迹，即超自然的东西。当问题是要找出一种自然原因时，奇迹就开始发挥作用，直到永恒……

所以，那些认为重力是一种神秘属性的古人和近代人，如果他们的意思是说，一切物体是因为一种未知机制而趋向地球的中心，那么他们是对的。但如果他们的意思是，其背后没有任何机制，而是通过简单的原始属性或上帝的法则而实现的，而上帝没有用任何可理解的方式干涉，那么这是一个不合理的神秘属性。它是如此神秘，以至于"它永远无法弄清楚，只有天使或上帝才可以做出解释"[1]。

我已经提到过，促使牛顿安排科茨在《自然哲学的数学原理》第二版"总释"里插入一则声明（见附录三，条目C）的，正是科茨请牛顿留意一下的这封信。科茨当然照着做了，但他还在前言里对笛卡尔和莱布尼茨的观点一并展开了激烈反驳，以此回应他们。他说：

我知道有些人……咕哝着一些关于神秘属性的东西。他们对我们不停地吹毛求疵，说重力也是一种神秘属性，而凡是神秘属性的东西都应该完全从哲学中消除出去。但对此的回答很简单：如果那些确实是神秘的原因，则其存在也是神秘的、想象出来的、未经证实的；但那些已经通过观察而清楚证明了的原因，则是真实存在的。所以，重力绝不能被称为是天体运动的神秘原因，因为从天象来看，这种力量确实存在。他们才是求助于神秘原因的

---

〔1〕《莱布尼茨的哲学著作》，第三卷，从第517页开始。——原注

人，他们想象出纯粹虚构的、无法用感官察觉到的物质涡旋，以此来指导这些天体运动……有些人说重力是超自然的，并称之为永恒的奇迹。因为超自然原因在物理学中没有立足之地，所以他们要拒绝它。这种颠覆所有哲学的荒谬异议，不值得花费时间去回答。因为他们要么会否认物体中存在重力，而这是不可能的；要么就只要称重力为超自然的，因为重力不是由物体的其他属性产生的，所以不能用机械原因来解释。但物体确实有其基本属性，因为基本属性是不依赖其他属性的。所以就让他们去想一想，如果所有这些同样都是超自然的，同样都应该被拒绝的话，那么我们应该拥有什么样的哲学呢。[1]

此外，1712年或1713年的3月10日至13日，科茨给本特利写信称，要攻击莱布尼茨在《论天体运动的原因》里说的"渴望公正"。科茨还补充嘲讽了莱布尼茨的"和谐环绕"。当然，他没有点出莱布尼茨的名字。他说：

伽利略已经证明，当石头抛出后，它会沿着抛物线运动。它会从直线路径偏转到那条抛物曲线上，这是石头受到地球的引力而引起的，这就是神秘属性。但是现在有一个比他更狡猾的人，想用如下这种方式来解释这一原因。他假设有某种精细的物质，不能被我们的视觉、触觉或其他感官感知到。这一物质充斥着地球表面的毗邻空间，并在不同的方向沿着各种不同轨道，而且往往是沿着相反的轨道走出抛物曲线。然后，让我们来看看他是多么轻松地解释上面所说的石头偏转吧。

他说石头漂浮在精细物质流体中，所以会跟着它运动而不能做别的运动。但是流体是沿抛物线运动的，因此石头也必然是沿抛物线运动的。这位

---

[1]《自然哲学的数学原理》，莫特—卡乔里校译本，第25页。——原注

哲学家能如此清晰地从机械原因、物质和运动里推断出自然现象，以至于最无知的人也能理解，我们难道不是可以认为他是非常敏锐的人吗？或者说，我们庆幸于把神秘属性排除在哲学之外，而这位新的伽利略却如此费尽心机地用数学把神秘属性引回了哲学，我们难道对此不是该一笑了之吗？在这些琐事上纠缠了这么久，真让我羞愧。[1]

尽管哈尔措克的批判方式不同于莱布尼茨的，但是因为哈尔措克也拒绝了空虚和引力（他让非物质的、有生命的，甚至是理智的流体充斥着空间），且在他《对诸物理猜想的澄清》里批评牛顿（阿姆斯特丹，1710年），科茨写了一段关于哈尔措克的话：

假如有人按照其幻想，说行星和彗星也像我们的地球一样，周围也有大气层围绕着，那这一假说似乎比涡旋假说更有道理。他继续肯定地说，这些大气依其本性环绕着太阳运动，并画出圆锥曲线，这种曲线的运动比那些相互穿透的涡旋的运动更容易想象出来。最后，行星和彗星是大气层携带着它们而环绕太阳运动的。然后，他为自己聪慧地发现了天体运行原因而喝彩。他如果反对这一假说，也必须反对另一个假说；因为这两种关于大气和涡旋的假说十分相像，即便是两滴水珠之间的相像程度也比不上它俩的。[2]

科茨的愤怒讽刺，和牛顿在"总释"里对此温文尔雅的回答，形成了鲜明的对比。然而事实上，对于莱布尼茨的攻击，牛顿的第一反应则既不温和，也不平静。他感到极为愤怒，当莱布尼茨把他的引力与罗贝瓦尔联系在

---

〔1〕J. 埃德斯顿《艾萨克·牛顿爵士和科茨教授的通信》（伦敦，1850年）第149页。——原注

〔2〕《自然哲学的数学原理》，莫特—卡乔里校译本，第19页。——原注

一起时，尤其如此[1]。"这一说法简直是痴人说梦"，他开始写一篇回复，准备发表在《文学纪事》上。不过他转念一想，又没有寄出去。他还写了一篇尖刻的批评，批评了莱布尼茨的《论天体运动的成因》和其他一些关于物理学的著作，但也没有发表[2]。

1715年（11月或12月），莱布尼茨在写给孔蒂神父的一封信中，再次发动攻势。他说：

> 我认为他的哲学相当奇怪。我不相信它是合理的。如果每个物体都是重的，那么（无论他的支持者会怎么说，也无论他们多么强烈地否认）重力将是经院式的神秘属性，或者是奇迹的效果……仅仅说因为上帝制定了这样的自然定律，所以事情是自然的，这是不够的。定律还必须能够被造物主所造之物的本性所实现，这才够。例如，如果上帝要给自由的物体以绕某一中心旋转的定律，那么他要么就把其他物体与这个物体相结合，而这些物体发出的推动力使这个物体始终保持在圆周轨道上，要么就在这个物体的后面放一个天使跟着。否则的话，上帝就不得不破例亲自出手来维持这种运动了，因为它会自然地沿着切线运动……我非常赞成实验哲学，但是牛顿先生说所有的物质都是重的（或者说物质的每一部分都相互吸引）时，他已经和这一原则相去甚远了。这当然是不能被实验证明的……因为我们还不知道重力、弹性力或磁力产生时的细节，我们无权把它们归为经院式的神秘属性或奇迹，更无权限制上帝的智慧或能力。[3]

---

〔1〕这已经在前文注释里提过了。——原注

　　〔2〕参阅I. B. 科恩和A. 柯瓦雷，《牛顿和莱布尼茨、克拉克的通信》，载于《国际科学史档案》1962年第十五卷，第63—126页；至于对《论天体运动的原因》的批评，参阅埃德尔斯顿《艾萨克·牛顿爵士和科茨教授的通信》，从第308页开始。——原注

　　〔3〕拉夫逊，《流数的历史》[伦敦，1715年（实为1717年）]；以及德迈瑟克斯的《莱布尼茨、克拉克、牛顿和其他人对哲学、自然宗教、历史、数学等的文集》（阿姆斯特丹，1720年），第二卷。——原注

孔蒂神父把这封信转达给牛顿后，牛顿回答说：

在哲学上，他在玩弄文字游戏，把那些不创造奇迹的事物称为奇迹，把那些虽然原因神秘，但自身却清楚显示的属性称为神秘属性。[1]

几乎同时，引力问题，即引力是神秘属性和奇迹，还是受人尊敬的力量和自然定律这个问题，变成了莱布尼茨和克拉克之间著名争论中的一个主要话题[2]。他俩争论的话题还包括：虚空的现实性与不可能性、绝对运动、形而上学以及自然哲学的其他问题[3]。

莱布尼茨的去世（1716年11月14日）并没有让这场争论结束；事实上，牛顿继续接下了这场争论。牛顿在其《光学》英译本第二版的疑问23里写了"靠静止……就是靠虚无"（我曾引用过这话，后来它变为了疑问31），他在这话后面[4]补充说："……而且还有一些人认为，它们因为运动一致而结合在一起，也就是因为它们之间的相对静止"（这也在前文注释里提过了）。对于那些认为自然的主动远离不是神秘属性而是一般的自然定律的说法[5]，他补充了如下的解释：

---

〔1〕1716年2月26日；见德迈瑟克斯《莱布尼茨、克拉克、牛顿和其他人对哲学、自然宗教、历史、数学等的文集》，第二卷，第22页。——原注
〔2〕《1715—1716年间，已故学者莱布尼茨先生和克拉克博士之间讨论自然哲学和宗教原理的论文集》（伦敦，1717年），1720年作为德迈瑟克斯《莱布尼茨、克拉克、牛顿和其他人对哲学、自然宗教、历史、数学等的文集》的第一卷而再版。现在的英译本，有H. G.亚历山大的优秀版本《莱布尼茨与克拉克论战书信集》（曼彻斯特：曼彻斯特大学出版社，1956年），也有A. 罗比内的校勘原版《莱布尼茨与克拉克的通信集，来自汉诺威图书馆和伦敦图书馆的原始手稿》（巴黎：法国大学出版社，1957年）。——原注
〔3〕这一争论，请参阅A. 柯瓦雷，《从封闭世界到无限宇宙》（巴尔的摩市：约翰斯·霍普金斯大学出版社，1956年），以及A. 柯瓦雷和I. B. 科恩，《"就像"一词的消失》载于《伊西斯》1961年第52卷，第555—566页。——原注
〔4〕这已经在前文注释里提过了。——原注
〔5〕《光学》，第335页；《光学》（1952年），第364页。——原注

因为这些都是显现出来了的属性，而它们的原因都是神秘的。亚里士多德主义者不是用神秘属性这个名称来称呼显现出来了的属性，而是用它称呼那些被认为隐藏在物体后的属性，是引起显现效果的未知原因，例如重力的原因、电磁引力的原因和发酵的原因（如果我们认为这些力和效果是由我们所不知道的、无法发现和无法使之显现的属性引发的话）。这种神秘属性阻碍了自然哲学的发展，所以近年来一直受到排斥。[1]

最后，牛顿在《哲学会刊》上匿名发表了对《来往信札》（*Commercium epistolicum*）的评论（这篇评论修订后译为拉丁文，发表在1722年出版的第二版《来往信札》的序言里）。牛顿在其中算清了他和莱布尼茨的账，他说：

牛顿先生在《自然哲学的数学原理》和《光学》中所追求的哲学是实验哲学，而实验哲学只能按照实验所证明的，来给我们告知事物的原因，而不能是别的。我们不能让现象所不能证明的观点充斥着哲学。在这种哲学中，假说是无立足之地的，除非这些假说是作为猜想或问题提出，以供实验检验的。所以，牛顿在他的《光学》里，区分了那些通过实验而确定的事物和那些仍然无法确定的事物；所以，他在《光学》结尾处以疑问的形式提出了这些事物。他在《自然哲学的数学原理》的前言里提到，他根据万有引力推导出了行星、彗星、月亮和海洋的运动，接着又说："我希望同样的推理方法能应用于许多其他的自然现象。因为我有很多理由相信，这些自然现象可能与某些力有关。物体微粒在这些力的作用下，由于一些迄今未知的原因，要么相互接近，粘附形成有规则的形状，要么相互排斥而互相远离。正是因为我们不知道这些力是什么，所以哲学家试图理解自然的做法至今都是徒劳的。"

---

〔1〕《光学》，第344页；《光学》（1952年），第401页。——原注

　　他在这一著作第二版的结尾处说，由于缺少足够数量的实验，他不能描述精神或推动者的行为法则。而精神或推动者是通过引力来行动的。出于同样的原因，他对引力的成因保持沉默，因为没有任何实验或现象可以证明产生引力的原因是什么。这一点，他在《自然哲学的数学原理》的开头里已经充分说明过了。他说："我对力的物理原因或地位不做探讨。"后面他又说："我把它叫做有吸引的和有排斥的力，就像在同样意义上我也把它叫做加速的和运动的一样。我随意地、不加区分地使用过'吸引''排斥'或任何其他'趋势'等词语。因为我不是从物理学上来思考这些力，而是从数学上来思考的。所以，读者不应认为，我是用这些词来试图定义任何种类或形态的行为，以及其原则或物理起源；也不应认为，当我不时谈论吸引中心或具有吸引能力的中心时，是想将真正的、物体上的重要力量归为（只是数学上的）某些中心。"在他的《光学》的最后，他说："我不想在这里讨论这些吸引是如何进行的。我所说的'吸引'是能通过推动或其他我不知道的方式而实现的。我在这里使用这个词，只是为了用一般的术语来表示任何一种拉近不同物体之间距离的力，而不论原因是什么。事实上，在寻找这种吸引的原因之前，我们必须首先通过自然现象找出哪些物体能够相互吸引，以及这种吸引力的定律和性质是什么。"之后，他又提到了同样的引力，从这一引力的现象看来，似乎自然界里有一位存在者，虽然它们的原因尚不可知。他还将它们与那些被认为是从事物特定形式中流出来的神秘属性区分开来。在《自然哲学的数学原理》结尾"总释"处，他提到了重力的性质，接着又说："到目前为止，我还没有能够在现象中发现这些重力属性的原因。我也没有杜撰任何假说。因为事实上，一切不能从现象中推断出来的说法都必须视为假说。而在实验哲学里，假说没有立足之地。不论它是形而上学的假说还是物理学的假说，不论是神秘属性的假说还是机械属性的假说，都是如此。对我们来说，如果知道重力的存在，并且它按照我们所描述的规律而发挥作用，也可以在很大程度上用重力来解释天体和海洋的一切运动，那就足够了。"人们在看过这些之后，可能想知道，牛顿先生是否会因没有用假说来解释重力的原因和其他吸引的原因而反思自己。只满足于确定性而忽视了不确定性，这仿佛也是一种罪过。然而《学人辑刊》[1]的编辑们却告诉人们：（1）牛顿先生否认重力的原因是机械的。如果电的引力所依靠的精神或推动者，不是笛卡尔所说的以太或精细物质的话，那么它还比不上一个假说更有价值。它也许是亨利·莫尔博士的原质（Hylarchic）原理。（2）莱布尼茨先生指责牛顿把重力变成了物体的自然性质或基本性质，一种神秘属性或奇迹。他用这种嘲弄的方式来说服德国人，使之相信牛顿先生想做出判断，却没能发明微分方法。

必须承认，这两位先生在哲学上有很大不同。一位从实验和现象中得出的证据出发，并在缺少证据处止步；另一位研究假说，提出了假说却不通过实验来检验，而是不加检验就相信它。一位是没有进行实验来判断这个问题，便不去判断重力的原因是否是机械的；另一位则认为如果它不是机械的，那它就是永恒的奇迹。一位是（通过探究）把最小的物质微粒归结为造物主的力量；而另一位则认为，物质的硬度是协同运动引起的，如果硬度的原因不是机械的，那么它就是永恒的奇迹。一位并不认为人这一动物的运动是纯粹机械的；另一位则认为灵魂或精神（根据"前定和谐"假说）是纯粹机械的，从来没有作用于身体以改变或影响它的运动。一位告诉我们，上帝（指我们生活在其中、运动在其中并使我们存在的上帝）是无所不在的，而不是作为世界的灵魂；另一位则认为，上帝不是世界的灵魂，而是超越世界界限的智慧（Intelligentia Supramundana），并因而认为在世界范围内，如果没有不可

---

[1] 1714年3月，第141—142页。——原注

思议的奇迹，上帝就不能做任何事情。一位认为，哲学家应当从现象和实验出发，论证现象和实验的原因，然后再从现象和实验的原因出发，论证这些原因的原因，以此类推，直到我们得出第一因（即最初的原因）；另一位则认为，第一因的所有作用都是奇迹，上帝通过意志给自然施加的一切规律都是永恒的奇迹和神秘属性，所以哲学不用关心这些内容。但是，如果从上帝的力量或我们还不知道的原因的作用里得出了永恒的、普遍的自然法则，难道就必须认为这是关于奇迹和神秘属性的怪异奇谈吗？难道所有从自然现象中得来的关于上帝的论点，都要提出强硬的新说法来驳斥吗？难道因为实验哲学宣称一切都只能由实验来证明，而我们还不能用实验来证明自然界的一切现象都可以由机械的原因来解决，所以它就一定要被认为是超自然的和荒谬的吗？需要肯定的是，这些事情值得好好考虑一下[1]。

人们会认为，这篇长文讨论过后，将不再有莱布尼茨那样狡猾刁钻的指责。并且每个人都会相信，牛顿的引力与经院哲学家的任何"神秘"属性全然不同。然而，在这场争论结束了十年之后，丰特内勒仍然没有被说服。他在《艾萨克·牛顿爵士颂词》里说：

他非常坦率地宣称，他仅仅把这种引力当作他不知道其原因的一种力，而他只是思考、比较和计算这一引力带来的效果。他为了免受别人指责他复活经院哲学家的"神秘属性"，而说他所提出的内容不是别的，正是现象所"清晰明了地"表现出来的那些属性。不管造成这些属性的原因是否确实是神秘的，他把这些原因留给别的哲学家去研究。但它们的效果既然如此显而易见，难道不正是经院哲学家所称为"神秘属性"的真正原因吗？此外，艾萨克·牛顿爵士会相信别人能发现连他都无法发现的神秘原因吗？其他的人

---

[1]《牛顿全集》，霍斯利编，第四卷，从第492页开始。——原注

能有多大希望找到呢？[1]

C 重力是物质的基本性质吗？

　　众所周知，牛顿不相信重力是"物质内在的、本质的和固有的属性"。事实上，他在1675年《解释光的性质的假说》[2]，以及1679年写给波义耳的一封信里（1678或1679年2月28日）[3]，试图用机械方法（也就是用精细物质或以太介质）来解释重力。但起码在一段时间内，他没有对这一尝试抱有多大希望。在1692年，他在写给本特利的一封信里[4]，要求本特利不要把那种伊壁鸠鲁的观念加到他身上；并且说，认为引力无需中介而通过真空就能进行超距作用，这是完全荒谬的，没有人会相信[5]；而且他十分明确地指出，这种中介必须由非物质的东西即上帝来实现。

　　然而，《写给本特利的信》（*Letters to Bentley*）是在《自然哲学的数学原理》出版五年后才写成的，直到1756年才出版。所以，它们无法纠正《自然哲学的数学原理》读者的偏见，尤其是第一版（伦敦，1687年）读者的偏见。这些读者很难不误解牛顿的立场，并将他在这些信里强烈反对的观点加在他

---

　　〔1〕《艾萨克·牛顿爵士颂词》（伦敦，1728年），第21页；再版于《艾萨克·牛顿在自然哲学方面的论文和书信》，伯纳德·科恩编（马萨诸塞州剑桥市：哈佛大学出版社，1958年），第463页。——原注

　　〔2〕托马斯·伯奇，《皇家学会史》（伦敦，1757年），第三卷，从第250页开始；I. B. 科恩编，《艾萨克·牛顿在自然哲学方面的论文和书信》（马萨诸塞州剑桥市：哈佛大学出版社，1958年），从第180页开始。——原注

　　〔3〕托马斯·伯奇，《尊敬的罗伯特·波义耳的作品》（伦敦，1744年），第一卷，从第70页开始；科恩编，《艾萨克·牛顿在自然哲学方面的论文和书信》，从第250页开始；牛顿，《通信集》，第二卷，第288页。——原注

　　〔4〕《艾萨克·牛顿爵士写给本特利博士的四封信》（伦敦，1756年），第20页；I. B. 科恩编，《艾萨克·牛顿在自然哲学方面的论文和书信》，第298页。——原注

　　〔5〕《艾萨克·牛顿爵士写给本特利博士的四封信》，第25页；科恩编，《艾萨克·牛顿在自然哲学方面的论文和书信》，第302页。——原注

身上。尤其值得一提的是，本特利不顾牛顿的告诫，而在其《破斥无神论》（*Confutation of Atheism*）里说道："万物之主给物质注入了恒定的能量，重力可能是物质所必不可少的东西。"[1]至于牛顿本人，他没有在《自然哲学的数学原理》里表达自己对重力"本性"的看法，也没有告诉读者，说没有中介的超距作用是不可能发生的。在这种情况下，物体之间也不可能相互吸引。

然而，他又煞费苦心地解释说，自然哲学里物体因引力和斥力而相互吸引或远离；且这些引力和斥力不应该被看作是这些运动现象的"原因"，而应被看作是原因尚未查明的"数学的力"。

□ **流体黏滞度实验**

物体在流体中的运动与流体的黏滞度有直接关联，图中的实验显示了同一物体在不同黏滞度的液体中的运动状况。其中，在高黏滞度的糖浆中的下沉速度低于在低黏滞度的清水中的下沉速度。这表明了两者在流动性上的巨大差异。

所以，牛顿又在"致读者序"（Praefatio ad lectorem）里，解释了普通力学起源于实践技艺。他说：

但我思考的是哲学而不是技艺……主要考虑的是那些与重力、浮力、弹力、流体阻力和诸如引力或斥力之类的力有关的东西。所以，我把这一著

---

[1]理查德·本特利，《对无神论的反驳——以世界的起源和构造为依据》（伦敦，1693年），第三部分，第11页；I. B. 科恩编，《艾萨克·牛顿在自然哲学方面的论文和书信》，第363页。——原注

作称为"哲学的数学原理",因为哲学的全部困难似乎就在于此——从运动的现象出发,研究自然界的力,然后从这些力出发,证明其他的现象……因为我有相当多的理由相信,这些现象可能都依赖于某些力。在这些力的作用下,物体微粒由于某些迄今未知的原因,要么相互靠近形成有规则的形状,要么相互排斥而彼此远离。由于这些力是未知的,所以哲学家迄今为止试图探索自然的做法都是徒劳的;但是,我希望本书所提出的原理,能够对这种方法或更真实的哲学方法有所启示。

后来牛顿解释说,他用来表示向心力或物体相互接近的力的所有表达式都没有物理意义,而只能被当作数学术语。它们是可以相互替代的。他说:

我……在使用"吸引""冲动"或任何一种"趋势"这类词的时候,是随意地、不加区别地使用的。因为我不是从物理学上来考虑这些力,而是从数学上来考虑的,所以读者不要因为看到了这些词而认为,我是在给任何作用的方式、原因或物理起源下定义;也不要在我碰巧说到吸引中心或具有吸引力的中心时,认为我是在把真正的、物理意义上的力归结到某些中心上(只是数学上的点)。[1]

第一卷第11部分的导言,讨论的是运动的球体因彼此间的向心力而相互靠近,所以会围绕公共重心而旋转。牛顿说,他会把"向心力理解为像引力一样。虽然用物理学语言来说,或许理解为推动力更加准确"[2]。他这么做,是因为他是在处理数学问题,所以必须使用一种更容易让数学读者理解

---

〔1〕《自然哲学的数学原理》(1687年),定义八,第3—4页;莫特—卡乔里校译本,第5—6页。——原注
〔2〕《论在向心力作用下球体的运动》,第162、164页。——原注

的方式。

"理解为推动力更加准确"，这一说法相当有趣和奇怪。奇怪的是，引力和推动力事实上是不等价的，至少不是完全等价的。惠更斯和丰特内勒都不忘指出该点，且牛顿本人也在《自然哲学的数学原理》第二版"总释"里暗示了，引力或重力具有机械力所不具备的性质，所以，他仍坚持认为它们是等价的这一做法就很奇怪。有趣的是，它表明牛顿认为（他的机械论对手们也同样认为）推动力是唯一可接受的物理力作用模式，而且他自己也意识到使用"引力"这一术语所隐含的危险。然而，如果按其字面意义来理解"推动力"一词，同样很危险。因为它暗示了一种真实的、物理的机制。它对笛卡尔让步太多了。所以牛顿解释说，和"引力"一样，我们不应认为"推动力"意味着某个明确的物理意义。这两个术语都应该按纯粹数学的方法来理解，也就是说，它们与任何产生效果的方式无关，或者说无涉于任何这样的方式。

所以，牛顿在总结这一节的"注释"中，解释道：

在这里，我从广义上来使用"吸引"这个词，用来指任何使物体相互靠近的趋势。无论这一趋势是由物体自身作用引发的，并通过发射精气而相互靠近或推移，还是由以太或空气或任何介质的作用引发的，无论介质是有形的或无形的，也不论是以何种方式来推动放置在其中的物体，使其彼此靠近。我同样是在广义上使用"推动力"这个词，我在这一著作里不定义力的种类或物理属性，而只是研究它们的量和数学比例，就像我之前在定义中所声明的那样。[1]

所以，牛顿的立场似乎非常明了：他正在讨论"数学的"力；或者说，

---

[1]《自然哲学的数学原理》（1687年），第191页；莫特—卡乔里校译本，第192页。——原注

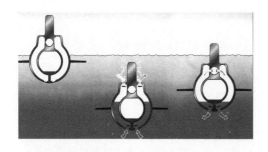

□ **潜水艇的力学原理**

　　潜水艇是根据阿基米德力学原理制造的。它潜水和上浮的能力是靠改变自身的重力来实现的。潜水艇的侧面有水舱下潜时，使水舱充水，于是艇身重力增大，潜艇就逐渐下沉。当水舱中注入适量的水时，潜艇就能在水中任何位置上停留，此时潜艇的重力等于浮力。当潜艇需要上浮时，可用压缩空气将水排出，当艇身的重力减小到小于浮力时即浮出水面。

他正在讨论、并且只讨论那些在数学范围内的力。我们并不关心，或者起码不会去询问它们本身是什么。我们的目的不是去推测它们的真实本性（或它们产生的原因），而是去研究它们的行为方式；或者用一种稍微时髦的话来说，是要找出"怎样"而不是"为什么这样"，是去发现"定律"而不是寻找"原因"。

　　尽管牛顿非常明确地这样表示，而且这些说法与他的光学著作里的说法差别不大，《自然哲学的数学原理》也似乎完全证实了这些说法，但是他的说法仍然可以解释为且已经被解释为：物体内部的吸引力在一定距离处产生超距作用。这一点似乎令人相当惊讶。而当人们对待解释假说的态度有如实证主义般漠不关心，却对某一现象的多种可能解释持着怀疑态度时，这一说法就不再是令人惊讶和闻所未闻的了。相反，它相当广泛地传播开来，以至于波义耳和胡克等著名人物都接受了它。

　　至于重力，在很久以前的1636年，伽利略就宣称，我们不知道重力是什么（我们只知道它的名字），哲学家仅仅是在解释词语而已。探究重力的本性是不会有收获的，只要知道它是遵循精确的数学规律而起作用的，这就足够了[1]。1669年，约翰·沃利斯在他的《力学》（*Mechanics*）一书中宣称，他

---

　　[1] 伽利略，"对话二"，载于A. 法瓦罗编的国家版《伽利略全集》（佛罗伦萨，1897年），第七卷，第260页。——原注

不会探究重力的成因；相反，他把重力简单地视为使物体向下的力（无论它是什么）。他说：

　　重力是朝向下的推动力或朝向地球中心的推动力。不论它是什么，不论把它叫做性质、物体的效果或别的名字是否合适，我们都不从物理学上对重力原理进行考察。重力要么是重物本身的固有属性，要么是周围环境所导致的向中心靠近的趋势，要么是地球的磁力或电力把重物拉回自身（我们暂且不谈论这些）。我们所说的重力，就是我们能感觉到的使重物向下运动的力，且重物对此没有任何抵抗力，这就足够了。[1]

　　然而事实上，牛顿使用了"引力""推动力"这两个词，甚至更倾向用"推动力"这个词。这只能使这一被笛卡尔主义者所彻底抛弃了的术语（和其观念）恢复其原貌。而牛顿同等地看待引力和推动力［出自我所引用和尚未引用的许多文本，例如第一卷里讨论光学的一节（第14节）］，便会使人产生这样的印象，即他在这两种情况下讨论的都是类似的物理力，即使他可能忽视了物理现实，或者把它们的物理现实抽象化了，而只考虑到了它们的数学方面。

　　此外，牛顿区分"数学的"力与"物理的"力的例子是毫无说服力的。可以肯定的是，我们不能把力归因于数学上的点。而且吸引球体外面的物体的，并不是球体的中心点。两个围绕公共重心在轨道上运行的相似天体，尽管它们似乎是环绕同一点，且似乎每个球体的一切质量都集中在其中心，但是它们不被公共重心吸引[2]。如果物体确实是这样行动的话，那它们之所

---

　　[1] J. 沃利斯，《力学，或论运动的几何学》（伦敦，1669年），定义12，第3页；《数学著作》（牛津，1695年），第一卷，第576页。——原注
　　[2]《自然哲学的数学原理》（1687年）；第一卷，第12节，第192页及以后，第200页及以后；莫特—卡乔里校译本，第193页及以后，第200页及以后。——原注

以这样做，不就显然是因为作用在它们身上的力（我们可以把这种力叫做"数学的"力）来自一些绝不是"数学的"力——而我们把这些力归为中心球体或旋转物体自身的无数微粒的作用吗？

最后，正如惠更斯所注意到的，"推动力"或译"压力"，和"引力"之间是不可互换的。前者不"朝向某个物体"，它同样可以朝向，甚至更好地指向虚空。即使它指向一个物体，它与物体之间也不会产生相互作用力（正如牛顿自己所认识到的[1]），因为它不依赖于这个物体的质量。此外，牛顿对他使用"引力"一词的辩护是相当容易误导人的。事实上，他使用的"引力"不是数学概念。对"数学读者"来说，用"向心力"（该词是根据惠更斯的"离心力"而造的，以示对他的敬意）一词是同样好的，甚至好得多。事实上，牛顿在第一卷前十章讨论曲线运动物体，尤其是圆锥曲线运动物体时，一直使用"向心力"这一术语[2]。此外，为了指定这些物体相互靠近的向心力，牛顿往往不只使用"吸引"（拉丁语attractio）这一术语，还使用更具体的开普勒术语"牵引"（拉丁语tractio），并赋予"牵引"以积极意义，而赋予"吸引"以被动意义。所以他说，物体彼此"牵引"并且相互"吸引"（尽管牛顿本人同意用英语里的"attraction"来表示这两个拉丁语词[3]，但这却抹去了这一相当重要的细微差别）。

所以，即使是数学读者也知道"引力……作用物体（不是作用于数学点），而且与它们的质量成正比；物体的牵引和吸引的作用永远是相互的和

---

[1] 后文将会提到。——原注
[2] 例如，《自然哲学的数学原理》（1687年），第三章，命题11，问题6，第50页；以及第三章，命题12，问题7，第51页。他确定了物体沿椭圆或抛物线运动时，指向椭圆焦点的向心力的定律。或第八章，第8页，论述了物体在任意向心力作用下的环绕轨道。——原注
[3] 参阅1713年3月28日他写给柯特的信，载于J. 埃德尔顿，《艾萨克·牛顿爵士和科茨教授的通信》（伦敦，1850年），第154页。——原注

相等的"[1]；知道"两个相互牵引的物体……画出相似的轨迹"[2]；知道"物体之间的相互牵引力随着距离的增大而减小"；特别是"如果A、B、C、D等物体构成的体系中的每一个物体都单独牵引所有其他物体，使这些物体加速的力，要么是与牵引物体的距离成反比，要么是与距离的任何次方成正比……[那么]显然，这些物体的力的绝对值就和物体本身一样"。因为"指向物体的力取决于它们的本性和量，就像它们在磁铁中的力那样。这是合理的"[3]，等等。如果数学读者读到这些的话，无疑会这样理解牛顿（或者说误解牛顿），认为他相信物体中存在相互作用力（或译相互牵引力），尽管它们之间是有距离的。而且读者还会因为牛顿从来没有提到过任何介质传播这一作用，所以会像惠更斯、莱布尼茨和科茨一样，认为牛顿假设了超距作用却不承认，就像1672年他曾在《关于光和颜色的新理论》里声称了光的微粒结构，但同时又否认他这么做了。

至于非数学的读者，则认为这种不可理解的引力是上帝作用于世界的一种方式。事实上，上帝并不一定要使这一作用符合我们对它的理解。所以，洛克说：

如果上帝不能赋予物质的任何部分以力量，那么人们就能一般地从物质的本质出发进行解释：所有这些属性和性质都必须破坏物体的本质或改变物质的基本性质（从我们的观念来看，这些基本性质是在本质之上的），而我们无法把它想象为这种本质的自然结果。很显然，在我们这个体系的大多数可感知的部分里，物质的本质被破坏了，其基本性质也发生了变化：因为显然可

---

[1]《自然哲学的数学原理》（1687年），第162页；莫特—卡乔里校译本，第164页。——原注

[2]第162页，莫特—卡乔里校译本，第164页。——原注

[3]《自然哲学的数学原理》（1687年），命题69，定理29，以及"总释"，从第190页开始；莫特—卡乔里校译本，第191页及以后。——原注

以发现，所有的行星都环绕着某些遥远的中心转动。如果说有人不依靠附加在本质上的东西，而只靠单纯的本质或一般意义的物质本质的自然力量来解释这一现象、使我们理解这一现象的话，那这是我们无法想象的事。因为这类现象可以说是物质在曲线上运动，也可以说是物质对物质的吸引。无论是哪一种，我们都无法从物质的本质或一般的物质中推导出它们来。虽然在这种情况下，这两种说法中必然有一种要被当作一般物质的本质。万能的造物主在创造世界时并没有和我们商讨，而他造物的方法是最优秀的，因为它超出了我们的发现范围。[1]

洛克意识到自己因牛顿而改变了主意：

我承认我曾说过［《人类理解论》（*Essay on Human Understanding*）第二卷，第八章，第11部分］，物体不能靠其他而只能靠推动力而行动。这是我写那本书时的观点，而即使到了现在，我也无法想象物体能以其他方式行动起来。但那时过后，我被明智的牛顿先生那本无与伦比的书说服了，变得相信我们在有限观念下做出了太多假设，束缚了上帝的力量。对我来说，物质之间的引力作用，是以一种不可思议的方式进行的。它不仅证明了上帝的能力，即上帝会在他认为恰当的时候赋予物体以力量和作用方式，这超出我们对物体所能理解的程度。而且，上帝确实这样做了，这正是无可争辩的事实。所以，我将在我的新书的新版里认真改进这一段话。[2]

---

〔1〕参阅《洛克先生给伍斯特主教的回信，对第二封信的回信》（伦敦，1699年），第398页及以后。——原注
〔2〕参阅《洛克先生给伍斯特主教的回信，对第二封信的回信》（伦敦，1699年），第408页。——原注

顺便说一下，洛克确实这样做了。事实上，A. C. 弗雷泽在他编订《人类理解论》时注意到了。他说：

在前三版里，有一节是这样说的："接下来要考虑的是，物体间如何相互作用；显然，这是推动力所致，仅此而已。我们无法想象，物体会作用于它没有接触的东西（这就像人们想象物体作用在不存在的地方一样），或者是物体以运动方式以外的其他方式接触东西。"洛克在之后的版本中，删去了这一段话，把它换成了如下的话："接下来要考虑的是物体如何在我们身体之内产生思想；显然，我们能让物体行动起来的唯一方式是推动力。"[1]

《光学》（伦敦，1704年）的发表并没有改善这种状况，而是恰好相反。事实上，尽管牛顿为了解释光具有的易于反射、易于折射是阵发性的，甚至为了解释一般情况下的反射和折射，而援引了一种振动介质（最后，该书的英语第二版里用的是一种发光的弹性以太）的"**假说**"，但他也同时在疑问一（和疑问四）里"**追问**"物体是否对于光没有超距作用。此外，切恩博士曾声称（切恩被认为是牛顿的追随者；他对上帝、空间和世界的关系方面的看法和牛顿自己坚持的看法很类似，尽管牛顿并不承认他有这类看法），尽管重力或译引力这一术语的全部意义不是物质的"**本质**"，但仍然是物质的基本性质。所以，切恩写道：

对物质来说，引力或译重力并不是本质的，而更像是原始推动力。这一推动力凭借神无处不在的活动性而维持。它是神创造硕大物体时赋予的较低层次的摹本或图像，所以现在它还是物质的主要属性。没有它，物质就不可

---

[1] J. 洛克，《人类理解论》，A. C. 弗雷泽编（牛津，1894年），第一卷，第171页，第一条注释。——原注

□ **牛顿解释光学**
　　图为牛顿在实验室里给学生们解释光学的原理。

能是现在构成的这样。[1]

　　切恩还补充说[2]，引力不能被机械地解释。

　　牛顿对于这种明显"误解"其学说的做法，作出了回应。然而，他并没有直截了当地说，他认为重力绝非是物体的"属性"，而是非物质原因产生的，就像克拉克同时所说的那样[3]；牛顿更愿意说，他并不是想说表面上说的那个意思。所以，他在其拉丁文版《光学》（伦敦，1706年）里没有对疑问一进行修改（疑问一声称物体对光有超距作用），就将它重印了。而他在疑问22里解释说，光微粒和大物体之间的相互吸引力是大物体之间相互吸引力的1万亿倍。他还提出了一个疑问（即疑问23；第二版里为疑问24）。他在这个疑问里讨论了各种力（引力、化学的力、电的力），物体凭借这些力发生超距作用，还说自然界存在其他引力。他又补充说（1717年英语第二版第351页，1706年拉丁语版第322页；这些文本有所不同，我把它们都引用过来）：

　　我在这里不想讨论这些引力是如何表现的。我所谓的"引力"，可以通

---

　　〔1〕G. 切恩，《自然宗教的哲学原理》（伦敦，1705年；第二版，1715年），第41页。有关切恩的内容，可参阅埃莱娜·梅斯热夫人，《万有引力与自然宗教——基于对牛顿的一些英国评论家》（法语*Attraction universelle et religion naturelle chez quelques commentateurs anglais de Newton*）（巴黎：埃尔曼出版社，1937年）。——原注
　　〔2〕G. 切恩，《自然宗教的哲学原理》（伦敦，1705年；第二版，1715年），第42页。——原注
　　〔3〕罗奥的《论物理学》第一部分，第11章，第15节的一条注释，后文将提到。——原注

过推动力或其他一些我所不知道的方式而实现。我在这里用这个词，只不过是用一般的术语来表示使物体之间相互靠近的力，而不论这力是什么原因造成的。因为我们必须从自然界的现象中了解到什么物体相互吸引，以及这种吸引的规律和性质是什么，然后才能探究产生这种吸引的原因。重力、磁力和电的引力能达到的距离十分可观，所以能用肉眼就观察到。也许还有只能到达很近距离的其他引力，目前为止还没有被观察到。"也许电的引力在没有被摩擦激发之前，能到达的距离非常近。"［英文第三版添加了引号以强调该句。］

牛顿在《自然哲学的数学原理》第二版第三卷的"研究哲学的规则"里[1]，讨论了物体的基本性质，即那些"无法增强和减弱"的性质（奇怪的是，牛顿使用了牛津经院哲学家和巴黎经院哲学家的术语），所以他把广延性、延续性、不可穿透性、可移动性和惯性力等算了进去。虽然他同时说重力是一种普遍的力，但却没有把重力算进去。事实上，他说，所有物体本身相互吸引，这和它们是有广延的一样确定，甚至比这更加确定。

他在第二版添加的"总释"里说[2]，虽然他用重力解释了天体和海洋出现的各种现象，但他没有给出重力的原因。因为他不能从现象推断出重力的特性，并且他也不准备为此而杜撰假说。事实上，牛顿说：

可以肯定的是，重力一定来自这样一种原因。这种原因渗透在太阳和行星的中心，而重力却一点也不减弱。它并不按照微粒表面的总量起作用（就像机械原因所起的作用那样），而按照它们所包含固体物质的总量，把其作用

---

〔1〕《自然哲学的数学原理》（1713年），从第357页开始；莫特—卡乔里校译本，第398页及以后。——原注
〔2〕《自然哲学的数学原理》（1713年），第483、546页。——原注

往各个方向的远方传播。传播能力按距离平方成反比递减……但到目前为止，我还没能从现象中发现重力具有这些性质的原因。我也没有杜撰假说。

莱布尼茨在给哈尔措克的信里，指责牛顿不仅把神秘属性，甚至把永恒的奇迹重新引入自然哲学。牛顿为了抵御莱布尼茨的攻击，而在科茨的建议下，又加上了这句重要的话：

因为，凡是不从现象中推导出来的，都叫做假说。而假说，无论是形而上学的还是物理学的，无论是神秘性质的还是机械性质的，在实验哲学中都没有地位。在这种哲学里，我们从现象中推演出一些特殊的命题，然后再用归纳的方法使之普遍化。人们就这样发现了物体的不可穿透性、可移动性和推动力，以及运动定律和重力定律。对我们来说，知道重力确实存在，并且知道重力根据我们已经解释过的定律发挥作用，充分地解释了天体和海洋的所有运动，这就足够了。[1]

一方面，这一著名的论断似乎比起以往任何时候，都更强烈地重申了第一版和第三版的"研究哲学的规则"里所宣称的纯粹经验主义。这一主义似乎拒绝对现象的一切因果解释，并以实证论——不可知论的方式，把重力（或引力）仅仅当作事实而接受下来。另一方面，这一论断又把重力与物体的不可穿透性、可移动性、惯性等真正的基本性质联系起来，同时主张不能"机械"地解释它。这显然没有达到牛顿想要的、比拉丁语版《光学》里所暗示的更好的效果，也不可能达到这一效果。牛顿的读者仍然相信，重力或万有引力不仅是真正的宇宙力量（牛顿是这样认为的），而且是物理上的一

---

〔1〕《自然哲学的数学原理》（1713年），第484、547页。参阅J. 埃德斯顿，《艾萨克·牛顿爵士和科茨教授的通信》，第153、155页。——原注

种力（牛顿不是这样认为的），甚至是物质的真实性质，虽然可能不是"重要的"的性质。科茨（顺便一提，他怀疑牛顿所声称的物体相互吸引，因而反驳说，这意味着牛顿"默认了中心物体有引力这一假设"[1]）在他给《自然哲学的数学原理》第二版写的著名序言（每个人都有足够的理由相信，即便这篇序言不是在牛顿指导下写出的，牛顿也起码读过并肯定了它，所以可以说这是牛顿观点的权威表达）里，似乎更坚定了这种信念。当然，他并没有声称重力是物体的基本（essential）性质（他不允许这么做）。然而，他像切恩一样把它称为首要（primary）性质，并声称：

在所有物体的首要性质中，要么重力占有一席之地，要么广延、可移动性和不可穿透性没有一席之地。而事物的本性不是用物体的重力来正确地解释，就是用物体的广延、可移动性和不可穿透性来正确地解释。[2]

事实上，科茨一开始写的是"基本的"（顺便一提，这说明了即使是这位非常认真和博学的学生也会误解牛顿），并且只在克拉克审阅了他提交的序言草稿后，他才认识到他的错误，并去修改了它。与此同时，科茨在给克拉克的信中，表达了一种影响深远的、反笛卡尔的和前笛卡尔的怀疑论。事实上，牛顿本人也持有这种怀疑论。这种怀疑论由于洛克的影响而盛行于17世纪。它涉及我们对物质和属性之间关系的认识或理解。牛顿在《自然哲学的数学原理》第二版的"总释"里说：

我们不知道任何事物的实质是什么。我们只能看到物体的形状和颜色，听到它的声音，触摸到它的表面，闻到它的气味，尝到它的滋味。但它们的

---

〔1〕参阅J. 埃德斯顿的《艾萨克·牛顿爵士和科茨教授的通信》，第153页；以及后面的第七章，"引力、牛顿和科茨"。——原注
〔2〕《自然哲学的数学原理》，莫特—卡乔里校译本，第26页。——原注

内在实体是我们的感官或心灵的任何反射都无法了解的。[1]

牛顿在这段未发表的草稿里，进一步反对"现代"观点，而回到传统的亚里士多德主义的经院哲学观点。他说：

我们不知道事物的实体，也对这些实体的观念一无所知。我们只能从这些现象获知它们的性质，然后根据这些性质来推断出什么是实体。我们单从这些现象出发，可以推断出物体之间都是不可穿透的：起码可以推断出，不同类别的实体之间不可穿透。我们可以从这些现象中推断出来的东西，也不应该不予断定。

我们基于现象而认识到事物的性质，然后从这些性质出发推断出事物本身，并称其为实体。尽管我们对这些实体的观念，不一定比对颜色的模糊概念更清晰……我们有对属性的看法，但我们对于究竟是什么实体却知之甚少。[2]

而科茨则写信给他的审阅者克拉克说：

先生：我非常感谢您审阅了序言，尤其要感谢您提出的建议。我在某处声称重力是物体的基本性质，而你对该处提出了建议，认为这会给无端指责带去借口，我是完全同意的。所以，当坎农博士向我提到您有反对意见时，我立即就把它删掉了……我在这一段话中的意思，不是说重力是物质的基本性质，而是说我们对物质的基本性质一无所知。就我们的知识而言，重力可

---

[1]《自然哲学的数学原理》（1713年），第483页；莫特—卡乔里校译本，第546页。——原注

[2]参见A. R. 霍尔和M. 博厄斯·霍尔的《艾萨克·牛顿的科学遗稿——选自剑桥大学图书馆的朴次茅斯藏稿》（英国剑桥：剑桥大学出版社，1962年），第356页。——原注

以同样公平地和我所提到的其他性质一同享有称誉。因为我把基本性质理解为：如果没有这种基本性质，那属于同一实体的其他性质都不可能存在。而我不愿证明，物体的其他性质都不能在无广延的情况下存在。（1713年6月25日，剑桥）[1]

正如我们所看到的，科茨用"首要的"代替了"基本的"。严格地说，"首要的"和"基本的"不是一回事。基本性质，意味着没有它，事物就不能存在，甚至不能想象事物。例如，广延就是基本性质，但重力就不是。因为我们不能想象没有广延的物体，但可以很好地想象没有重力的物体。然而，事实上，情况也好不到哪里去。因为科茨就像切恩博士所做的那样，完全贬抑了"基本的"这个词，而用"首要的"一词来理解重力、广延、可移动性和不可穿透性，所以所有这些"性质"都放在了同一层次，"重力"被理解为物体的一种性质。所以，他很自然地认为或误认为重力是物质的"基本性质"，并赋予了物质以引力。

牛顿再次表达了抗议，甚至第三次表达抗议。所以，他在英文第二版《光学》（1717年）的"疑问"里，再度使用了他1675年《解释光的性质的假说》里的以太观念。

事实上，他抬高了以太的作用，用以太压力来解释反射、折射之类的现象，而这在以前（特别是在《自然哲学的数学原理》第一卷第14节）是由引力和斥力的超距作用来解释的。他还在这一版的前言里提出了（当然是作为假设而提出）一种用以太压力来解释重力的方法："为了表明我没有把重力当作物体的基本性质，我补充了一个关于重力成因的问题（问题21）。我选择以问

---

　　[1] 参阅埃德斯顿《艾萨克·牛顿爵士和科茨教授的通信》，从第151页开始。——原注

题的方式提出它，是因为我缺少实验来使我满意。"此外，牛顿为了使他的以太理论更容易被接受，并减少这一理论与假定超距作用的问题而提出的声称之间的明显矛盾，删去了拉丁语版的问题22（英文版的问题30）的一部分内容[1]。他原本在该问题里声称，光微粒和总物质之间的引力是地球重力的10^{15}倍，并在问题29的结尾处补充道，可以用以太之间的行为"来理解我在这个问题中所说的真空和光线对玻璃或晶体的引力"[2]。他在第三版《自然哲学的数学原理》（1727年）第三卷的"研究哲学的规则"中做了如下补充："我不是要声称重力是物体的基本性质。我所说的物体的固有之力，只是指物体的惯性。惯性才是不会变的，而物体的重力是会随物体到地球距离的增加而减小的。"

但这为时已晚。似乎没有人注意到《光学》里的这个"假说"。这个假说一方面是通过假设具有极不可思议的结构的以太介质来解释万有引力的。牛顿说：

这一介质，在太阳、恒星、行星和彗星的密集天体里，要比在它们之间空旷的天体空间中稀薄得多。［而且］这一介质从这些天体到很远的距离之间，会变得越来越密……因而导致这些硕大物体因重力而彼此吸引，物体的各部分彼此吸引。

另一方面，问题22的假说（比问题21更不可能的假说）认为，这样一种介质应该比空气稀薄70万倍以上，而弹性比空气强70万倍以上；这样才不会干扰行星的运动，并且其阻力如此小而"在一万年内都不会给行星运动造成可

---

〔1〕《光学》，从第320页开始。——原注
〔2〕参阅《牛顿研究2：〈光学〉中的疑问集》，载于《国际科学史档案》1960年第13卷，第15—29页。——原注

察觉的扰动"。事实上，它解释了引力的超距作用，或是把引力的超距作用解释过去了。而这只是用斥力代替了它们，也好不到哪里去。此外，牛顿的假说（与50年前胡克检验过并拒绝了的假说相比没有太大不同，甚至更可怕地说，与罗贝瓦尔在他的《萨摩斯的阿利斯塔克斯的宇宙体系》里提出的假说相比，也没有太大不同[1]）显然无法解释物体的相互吸引。至于第三版《自然哲学的数学原理》里的说明，当然是无关紧要的：它不是把重力当作重量（拉丁语pondus）来考虑，而是把重力当作吸引力来考虑。重量只是一种效果。所以，尽管重量发生变化，但它（根据牛顿自己的说法）仍然可以保持不变。

此外，（在我看来更重要的是）牛顿所主张的"物理的"力与"非物理的"力（超物理的力）、物质的"基本"性质与"非基本"性质之间的细微差别，在18世纪的读者那里已不复存在。当然，他们还把广延、硬度等这类物体的基本属性或译"原始"属性，与"形状、颜色、气味等这类更特殊的属性"区分开来。但他们觉得，正如莫佩尔蒂在他的《论星体的不同形状》（法语*Discours sur la différente figure des astres*）里非常恰当地表述的那样。他说：

我们认为，各种属性存在于主体内的方式总是无法想象的。当人们看到正在运动的物体把运动传递给其他物体时，不会感到惊讶。他们习惯于看见这种现象了，所以无法发现这种现象是多么奇妙［莫佩尔蒂在此暗指那位认为传递运动是不可能的马勒伯朗士：事实上，马勒伯朗士否认一切因果性和一切给物体传递运动的可能性，或者更一般地说是否认给一切创造之物传递运动的可能。他把一切都归于上帝的推动］。但哲学家不会错误地认为，推动力比吸引力更可信。［事实上］上帝如果要让间隔一定距离的这些物体

---

［1］前文注释里提到过。——原注

彼此靠近或运动，这不是比为了移动它们而等待物体之间相碰［按马勒伯朗士说法的话］更难吗？如果我们对物体有完整的看法，如果我们清楚地知道它们的本质是什么、它们的性质是什么、这些性质在其中又是什么位置和多少数量的话，那么我们就不会在判断"引力是否是物质的性质"时感到为难了。但我们还远远没形成这样的看法：我们只是凭感觉来了解物体，而不知道物体的这些特性是如何统一在主体中的……如果除了经验所告诉我们的属性之外，还想给物质赋予其他属性的话，那这是很荒谬的；但是，如果武断地把其他所有性质都排除出去，那更加荒谬。这就如同说我们知道物体能力的大小，而我们只通过这一小部分性质去了解它们。所以，可以这么说，引力不过是一个事实问题：我们为了确认引力是否是在自然里起推动作用的原理，为了知道有多大必要［承认引力的存在］以便解释现象，以及为了确认用引力来解释事实是否是不必要的（当事实不需要它也解释得通的时候），而必须要考察宇宙体系。[1]

正如我们所看到的，莫佩尔蒂认为（伏尔泰也是如此认为），重力或译吸引力已经成为一个纯粹的事实问题，而不再是对牛顿本人的观点提出的问题了。

18世纪的思想总是在未厘清时就草草了结，很少有例外[2]。正如恩斯特·马赫所说："把超距作用力当作解释的给定出发点，这已经成为了习以为常的事。几乎没有探寻它们起源的动机了。"[3]后来，这个问题很成功

---

〔1〕莫佩尔蒂，《论星体的不同形状》（巴黎，1732年）；《莫佩尔蒂全集》（法国里昂市，1756年），第一卷，第98、94、96、103页。——原注

〔2〕参阅C. 伊森克拉赫的《重力之谜》（德国不伦瑞克市：菲韦格出版社，1879年）。——原注

〔3〕参阅恩斯特·马赫《力学及其发展的批判历史概论》（第9版，莱比锡：布罗克豪斯出版社，1933年），第185页。——原注

地被隐藏在"场"的概念中[1]。

D 虚空与广延

笛卡尔和亚里士多德同样强烈地，甚至比亚里士多德更强烈地否定了虚空的概念。事实上，亚里士多德认为，虚空只是就其本性而言不存在，或至多是在现实中不存在；但笛卡尔认为，虚空远不止于此：它是词语自身的矛盾。事实上，笛卡尔已经确定了"物体的本质不在于重量、硬度、颜色或类似的东西，而只在于广延"[2]，他就必须把广延（空间）和物质等同起来，并且声称：

事实上，空间或译内在位置，与有形物质没有什么不同。只是我们习惯于设想它们的方式不同而已。而事实上，构成空间的长度、宽度和深度的广延，显然和构成物体的广延是一样的。[3]

因此，紧接着笛卡尔认为，"把绝对一无所有之处说成是存在真空或[位置]，这是很矛盾的"。并且，他说：

很明显，因为空间的广延和物体的广延没有区别，所以哲学意义上的"虚空"，即绝对没有实体[的地方]，是不可能存在的。正如面对物体具

---

〔1〕参阅托内拉《从环境的概念到场的概念》，载于《国际科学史档案》1959年第12卷，第337—356页。——原注

〔2〕笛卡尔，拉丁语版本《哲学原理》，第二部分，第4条，载于C. 亚当和P. 塔内里编的《笛卡尔全集》（巴黎，1897—1913年），第八卷，第42页；法语译本《哲学原理》，载于上书第九卷，第65页；且已经发表在《论宇宙》，载于第十一卷，从第35页开始，还发表在《谈谈方法》，载于第六卷，从第42页开始。——原注

〔3〕《哲学原理》，第二部分，第10条；第二部分，第4条，载于C. 亚当和P. 塔内里编的《笛卡尔全集》（巴黎，1897—1913年），第八卷，第45页；第九卷，第68页。——原注

有长度、宽度和深度三重广延，我们会得出结论说：它是实体。因为说它没有广延是完全矛盾的。而面对被认为是虚空的空间，我们同样能得出结论说：因为里面有广延，所以也一定有实体。[1]

绝对虚空的概念，起源于错误地将其庸俗用法推广开来，并加以接受。而事实上，该词"并不意味着空间里什么都没有，而是指我们在该空间里找不到我们认为应该在这里的东西。我们会称一个瓶子是空的，尽管它里面是充满空气的。如果鱼塘里没有鱼，我们也会说鱼塘里什么也没有，尽管它充满了水"[2]，等等。我们习惯了这种思考方式（或者说是未加思索的方式），我们继而认为能制造出其中什么东西都不包含的容器，这样它就真的是空无一物。这是完全荒谬的。笛卡尔说：

事实上，我们不能想象不包含任何东西的容器，就像我们不能想象一座没有谷的山一样：这将意味着不需要广延就能想象容器的内部，或者不需要实体就能想象广延。事实上，任何东西都不能没有广延……

所以，如果有人问，如果上帝摧毁了某一容器内所包含的一切物体，并且不允许其他任何［物体］去占据被摧毁物体的位置，那将会发生什么？我们要回答说：显然，容器的各个面会贴在一起。这是因为，如果两个物体之间没有任何东西，那么这两个物体就必然相互接触。而认为它们会相距遥远，或认为它们之间的距离是虚空的说法，都显然自相矛盾了；因为所有的距离都是广延的方式，所以没有广延的物质就不可能存在。[3]

---

〔1〕《哲学原理》，第16条，第八卷，第49页；第九卷，第71页。——原注
〔2〕《哲学原理》，第17条，第八卷，第49页；第九卷，第72页。——原注
〔3〕《哲学原理》，第18条，第八卷，第50页；第九卷，第73页。——原注

事实上，罗奥在他的《自然哲学体系》第七章里假定了笛卡尔对物质本质的判断（把广延等同于物质），便得出虚空不存在的结论。例如，"根据关于物质本性的设定，可以推断出哲学家所谓的虚空不可能存在"[1]，以及"虚空没有任何性质"[2]，甚至不存在。克拉克回复道："可以对那些认为物质本质是广延的人说：按照重力的真实本性……虚空是无处不在的，并且大部分存在于事物中。"[3] 此外，根据克拉克的观点，笛卡尔主义者（罗奥）在把真空与虚无等同起来时，犯了逻辑上的错误：毫无疑问，没有物质的空间是一无所有的空间，但这并不使它本身不存在。此外，将广延和物质等同起来，会导致非常棘手甚至荒谬的结果，即它具有必然性和永恒性。事实上，无限意味着必然性（非常有趣的是，克拉克就像之前的牛顿那样，把这条笛卡尔公理当作推理前提而接受。这个前提是如此确定和显然，以至于他们甚至觉得没有必要把它表述出来，当然，也没有必要提到它来自笛卡尔）。所以，克拉克说：

> 如果说广延是物质的本质，那么物质就是空间本身。因而可以推断出，物质必然是无所不在的、无限的和永恒的，它不能创造出来或回到虚无，而这是荒谬的。[4]

所以，很明显，空间和物质是不同的。应该认为物质本质不是广延，而是坚实的广延。此外，行星和彗星在天体空间中运动不受阻碍，这显然可以

---

[1] 罗奥，《论物理学》，第一部分，第8章，第26页；约翰·克拉克译《罗奥的自然哲学体系》（伦敦，1723年），第一卷，第8章，第27页。——原注

[2] 约翰·克拉克译《罗奥的自然哲学体系》（伦敦，1723年），第一卷，第12章，第26部分，第64页。——原注

[3] 约翰·克拉克译《罗奥的自然哲学体系》（伦敦，1723年），第一卷，第8章，第27页。——原注

[4]《罗奥的自然哲学体系》，第8章，第八部分，第24页的注释。——原注

下结论说这些空间是空的。

过了些年头，虚空的问题成为克拉克和莱布尼茨争论的话题之一[1]。克拉克认为空间与物质有区别，并且真空存在；他为之而辩护。而莱布尼茨接受前者，拒绝后者。克拉克认为，由于物质是有限的，而空间是无限的，所以必然存在虚空。而且，从无限空间也能得出虚空必然存在，而这又意味着与上帝的直接而即刻的关系。所以，克拉克声称，空间是上帝的一种属性、特性或性质。再过了些年，在德迈瑟克斯编的《通信集》（*Correspondence*）序言的"致读者"[2]（事实上是牛顿本人写的）里，他稍微放松了些口气（可能因为那些话带有很浓的斯宾诺莎主义色彩），而解释说：不应该按字面意思来理解它们；空间和延续不是"性质"或"属性"，而是实体存在的方式；这一实体在实际上是必要的，在本质上是无所不在的、永恒的。克拉克认为（因为克拉克的空间观念是来自莫尔，所以莫尔也如此认为），这并不意味着上帝实体是可分割的，因为空间本身是不能分割的，或译"不可分割的"[3]。

而莱布尼茨否认空间和时间具有形而上学意义上的实在性。并且他为了让空间共存、让时间延续，把它们简化为了一套关系。洛夫乔伊教授把莱布尼茨本人的推理恰当地称为"丰饶原理"（principle of plenitude），并认为真空的存在与上帝的无限完满相矛盾，并限制了他的创造能力。事实上，"充实"显然比"真空"更具有现实性。因此，如果上帝没有在任何可能之处创造物质，即没有随处创造物质，而是尽管他有能力创造更完美的世界，

---

〔1〕《1715—1716年间，已故学者莱布尼茨先生和克拉克博士之间讨论自然哲学和宗教原理的论文集》（伦敦，1717年）。——原注

〔2〕《莱布尼茨、克拉克、牛顿和其他人在哲学、自然宗教、历史、数学等方面的文集》（阿姆斯特丹，1720年），第一卷。——原注

〔3〕关于牛顿、克拉克和莫尔，请参阅A. 柯瓦雷的《从封闭世界到无限宇宙》（巴尔的摩市：约翰·霍普金斯出版社，1957年）。——原注

却创造了较低劣、更不完美的世界，那这是和上帝不相称的。此外，莱布尼茨认为，如果存在虚空，且有一些大块物质分散在虚空中，那么这是和充足理由律相矛盾的：的确，空间是同质同形的，上帝为什么在这里造物而不在那里造物呢？

不用说，莱布尼茨的论点并不能说服牛顿主义者。他们认为，他们的观念不会使世界变得低劣，或限制上帝的创造能力。恰恰相反，他们会因发现世界上有比物质多得多的虚空而感到洋洋得意。他们认为，这似乎把物质的重要性贬低得一无所有，或几乎一无所有，从而给唯物主义以沉重的打击。所以，本特利已经在他的《驳斥无神论》中热情地说道："我们太阳系区域的空旷空间……比其中所有有形物质多85750亿亿倍"，并且"天空一切虚空空间的总和要比所有物质的总和大68.6万亿亿倍[1]"。伏尔泰对此显然十分满意，他告诉我们："现在还不确定整个宇宙里是否有一立方英寸的坚实物质呢。"[2]此外，牛顿主义者认为上帝不应该被丰饶原理和充足理由律限制，也不可能被限制。而莱布尼茨把这些原理强加于上帝，限制了甚至摧毁了上帝的自由，使他屈从于必然性。换而言之，虽然克拉克同意每件事都必须有一个理由，但他坚持认为上帝的意志超出了充足理由律[3]。

所以，这就是关于克拉克的观点的内容。而伏尔泰很自然地为虚空辩护。他对待物质兼有实证主义和不可知论的态度，这显然是受到了莫佩尔蒂的影响。

---

〔1〕理查德·本特利，《对无神论的反驳——以世界起源和构造为依据》（伦敦，1693年），第二部分，第14页；I. B. 科恩，《艾萨克·牛顿在自然哲学方面的论文和书信》（马萨诸塞州剑桥市：哈佛大学出版社，1958年），第326页。——原注
〔2〕伏尔泰，《哲学书简》，古斯塔夫·朗松评注版（巴黎：爱德华·科尔内利出版社，1909年及后续版本），第16封信，第二卷，第20页。——原注
〔3〕《罗奥的自然哲学体系》，第一卷，从第20页开始，克拉克的第二条评注。——原注

而他的空间理论，则来自克拉克。伏尔泰在他的《牛顿哲学概要》（*Elements de la philosophie de Newton*）里写道：

那些不能想象虚空的人提出反驳，认为这个虚空将是一无所有，而一无所有不具有性质。所以，虚空中不会是一无所有。

我的回答是，说虚空是一无所有，这是错的。虚空是物体的位置、是空间。它具有性质。它在长度、宽度和深度上都是有广延的。它是可穿透的、不可分割的，等等。[1]

事实上，伏尔泰承认我们无法想象出虚空的图像。他说："但我也不能想象出一幅我自己作为思考的存在的图像，而这并不妨碍我认为我在思考。"确实，"我们只能形成有形事物的形象，而空间不是有形的"。伏尔泰说，尽管如此，"我能很好地想象空间。对于这点，除了能说物质是无限的以外，没有别的可以说的了。这是一些哲学家主张的，也是笛卡尔在这些哲学家之后所做的事。"[2]然而，这种无限的物质只建立在物质和广延同一的假设之上，并且它只证明了依靠假设来进行推理是多么的危险。的确，伏尔泰说：

认为物质和广延是同一回事是错的：所有的物质都是具有广延的，但不是所有有广延的都是物质……我们根本不知道什么是物质。我们只知道它的一些性质，而且没有人能否认，可能存在数以百万计的、不同于我们所称为物质的其他有广延的实体。[3]

---

〔1〕伏尔泰，《牛顿哲学概要》（阿姆斯特丹，1783年），第17章，第210页。——原注
〔2〕伏尔泰，《牛顿哲学概要》（阿姆斯特丹，1783年），第17章，第211页。——原注
〔3〕伏尔泰，《牛顿哲学概要》（阿姆斯特丹，1783年），第17章，第212页开始。——原注

笛卡尔在界定广延和物质时，不仅犯了错误，而且自相矛盾，"因为他承认了上帝。但上帝在哪里呢？他不是在数学点上，他是无限的。而如果没有无限空间，他又怎么是无限的呢？"的确，"认为存在无限物质，这种说法是矛盾的。"然而，无限的空间就不同。伏尔泰说：

> 空间必然存在，因为上帝必然存在。它是无边无际的。它是作为广延的形式，是必然的、无限存在者所具有的无限性质。物质则不是这样：它不一定存在。如果这个实体是无限的，它将是上帝或其自身的基本性质，但这两种说法都不对。所以它不是无限的，也不可能是无限的。[1]

有趣的是，正如我们所看到的，伏尔泰在第一版和第二版的《牛顿哲学概要》里，完全支持牛顿和克拉克的观点，并把这些观点当作自己的看法而提出来。他在第三版（1748年）里做出了修改，并扩充了一卷（即第一卷），专门讨论"牛顿的形而上学"。他把它们描述为牛顿和克拉克的观点，认为克拉克是"一位和牛顿一样伟大、甚至比牛顿本人还要伟大的哲学家"[2]。

E 罗奥和克拉克论吸引

不管吸引是磁力吸引还是引力吸引，笛卡尔主义者都表示反对，并且还反对其他类似的概念，因为它们固有的模糊性：它们不是"清楚而明白的"。因为笛卡尔认为我们所有的概念都应该是清楚的，所以这些模糊概念在哲学中没有地位。所以，罗奥解释说，在这个充满物质而没有任何虚空的

---

〔1〕伏尔泰，《牛顿哲学概要》（阿姆斯特丹，1783年），第17章，第212页及以后。——原注

〔2〕伏尔泰，《牛顿哲学概要》（阿姆斯特丹，1783年），第17章，第212页开始。亚里士多德极力否认真空的存在，认为："自然界害怕真空。"——原注

□ **背负天球的阿特拉斯**
　　阿特拉斯是希腊神话中的擎天神，因反抗宙斯失败，被罚在世界最西边用双肩擎起天球。

世界上，物体的一切运动都意味着某一部分周围物质的圆周运动（它把原本此处的东西推开或挪走，而它自己的地方又被背后的东西填上），这导致了非常重要的影响，即对一系列不同现象做出机械解释。他继续说：

　　14.这种圆周运动，是造成许多令人惊讶的运动的原因：

　　尽管很久以前这个事实就为人知晓了，但哲学家因为没有适当地关注它，并仔细权衡和考虑它可能产生的后果，而认为仅用推动力来解释我们在自然所看到的一切运动是不可能的。尽管推动力是我们唯一能清楚想象到的方法，即一个物体受另一个物体的推动而运动起来；而且这是从物质的不可穿透性自然而然地得来的，也是所有人都同意的。这就是为什么哲学家要把如吸引、同类感应（Sympathy）、抵触（Antipathy）、害怕真空等确实十分似是而非的东西引入哲学。说到底，这仅仅是一种妄想，是为了给他们不理解的东西一个说辞而已，所以它们应该应用于较完善的自然哲学。

　　15."吸引""同类感应"和"抵触"这三个词很含糊：

　　至于"吸引""同类感应"和"抵触"这些词，全都不应该使用。因为它们是含糊的，这是很明显的。如果我们以磁石为例，全世界的人都清楚，磁石相对于铁片有"吸引"或"同类感应"作用，但这根本不能说明它的本性或性质。至于"害怕真空",我把这个概念留到《牛顿研究》的第四章讨论。我在那里会把前人的推理和我自己的推理结合起来比较。[1]

对于罗奥这一表述,塞缪尔·克拉克评论道:

注释1:"吸引力":因为没有任何东西可以超距地起作用,也就是说,没有任何东西能在它不存在的地方施加力的作用。很显然,物体(如果我们说得恰当一些的话)彼此不能移动,除非有接触和推动。因此,"吸引""同类感应"以及一切从事物特定形式中产生出来的"神秘属性",都理应被抛弃掉。然而,因为除了无数其他自然现象外,物质的万有引力(我之后会更充分地讨论),绝不可能来自物体的相互推动(因为所有推动力必定和表面积成比例,但重力总是与坚实物质的量成比例,所以它必须归因于某种贯穿坚实物体内部的原因)。所以,所有这般的"吸引"都是允许的,因为它们不是物质所具有的超距作用,而是按照某种定律永远推动和支配物质的某种非物质原因的作用。[2]

至于重力本身,罗奥解释说[3],它是由物质的圆周(涡旋)运动产生的。这一物质退离中心,并把运动更缓慢的物质推回去。笛卡尔解释过这一点,惠更斯也在他著名的实验里很好地证明过了[4]。然后罗奥继续讲述这个实验,并得出结论说:"物质将退离中心,并迫使物体靠近中心,就像那

---

〔1〕《论物理学》,第一部分,第11章,第14节,第49页;《自然哲学体系》,第一卷,第54页。——原注

〔2〕《论物理学》,第一部分,第11章,第14节,第49页;《自然哲学体系》,第一卷,第54页。——原注

〔3〕《论物理学》,第一部分,第28章,第13节,从第328页开始;《自然哲学体系》,第二卷,第96页。——原注

〔4〕前文已经讲过了。——原注

些断定一切物体都很重的人所说的那样，是水迫使软木塞上升。"[1]

克拉克再次回答说：

（1）迫使物体靠近中心等。这是天才般的假说，只要世界被认为是充实的，它就非常可信。但是，近代哲学家做过的许多非常精确的观察已经表明：世界是不充实的；重力是物质最古老、最普遍的属性，是维系整个宇宙一切事物的原理。我们必须采用另外的方法，来找出另外的重力理论。简而言之，著名的艾萨克·牛顿爵士的探索取得了很大的成功，即通过假设重力最简单的本性，而建立起无可争议的、真正的世界体系，并最为清楚地解释了自然界中最重要的现象。他对重力的本性和性质的看法是这样的。

任何物体的每个微粒，都会吸引任何其他物体的每个微粒。也就是说，它们是在重力的推动下相互靠近的，参阅第一部分第二章第15条注释。这种引力就其范围而言，是遍及全世界的。也就是说，就我们所知，一切物体，不论它是位于地球某处，还是位于天上的月球、行星、太阳或是任何其他位置，都具有这种能力。

这种力是遍及一切物体的。也就是说，一切物体，不论其形状、形式或质地，不论是简单的还是复合的、是流体还是固体，不论是大是小，无论是在运动还是静止，都赋有这种力。

这种力对时间而言，也是普遍的。也就是说，由于其他一切条件都不变，所以它从来不增也不减。

重力的总量，在相同距离下总是与发出重力的物体所具有的物质总量成比例。举个例子，如果一立方英尺的黄金在地球表面有一千磅的重量，那么两立方英尺的黄金在同一地球表面将有二千磅的重量。如果地球所具有的物

---

[1]《论物理学》，第二部分，第28章，第13节，从第328页开始；《自然哲学体系》，第二卷，第96页。——原注

质总量只有现在的一半，那么现在地球表面上有一千磅重量的同一黄金，将只有五百磅重量。

给定物体的重力大小，取决于这些物体之间的距离。例如，在地球表面附近的一块石头很重，如果把它搬到月亮那么高的地方，它就会很轻。

最后，在相互靠近或远离的物体中，重力的增减变化比例是如此的：重力与它们的距离平方成反比。例如，一个距离十倍地球直径的物体，重达一百磅；如果其距离变为一半，那它的重量会是原来的四倍；如果距离变为三分之一，那么重量变为九倍。类似地，该力在地球表面可以支撑起一百磅的重量；如果它到地心的距离变为原来的两倍，它就能承受四倍的重量；如果它到中心的距离变为原来的三倍，它就能承受九倍的重量。[1]

F 哥白尼和开普勒论重力

在哥白尼之前的物理学和宇宙论里，重力是重物向宇宙中心运动的一种自然趋势，而世界中心恰好和地球中心重合。哥白尼把地球中心从宇宙的中心位置移走以后，就必须相应地修正重力理论。他用一些行星的引力代替了独特的宇宙引力。所以，他写道：

我自己认为，重力或译重量（heaviness）只不过是宇宙造物主在神意下给物体各部分赋予的自然趋势，是为了让它们彼此结合成统一的球体。我们可以假定，这种效果存在于太阳、月亮和其他明亮的行星上。这一效果，使它们保持为可以看到的球形，尽管它们以各种不同的方式进行圆周运动。[2]

---

〔1〕《论物理学》，第二部分，第28章，第13节，从第328页开始；《自然哲学体系》，第二卷，第96页。——原注
〔2〕《天球运行论》（索恩市，1873年），第一册，第9章，第24页。——原注

我们在威廉·吉尔伯特的作品中也遇到过类似的概念：他没有用磁力吸引来解释重力（地球的磁性解释了地球的自转），而是用每个宇宙球体（地球、月球、太阳和各颗行星）的特别的适当"形式"来解释。这一"形式"使它们的各个部分聚集和集合起来，使从整体分离出来的部分趋向于整体，地球分离的趋向于地球，月球分离的趋向于月球，太阳分离的趋向于太阳[1]。

一方面开普勒赞同哥白尼和吉尔伯特的观点，认为恰当地说，引力是每个天体所特有的，行星之间不相互吸引。从这个意义上说，太阳也不吸引它们。没有万有引力存在。另一方面：（1）他强调引力吸引的主动特征，他解释为类似于磁力（有时他称之为"磁力的"）；（2）他声称，这种相互引力吸引发生在地球和月球之间，是因为它们具有基本的相似点。所以月球的吸引力能传到地球这么远的地方（从而引起了潮汐），而地球的吸引力甚至能传到比月球还远的地方。所以，他写道：

数学点不论是不是世界的中心，都不能使重物实际地或客观地运动起来，使它们接近它……使物体运动起来的［自然］形式，不可能是数学点或世界的中心……所以，公共重心理论似乎是错的……至于真正的重力理论，它是建立在这些公理之上的：一切有形实体如果在同源物体的作用范围外，就有在其放置之处保持静止的趋势……重力是同源物体使彼此聚合或彼此结合的物质感应（磁力与之类似）。这样，更多的是地球吸引石头，而不是石头吸引地球。

重物（即使我们把地球放在世界的中心）并不会朝世界中心运动，也不会运动到世界中心，而是会朝着同源球体的中心运动，即朝地球中心运动。所

---

[1] 吉尔伯特，《磁石论》（伦敦，1600年），第65、225、227页；《关于月下世界的新哲学》（阿姆斯特丹，1651年），从第115页开始。——原注

以，无论地球放置在哪里，无论地球应该靠自己的动物能力［生机］把自己输送到哪里，重物总是会朝向它运动。如果地球不是球体，那么重物就不会从任何地方向地球中心运动，而是会从不同的方向各个不同的点移动。

如果两块石头放置在世界的某个地方，且彼此都不在第三个同源物体的作用范围内，那么这些石头会以类似于两块磁体的方式，而在中间相遇。每个石头向对方靠近的距离与对方的体积［质量］成正比。

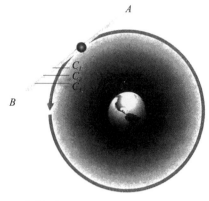

□ **月球运动**

按照牛顿的惯性定律，月球应该自然而然地做直线运动，从A运动到*B*。由于受地球万有引力的影响，月球改变直线运动的方向，转而向C_1、C_2、C_3点运动，从而建立绕地轨道。

如果月球和地球没有因动物能力［生机］或其他相当的力而维系在各自轨道上，那么地球会向月球靠近，走过［它们之间距离的］1/54，而月亮会靠近地球，走过这一距离的1/53。它们将在该处相遇。不过，前提是它们的物质密度要相同。[1]

实际上，在这种情况下，地球的质量（拉丁语moles）大约是月球的53倍，它对月球的引力是月球吸引它的53倍。这是因为，正如开普勒告诉他的朋友法布里丘斯的那样，"重力是一种磁力，它使相似的［物体］重新结合

---

　　［1］《新天文学》，导言，载于弗里施编的《开普勒全集》，第三卷，第151页；载于M. 卡斯帕编的《开普勒文集》，第三卷，第24页。——原注

起来。这对大物体和小物体都一样。重力根据物体的质量来进行划分，并获得如此的大小。"[1]

这一"引力"是如何发挥作用的？当然，开普勒并不知道。但他在写给法布里丘斯的信（刚刚引用过的）里，讨论第谷恢复的反对地球运动的传统论证（上抛物体不会落到原处等）时，提出了一幅图像[2]。也许，这不仅仅是一幅图像，因为他已经在《哥白尼天文学概要》里运用过了。他认为，物体不会"滞后于"自转的地球，是因为地球用重力把它们拖住了，就好像被无数的链条或筋腱拴在地球上一样。事实上，"如果没有这样的链条或筋腱的束缚，石头就会保持在原来的位置，而不跟随地球的运动。"[3]但它们确实跟着运动了；或起码在重力的作用下，它们就像是跟着运动一样。所以，他在《哥白尼天文学概要》里告诉我们：

重物以这种方式落向地球，并且地球也落向重物。所以，比起向地球远处的运动，重物向地球近处的运动较为强烈……它们仿佛是被垂直的线或筋腱，和被极为倾斜的线或筋腱拉向地球的近处［倾斜拉不如（垂直）拉的力量大］。这些线或筋腱向地球收缩。[4]

G 伽桑狄论引力和重力

伽桑狄是个不出色的物理学家，是个糟糕的数学家（他不理解伽利略对落体定律的推导，并想用空气压力的作用来补充重力的作用），还是一个相当二流

---

〔1〕《1608年11月10日的信》，载于《开普勒全集》，第三卷，第459页；《开普勒文集》，第16卷，第193页。——原注

〔2〕《开普勒全集》，第三卷，第458页；《开普勒文集》，第16章，第196页。——原注

〔3〕《开普勒全集》，第461页；《开普勒文集》，第16章，第197页。——原注

〔4〕《哥白尼天文学概要》，第一册，第五部分；《哥白尼全集》，第七卷，第181页；《开普勒文集》，第七卷，第96页。——原注

的哲学家。然而，他在他所处的时代，甚至整个17世纪，都是大名鼎鼎且很有影响力的。甚至，牛顿表示了对他的赞赏，这可能[1]是牛顿受到过他的影响。此外，从科学史的角度来说，他还有以下成就：他（1641年）在马赛港口的大帆船（该船是马赛所在省的总督达莱伯爵批给他的[2]）上进行了一系列实验。这些实验以最有效的和壮观的方式，证明了伽利略（和布鲁诺）的想法是正确的，即石头或子弹从航行的船的桅杆上掉下来，会落在桅杆的底部，而不会落在后面。他不是第一个做这种实验的人[3]，然而，他却是首个在其书《论受迫运动》（拉丁语 *De motu impresso a motore translato*）（巴黎，1641年）里将它公开描述出来的人。他还有一个伟大的成就，那就是他超越了伽利略对圆周运动的迷信，在《论被运动者推动的平移运动》里给出了惯性原理的正确表述[4]。正如我在别处所指出的[5]，而且我们将会看到[6]，他之所以能够做到这一点，是因为他认为重力是引力的效果。这一想法显然是在哥白尼和开普勒的共同影响下形成的，尽管他引入"流溢"（拉丁语effuvia）这一概念而做出了修正。

所以，引力与推动力并没有很大的不同，这就解释清楚了。因为"引力只不过是通过弯曲的工具把某物推向（拉丁语impellere）自己"[7]。

而这一推动意味着这一工具的牵引。他认为：

存在于地球特定部分和地球物体中的重力，与其说是一种内在的力［拉丁语vis insita］，不如说是受地球引力而产生的力。实际上，我们可以从

---

[1] A. 柯瓦雷，《学者伽桑狄》，载于《伽桑狄三百周年大会论文集》（巴黎，1957年）。

[2] 指路易斯·伊曼纽尔·德瓦卢瓦，1638年起任他担任普罗旺斯省总督。

[3] 前文有提到过。

[4]《伽桑狄研究》（巴黎：埃尔曼出版社，1939年），第三部分。

[5] 参阅后文的条目 I。

[6]《论受迫运动》，第一编，第17章，第68页。

[7]《论受迫运动》，第二编，第8章，第116页。

这里附带的磁铁例子来理解它：让我们拿一小块几盎司重的铁放在手里；如果把一块非常强有力的磁铁放在手的下面，我们感受到的重量将不再是几盎司，而增大为几磅。因此，我们不得不承认，这种重量与其说是铁固有的［拉丁语insitum］，倒不如说是被放在手下的磁铁的引力带来的。所以，当我们讨论石头或其他地球物体的重量或重力时，我们可以理解为，这种物体的重力与其说来自它本身［它的本性］，倒不如说来自它下方地球的引力。[1]

这种"引力"是如何发挥作用的？伽桑狄把开普勒的链条、绳索或筋腱的图像理解为对物质的真实情况的表达。他假设，重物的每个微粒都通过细绳与地球相连，细绳把它拉向地球。顺便说一下，这清楚地说明了小物体和大物体重量有差异的原因（大物体微粒更多、绳索更多），同时也解释了为什么大物体和小物体同时落到地面：较重的物体被与其质量（即它所包含的粒子数）成正比的力往下拉，它以同样的比例抵抗这一拉力。伽桑狄说：

所以，如果有两块石头或两个同种材料［制成］的球体（例如铅球），一个小而另一个特别大。把它们从相同的高度同时放下，它们将在同一时刻落到地面。较小的物体速度不会较慢，尽管它的重量还不到一盎司；较大的物体也不会更快，尽管它［的重量］达一百多磅。显然，较大的物体被更多的绳索牵引，有更多的微粒吸引。所以，力和质量之间存在比例关系。在这两种情况下，［力和质量］产生的［力］足以使两个物体同时落地。最令人惊讶的是：如果球体是由不同的材料制成的，例如一个是铅的，另一个是木头的，那么两者落地时间也是相同的，木头球不会落得比铅球晚。只要同样数量的微粒将受到同样数量的绳索吸引，那么这个比例将以同样的方式发生。[2]

---

〔1〕《论受迫运动》，第一编，第15章，第61页。——原注
〔2〕《物理学哲学论集》，第一部分，第五册，第3章，第352页；《伽桑狄全集》（里昂市，1657年），第一卷。——原注

这种引力能传得多远呢？答案是非常远，可能会传到行星上去。[1]

但是，假设引力是地球发出的磁力线导致的，那么行星区域内的物体受到的引力就会小得多，因为在这些区域内，磁力线的密度和数量会随着距离的增加而减少。出于同样的原因，这一引力不会延伸到恒星，因为没有射线或者说几乎没有射线能到达那么远的地方："如果［下落的］原因是磁力线导致的引力，而因为这些线是如此稀疏，且随着地球距离的增加而越来越稀疏，所以它们可能是在行星区域内吸引物体的，但不会如此强烈；且不是来自恒星区域的吸引力。"[2]

奇怪的是，也许这是伽桑狄的特别做法，他并没有从这些得出结论。他说，物体从行星区域向地球下落，至少在一开始的时候，比在地球上下落得要慢得多。而且，它们根本不会从恒星区域下落。恰恰相反；他接着要讨论，如果我们承认物体将从某处下落到地球上，那么我们要确认物体所具有的令人难以置信的运动速度。他说，在这种情况下，它们以这里的速度出发，并逐渐提高速度。那么它从月球落到地球上需要2.5小时，从太阳落到地球要11小时15分钟，从恒星落到地球上要1天11小时15分钟。

伽桑狄把引力看成是把物体拉向地球的绳索（这一看法相当幼稚，但毕竟比法拉第的力线好一些），这一看法会导致相当有趣的和意想不到的后果：他和笛卡尔一样，认为不存在透过虚空的作用。为了使一个物体被另一个物体吸引或有朝向另一个物体的趋势（例如，一个重物被地球吸引），发出吸引的物体必须要有流溢到达被吸引的物体。实际上，伽桑狄说：

让我们设想有一块石头，存在于我们世界之外的想象空间里，上帝可以在那里创造其他的世界。你认为它［石头］在那里一旦形成，就会飞向地

---

〔1〕《物理学哲学论集》，第一部分，第五册，第3章，第352页。——原注
〔2〕《论受迫运动》，第一编，第15章，第59页。——原注

球，而不是停留在最初放置的地方吗？也就是说，它就像没有上下方位，使其远离物体或靠近物体一样？

但如果你认为它会来到这里，那就想象一下不仅地球消失了，而且整个世界都化为虚无了。这些空间是完全空荡荡的，就像上帝创造世界以前一样。那么事实上，因为这里没有中心，所以一切空间都是相似的；显然，这块石头不会来到这里，而是会一动不动地待在原地。现在，让我们把世界和地球重新放回去，那石头会立刻赶到这儿来吗？如果你说它会，就有必要［承认］地球能被石头感觉到，所以地球必须向它传输某种力，发出微粒。由这些微粒告诉石头它本身的印象，以便石头知道它［地球］在同一个地方恢复了。否则，你怎么能理解石头会趋向于地球呢？

很难说，到达物体的这些"微粒"，是"激发"了物体并使之"倾向"或"驱使"地球，还是形成了拉动物体的"绳索"。可能两者兼而有之。不是吗？毕竟，就连开普勒也说过，有物体在"寻找"地球。磁铁会不会把小物体拉向大物体呢？在任何情况下：

如果地球周围大气的空间被上帝弄得完全空无一物，以至于无论是地球还是其他地方的任何东西都无法穿透它，那么放在那里的一块石头会朝地球或地球中心移动吗？肯定和那块放在超空间的［石头］一样。因为对这块石头来说，它与地球或世界上任何其他东西都没有联系。如果世界、地球或中心不存在了，什么都不存在了，它还是原来的那样。[1]

---

[1]《论受迫运动》，第一编，第15章，第60页。关于伽桑狄，参阅B. 罗舒，《伽桑狄关于伊壁鸠鲁和原子论的工作》（巴黎：弗兰出版社，1944年）。当然，还可参阅K. 拉斯维茨，《原子论的历史》（德国汉堡市和莱比锡市，1890年），第二卷。——原注

H 胡克论重力与吸引

1666年5月，胡克向皇家学会提交了"一篇论文……讲的是直线运动按照附加的吸引原理而变为曲线运动"。说来也奇怪，他在该文里指出有一种用以太压力来解释重力吸引的可能解释，并表示反对，这很类似于50年后的1717年牛顿在其英语版《光学》的疑问21里所说的[1]。胡克说：

我常常想知道，为什么按照哥白尼的假设，行星既不包含在任何坚实轨道中（古人可能因这一原因而接受它），又不被任何可见

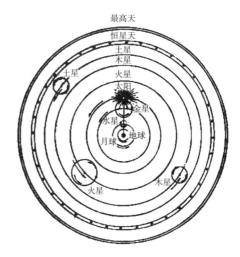

□ **托勒密宇宙体系示意图**

在托勒密构架的宇宙体系示意图中，地球静止不动地位于整个宇宙中心。距地球由近及远的天体依次是：月球、水星、金星、太阳、火星、木星、土星、恒星天；在恒星天之外，还有一层"最高天"。

的绳索绑住其中心，而却围绕着太阳运行呢？它们不会偏离轨道超过一定程度，也不会像只受到一次推动的一切物体那样沿着直线运动。因为，对于在流体中朝某一位置运动的固体来说（只要它不被附近的某种推动力推到一边，或在运动中不被另一个排斥物体所阻碍，或其运动所要通过的介质不是每一方向都能同样地穿透），它就必须保持它的运动在一条正确的直线上，不会偏离到这条或那条直线上。但是，一切天体都是在流体中运动着的，都是有规则的坚实物体，但它们都不沿直线运动，而是沿着圆形轨道或椭圆形轨道运动。使它们的运动变为曲线的原因，除了第一次施加的推动力之外，一定还有别的

---

[1] 这在条目C里说过了。——原注

原因。我只能想到有两种原因可能造成这种效果。除此之外，再想不出别的了。第一种可能，是因为介质的密度不均等。行星星体是在介质中运动的，如果我们假设离中心最远或离太阳最远的那部分介质，其密度比离中心较近的部分大，那么直线运动将会总是因为内部介质较易弯曲和外部介质阻力较大而向内偏转。这会有几种可能结果。例如，如果以太有空气的某些性质，那么较接近太阳这一热量源泉的那部分以太，就理应最稀薄；因此，越远离太阳的部分，以太就越密集。不过，这种假设还有其他可能的结果。这些结果与我当前的目的无关，我就不提了。

使直线运动转变成曲线的第二个原因，可能来自中心物体所具有的引力性质。中心物体通过这一性质而不断地吸引它或是把它拉向自己。如果假定这一原理是正确的，那么行星上的一切现象似乎都有可能用机械运动的一般原理来解释；而这种推测，也许能给我们一个关于它们运动的真实假说。根据一些观察，我们或许可以确定它们的运动，或许能够尽可能精确地计算出它们的运动。[1]

胡克试图用圆锥摆的例子来"解释"这种变化。他说，在这种情况下，"返回中心的趋势……随着越来越远离中心而变得越来越大。而受到的太阳吸引则相反"。尽管万有引力定律和圆锥摆定律之间有这个非常重要的区别，但圆锥摆定律确实是对行星运动很好的类比：根据圆锥摆所受到的不同推动力，它会画出圆周或方向各异的椭圆。托马斯·伯奇写道：

---

〔1〕参见理查德·沃勒的《罗伯特·胡克博士的生平》，载于《罗伯特·胡克博士遗著》（伦敦，1705年），第12页；托马斯·伯奇，《皇家学会史》（伦敦，1757年），从第90页开始；R. T. 冈瑟，《牛津的早期科学》（牛津，1930年），第六卷，第265页。——原注

1666年5月23日，胡克先生宣读了一篇论文。他解释说，直线运动是通过附加的引力原理而变成一条曲线的。这一引力原理还等待着人们去发现。其中所包含的论述，是对一个实验的介绍，以表明圆周运动是向着切线方向做直线运动的一种努力和趋向中心的另一种努力组合而成的。为了达到这个目的，房间的屋顶上悬挂着一个钟摆，钟摆的一端挂着愈疮木制成的巨大木球。结果发现，如果一开始沿着切线方向运动努力的力强于趋向中心的努力，那么就会产生这样一个椭圆运动。这一椭圆的最长直径，和物体受到初次推动时具有的直接趋势相平行。但是，如果这种力弱于趋向中心的努力，那么就会产生另一种椭圆运动。这一椭圆运动的最短直径，和物体受到初次推动时具有的直接趋势相平行。如果两种力相等，那就形成了一个完美的圆周运动。还有一个实验，由短绳子把另一个摆球连接到金属线的下部分，于是挂起了更大的重量。这个小球可以环绕大球做圆周运动或椭圆运动，而大球环绕着中心做圆周运动或椭圆运动。这样做的目的，是为了说明月亮围绕地球的运动方式。由此可见，代表地球的大球和代表月亮的小球，都没有沿着圆或椭圆而运动。如果把这两个球的任一个球单独悬挂起来的话，它们本是会这样做的。但是这两个物体的共同重心（把这两个物体假设为一个整体，或当作一个整体），似乎在有规律地做圆周运动或椭圆运动，即，两个球围绕这一点沿着小椭圆做圆周运动。[1]

胡克由此得出了正确的结论。他认为：

彗星和行星的现象可以用这种假说来得到解决。次行星和主行星的运动也可以得到解决。拱点的前移运动也很明显。但天平动或纬度运动，就不能

---

〔1〕托马斯·伯奇，《皇家学会史》，第一卷，从第90页开始。——原注

□ 胡克

罗伯特·胡克（1635—1703年），英国博物学家、发明家，在力学、光学、天文学等方面都有重大成就。

很好地用这种钟摆的方式来解释。可以最容易地用轮子环绕一点运动的方式来解释。[1]

后来，1670年，胡克在格雷欣学院为皇家学会所作的演讲里写道：

我之后将……解释宇宙体系。这一体系在许多细节上都不同于任何已知体系，但在一切方面都符合机械运动的一般规则。它取决于三条假设：第一条是，一切天体都有朝向自身中心的引力或译重力。这一引力让它们不仅吸引自己的各部分，以防止自身分崩离析，就像我们所观察到的地球那样，而且它们也吸引在它们的作用范围内的其他天体。所以，不仅太阳和月球对地球及其运动有影响，同时地球也影响着太阳和月球，而且水星、金星、火星、木星和土星也通过它们的吸引力而对地球的运动产生相当大的影响。同样地，地球引力也会相应地对它们中每一个的运动产生相当大的影响。第二条假设是，所有物体如果都处于直接的、简单的运动中，就会继续沿着直线前进，直到它们受到其他有效果的力而发生偏离，并沿着圆、椭圆或其他更加复杂的曲线而运动。第三条假设是，这些引力发挥作用时，越接近它们自己的中心时，就越强。现在我还没有证实这一关联程度有多强，但这一想法如果完全得到落实，那么

---

[1]托马斯·伯奇，《皇家学会史》，第一卷，从第90页开始。——原注

它应当能极大地帮助天文学家把一切天体运动都化归为一条特定的原理。我怀疑如果没有它就永远做不到。一个人如果了解了钟摆和圆周运动的本质，就很容易理解全部原理，也就知道该如何在自然界中找到阐述它的正确道路。现在，我只暗示有这样能力的人去落实它，这些人必须有能力和机会去进行探索，而不乏勤于观测和计算的能力，并衷心希望发现这些原理。我自己手头上还有许多要首先完成的其他事情，所以我不能参与它了。

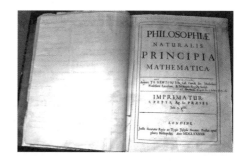

□ 《自然哲学的数学原理》书影

　　图为牛顿的《自然哲学的数学原理》，1686年版，现保存于剑桥大学图书馆。

　　但是，我敢向进行这一研究的人保证，他会发现世界上所有伟大的运动都受这一原理的影响，而对这一原理的真正理解将成为天文学的最完美成就。[1]

　　当然，胡克说对万有引力原理的"真正理解"将成为"天文学的最完美的成就"，这是对的。这正是牛顿在《自然哲学的数学原理》里所做的。然而，为什么胡克自己不来"进行"这项研究，从而得出"自创世以来自然界最伟大的发现"[2]呢？他对此的解释却听起来相当蹩脚。事情的真相是，

---

〔1〕《用观测来证明地球运动的尝试》（伦敦，1674年），从第27页开始。再版于《课程讲义》（伦敦，1679年）和冈瑟编的《牛津的早期科学》，第八卷。——原注
〔2〕1689年9月15日，J. 奥布里写给安东尼·伍德的信；参阅胡克的《日记》，载于冈瑟编的《牛津的早期科学》，第七卷，第714页。——原注

胡克不"理解圆锥摆和圆周运动的性质"（我们也不能因此而指责他，因为1670年时只有惠更斯和牛顿做到了），并且他尝试用实验来验证引力定律也失败了。还有相当奇怪的事，他不仅在1674年［即在1673年惠更斯出版了首次阐述圆锥摆和圆周运动的性质的《摆钟论》（拉丁语*Horologium oscillatorium*）之后］把他1670年的演讲出版了，甚至不加修改地把它们直接收录进1679年出版的《卡特勒演讲集》（拉丁语 *Lectiones Cutlerianae*）。更重要的是，17世纪70年代末，胡克（还有哈雷和雷恩）提出的万有引力平方反比定律已众所周知（这当然是在他研读惠更斯1673年《摆钟论》许久之后提出的，因为这本书包含了他自己无法推导出的离心力定律的公式），而他甚至在1680年1月6日给牛顿的信中提到它时，还是无法由此推断出行星的椭圆轨道。原因是：（1）他缺乏足够的数学能力；（2）他接受了开普勒的错误假设，即行星在轨道上每一点的速度都与它到太阳的距离成反比。在我看来，这一点使他无法主张自己在牛顿之前就发现了万有引力定律[1]。奇怪的是，最近捍卫胡克具有优先发现权的人却忽略了这一点[2]。然而，有趣的是，胡克在1680年提出了关于重力吸引的极为天才的机械论，他通过以太快速振动其中沉浸的物体来进行解释。胡克说：

　　那么，假定在地球这一球体中有一种这样的运动，我为了区别起见，将其称为"球状运动"。它的所有部分都向着地心来回振动，或者说是膨胀和收缩的振动。这种振动运动是非常短和非常快的，因为它存在于所有非常坚硬和非常紧凑的物体中。这种振动运动，确实传递了或引起了以太的一部

---

［1］A. 柯瓦雷，《罗伯特·胡克写给艾萨克·牛顿的未发表信》。——原注

［2］D. 帕特森小姐，《胡克的引力理论》，载于《伊西斯》1949年第40卷，第327—341页；1950年第41卷，第32—45页；约布斯·洛纳，《胡克对阵牛顿》，载于《半人马座：欧洲科学史学会会刊》1960年第7卷，第6—52页。——原注

分运动。这些以太分散在这些固体振动部分之间。这种传递的运动，确实导致这种散布在球形里的流体沿着地心的每一个方向而来回振动。这种极具流动性、极为致密的物质发出辐射振动，不仅让地球的所有部分都靠近地心或被迫靠近地心，而且对那些散布在空气和其他种类流体的以太来说，它导致这些东西同样有朝向中心的趋势。更不用说那些在某一空中位置或在空气之上的任何有知觉的物体了，尽管它距离很远，也有这一趋势。我将在以后确定这种距离，并说明它对地球内外各种距离的物体所带来的力的大小。因为我将在下文说明，这种传递的力量是随着传播之球的表面积增加而不断减少的，正如我们发现光和声音在介质里的传播和在水面上的起伏传播那样。所以，我认为它的力量总是与传播球面的面积或译表面成反比，也与距离成反比。我们可以从对其性质的考察中清楚看出这一点，而且今后还可以从它在不同距离处所产生的效果里，更清楚地看出这一点。[1]

尽管如今人们所理解的胡克在科学史上发挥的作用，比18、19世纪时更深入[2]，且他的著作和日记一再出版[3]，但是他仍然没有获得他理应获得的完整专著研究[4]。

---

〔1〕《论彗星与重力》，载于《罗伯特·胡克博士遗著》，从第184页开始。——原注

〔2〕E. N. da C. 安德拉德，《罗伯特·胡克》，载于《英国皇家学会会刊》（伦敦1950年第201卷［A］，第439—473页。——原注

〔3〕冈瑟，《牛津的早期科学》，第5—8卷，第10卷、第13卷；以及H. 鲁宾逊和W. 亚当斯编的《罗伯特·胡克1672—1680年的日记》（伦敦：泰勒和弗朗西斯出版社，1935年）。——原注

〔4〕关于胡克的文献，可参阅约布斯·洛纳的《胡克对阵牛顿》，载于《半人马座：欧洲科学史学会会刊》1960年第7卷，第6—52页。关于胡克的引力"振动"理论，可参阅J. 岑纳克的《引力》，载于《数学科学百科全书》（莱比锡，1903—1921年），第五卷"物理学"。——原注

I 伽桑狄论水平运动

正如我所提到的[1]，让伽桑狄从伽利略迷信的圆周运动里跳脱出来，并且否认"水平"和"垂直"（"上下"）方向的特权，而声称所有这些方向都等价的，正是因为伽桑狄相信引力，即相信可以用引力来解释重力。

伽桑狄一开始就提出，虽然没有什么剧烈运动的东西是永恒的，但这一著名论断并不适用于水平运动[2]。恰恰相反，水平运动可以看成是自然运动，甚至应该看成是自然运动。这不仅体现在地球绕轴自转、石头和其他地球上的物体也参与水平运动的情况中，而且在地球静止不动的情况下也是如此。事实上，水平运动是一种圆周运动，是沿着地球表面的运动，因而不改变到地心的距离。它既不"向上"也不"向下"。伽桑狄接着说，让我们想象一下，一个完美的圆球放在一个水平面（即地球表面）上，我们假设水平面是极为光滑的（库萨的尼古拉和伽利略已经使用过这个例子）[3]。因为我们假设其运动路径上的一切外部障碍都移走了，并且每一瞬间的运动相对于其表面和中心周围都是在同一位置，这难道不很清楚地意味着，它会永远运动下去，并永远不会放慢或加快它的运动速度吗？

当然，一个在空气里水平抛出的物体不会以这种方式运动。因为它的水平运动将与垂直运动结合起来。换句话说，它会由于重力而下落，走出一条曲线。

伽利略仍然认为重力是属于物体自身的，因而没有进一步地把重力抽象化。所以，他需要一个表面［就像《关于两大世界体系的对话》（*Dialogo*）里所

---

[1] 我在条目G里提到的。——原注

[2]《论受迫运动》，第10章，从第38页开始。——原注

[3] A. 柯瓦雷，《伽利略研究》（巴黎：埃尔曼出版社，1939年），第三部分，第148、149页。——原注

说的球面，或《关于两门新科学的谈话》（*Discorsi*）里所说的水平面那样］来支撑物体，以防止它们"下落"。

然而，伽桑狄认为，重力只是"引力"表现出来的效果，也就是一种外力的效果。他可以很好地把重力抽象化：为了使物体不受重力影响，他只需要（在思想或想象中）去掉对该物体起作用的其他一切物体，并把它放在虚空中，例如放在置于世界之外的想象空间中[1]。反之亦然，为了解释重物的实际行为，即重物不在一条水平线上持续运动，或者换句话说，要解释它朝向地球的垂直运动，他说："除了借助于推动的原因，还有必要借助于吸引的原因。事实上，这种吸引的力除了来自属于整个地球的、被称为磁力的力以外，还有什么别的力呢？"[2]但在想象空间里，物体不会受制于这种吸引的力，而且，也没有可以围绕的中心。所以，"水平"运动就会变成直线运动，而物体一旦运动，就会永远以相同的速度、相同的方向运动下去。伽桑狄说：

你问我，对于我假设的可以［存在于］虚空中的物体来说，如果它受到某种力的推动而脱离静止状态，会发生什么事？我会回答说，它很可能会一直匀速运动下去；运动的快慢，取决于作用于它的推动力的大小。至于论据，我已经在水平运动的均匀性中解释过了。事实上，如果没有与垂直运动合在一起，水平运动就似乎不会停止。因为虚空里没有垂直运动加入进来，所以无论运动开始的方向是什么，它都类似于水平运动，既不会加速，也不会减速，永远不会停止。[3]

---

〔1〕这已经在条目G里说过了。——原注
〔2〕《论受迫运动》，第一编，第13章，第46页。——原注
〔3〕《论受迫运动》，第一编，第16章，从第62页开始。——原注

□ **时空与物质的关系**

　　空间和时间不能离开具体的物质而存在，物质与时空不可分割的性质已被爱因斯坦推论出来。

　　所以，运动在虚空里是守恒的。但运动不仅仅在虚空里守恒，事实上，它在这个地球上也守恒。伽桑狄为了证明它，而仔细描述和分析了摆的运动。他仿照伽利略，声称摆的运动是完全等时的，并得出结论说：

　　所有这一切都没有别的目的，而只是使我们了解：在没有任何吸引或抵抗的虚空里，传递［给物体］的运动将是均匀的和永恒的。所以，我们得出结论说，传递给物体的一切运动都是这样的。所以无论你朝任何方向扔一块石头，如果你想象在石头离开手的那一刻，这块石头以外的一切神力都消失了，那么结果会是石头继续沿着同一方向永远运动下去。如果它没有这样做［事实情况如此］，那原因似乎是由于地球引力的介入，使它偏离其轨道（直到到达地球才停止），就像扔在磁铁附近的铁屑不是做直线运动，而是会沿磁铁方向偏移。[1]

J 运动状态和静止状态

　　我想指出的是，"运动状态"和"静止状态"这两个词，惠更斯、沃利斯和胡克都没有用过。所以，惠更斯在他的《论碰撞引起的物体运动》（*De*

---

　　〔1〕《论受迫运动》，第一编，第16章，从第69页开始。——原注

motu corporum ex percussione）[1]（写于1656年，而在他死后的1703年才出版）里是这样提出假说一的："运动中的物体，当它不遇到任何障碍时，有着沿直线以相同速度运动的趋势。"而在1673年《摆钟论》里，他这样提出假设一："如果没有重力，且空气完全不阻碍物体的运动，那么任何物体一旦开始运动，都将以匀速直线运动下去。"[2]

事实上，沃利斯甚至没有给出惯性原理的特定表述。他在《力学，或论运动的几何学》一开始就说：

虽然逻辑学家讨论了几种类型的运动，如生成、增加、改变等（我在这里不想讨论是否所有这些都可以简化为位置运动），但我们把这里的运动理解为通常接受的含义，即"位置运动"，它通常写作 φορά, 或 latio。[3]

然后沃利斯解释道，他把产生运动的力称为"动量"，把产生与之相反的阻力的称为"阻量"。如果动量比阻量强，就会带来运动或是运动加速；反之，如果阻量比动量强，就会停止运动或运动减速；如果动量和阻量的强度相等（拉丁语 si aequipollent），运动就既不会产生也不会被阻止，而是无论之前是运动还是静止，都将持续下去。他在一条注释里说：[4]

看来这个命题的最后一部分，即这个运动一旦开始（只要不设障碍），就会凭借它自身的力量（自发地）坚持下去，而不需要外加的推动力。

已经存在的静止也是这样（如果没有附加的推动力的话）。这是伽利略、

---

[1] 惠更斯，《惠更斯全集》，第16章，第30页。——原注

[2] 惠更斯，《惠更斯全集》里的第二部分《论重物的下落和它在最速降线上的运动》，第17章，第125页。——原注

[3] 《力学，或论运动的几何学》（伦敦，1670年），第一部分，第1章，定义2，第2页。——原注

[4] 《力学，或论运动的几何学》（伦敦，1670年），第一部分，第2章，命题11，第18页。——原注

笛卡尔、伽桑狄和其他人提出过的假设。他们由此得出了非常重要的结论。但我不记得有谁曾见过它被证实过。[1]

然而，他后来说："运动如果不受障碍，那么它即使没有附加的推动原因，也将以同样的速度坚持下去。"[2]胡克只做了一个"假设"，认为"任何物体，只要在做简单的直线运动，就会继续沿着直线前进"等。[3]

而牛顿在1664年的《废纸本》（*Waste Book*）中写道："公理二，一个量总是在同一条直线上运动（不影响是否运动，也不影响运动速度），除非有什么外在的原因使它改变方向。"然而，他又按照笛卡尔的观点指出："一切事物都保持其实际状态，除非受到某种外部原因的干扰。"[4]

牛顿在《论流体的重力与平衡》（拉丁语 *De gravitate et aequipondio fluidorum*）里，使用笛卡尔的说法来定义力（拉丁语vis）和惯性。他说：

定义五：力是运动与静止的因果原理。它要么是一个外部原理，以生成、破坏或其他某种方式来改变施加给任何物体的运动，或者它是一个内部原理，使现有的运动或静止的物体维持下去，也使任何物体努力维持其状态和反对阻力……

---

〔1〕《力学，或论运动的几何学》，第三部分，第10章，第645页。他在此参考了第一部分，第1章，命题11。——原注

〔2〕《力学，或论运动的几何学》，第三部分，第10章，第645页。——原注

〔3〕剑桥大学图书馆所藏第4004号手稿。参阅J. W. 赫里维尔，《牛顿动力学的早期研究》，载于《科学史评论》1962年第15卷，第110页。——原注

〔4〕A. R. 霍尔和M. B. 霍尔编，《艾萨克·牛顿的科学遗稿》，剑桥大学图书馆（英国剑桥：剑桥大学出版社，1962年），第114页。原文为拉丁文，写作：

"Def 5. Vis est motus et quietis causale principium. Estque vel externurn quod in aliquod corpus impressum motum ejus vet generat vel destruit, vel aliquo saltem modo mutat, vel est internum principium quo motus vel quies corpori indita conservator, et quodlibet ens in suo statu perseverare conatur & impeditum reluctatur ...

"Def 8. Inertia est vis interna corporis ne status ejus externa vi illata facile Mutetur。"——原注

定义八：惯性是物体的内部的力，使物体的状态不容易因外力而改变。[1]

1684年，牛顿在给英国皇家学会的《运动命题》（拉丁语 *Propositiones de motu*）里指出，他把那种使物体保持直线运动趋势的力称为固有之力或内在之力（拉丁语作 vim corporis, seu corpori insitam, qua id conatur perseverare in motu suo secundum lineam rectam）[2]。每一个物体，只要没有任何外在的阻碍，仅凭内在之力就能沿着直线无限运动下去（拉丁语作 corpus omne sola vi insita uniformiter secundum lineam rectam in infinitum progredi, nisi aliquid extrinsecus impediat）[3]。

《论流体中球状物体的运动》（拉丁语 *De motu sphaericorum corporum in fiuidis*）[4] 一文是晚于《运动命题》写成的（该文开篇的定义和《运动命题》的相同）。其中手稿B和手稿C里的"假说一"是这么写的："如果没有任何阻碍，仅受内在之力的物体就会永远匀速直线运动下去（拉丁语作 sola vi insita corpus uniformiter in linea recta semper pergere si nil impediat）。"但"假设二"引入了"运动或静止状态"这个术语："运动或静止状态的变化与所施加的力成正比，并沿着［这一］力所施加的直线方向。"手稿D的文本与手稿B、手稿C的相同，但把假说改为了定律：

定律一：如果没有什么阻碍，一个仅受其固有之力的物体总是匀速直线

---

〔1〕A. R. 霍尔和M. B. 霍尔编，《艾萨克·牛顿的科学遗稿》，第一部分，第1章，命题11，总释，第19页。——原注

〔2〕定义二，参阅W. W. 劳斯·鲍尔，《论牛顿的原理》（剑桥，1892年），从第35页开始。——原注

〔3〕假设二，参阅W. W. 劳斯·鲍尔，《论牛顿的原理》（剑桥，1892年），第36页。——原注

〔4〕《艾萨克·牛顿爵士的科学遗稿》，第243页开始。——原注

运动下去。

定律二：运动或静止状态的变化与所施加的力成正比，并沿着该力所施加的直线方向。[1]

最后，我认为是牛顿后来写成的《论物体的运动》（*De motu corporum*）里，具有了《自然哲学的数学原理》里的完整表述。里面说：

定义三：物质的固有之力量是一种抵抗的力量。物体凭借这种力量，无论处于静止状态还是匀速直线运动状态，都能保持状态不变。它与物体成正比，与物体的惯性没有任何区别，只是和我们所设想的不同而已。物体只有在受到外力作用时才会改变状态。抵抗力和推动力只是在它发生作用时才有所不同：抵抗力是指物体与外力相抵触，推动力是指物体竭力地去改变另一个物体的状态。此外，普通人把阻力归给静止［物体］，把阻力归给运动［物体］。但一般说来，运动和静止只是相互对照才能区别开来。

那些通常被认为是真正静止的［物体］并不是真正静止。[2]

---

〔1〕《艾萨克·牛顿的科学遗稿》，第243页。原文为拉丁文，写作：

"Lex Ⅰ: Sola vi insita corpus uniformiter in linea recta semper pergere si nil impediat.

"Lex Ⅱ: Mutationem status movendi vel quiescendiproportionalem esse vi impressae et fieri secundum lineam rectam qua vis ilia imprirnitur." ——原注

〔2〕手稿 A，《论物体的运动》，载于《艾萨克·牛顿的科学遗稿》，从第239页开始。原文为拉丁文，写作：

"3. Materiae vis insita est potentia resistendi qua corpus unumquodque quantum in se est perseverat in statu suo vel quiescendi vel movendi uniformiter in directum. Estque corpori suo proportionalis, neque differt quicquam ab inertia massae nisi in modo conceptus nostri. Exercet vero corpus hanc vim solummodo in mutatione status sui facta per vim aliam in se impressam estque Exercitium ejus Resistentia et Impetus respectu solo ab invicem distincti: Resistentia quatenus corpus reluctatur vi impressae. Impetus quatenus corpus difficulter cedendo conatur mutare statum corporis alterius. Vulgus insuper resistentiam quiescentibus & impetum moventibus tribuit: sed motus et quies ut vulgo concipiuntur respectu solo distinguuntur ab invicem: neque vere quiescunt quae vulgo tanquam quiescentia spectantur." ——原注

K 笛卡尔论无限和无定限

尽管焦拉达诺·布鲁诺说，人类智慧（不是人类的感官或想象力）完全可以把握实无限的概念[1]，但是笛卡尔不仅声称无限这一概念是肯定的，有限概念是否定的（倒过来则不对），而且声称无限的概念不仅是可把握的，而且是赋予人类心灵的最初概念。人类心灵只能通过否定无限来理解有限。因此，传统教义认为上帝观念是人类理智所不能理解的（圣托马斯·阿奎那和托马斯主义的经院哲学家拒斥了圣安瑟尔谟的证明）。而笛卡尔却与此相反，他认为上帝的观念是绝对的，也就是无限的、完美的存在（拉丁语ens infinite et infinite perfectum），是人类心灵中最初的天赋观念，甚至比"自我"这一观念还要早。事实上，如果不和无限思想（即上帝的思想）相对照的话，我都不能设想自己是有限思想！笛卡尔说：

我不能想象我仅仅通过对有限的否定来理解无限，就像我通过否定运动和光来理解静止和黑暗那样，而不是通过真实观念来理解无限。因为相反，我显然明白无限实体比有限实体有更多的实在性，所以在某种程度上，我首先有了无限观念而不是有限观念，即首先有对上帝的观念而不是对自己的观念。事实上，如果我不知道有比我更完满的完满存在者存在，而令我相形见绌的话，那我凭什么会有怀疑和希望呢，也就是说，我还缺少些什么、我还不是完满的呢？[2]

---

〔1〕《论无限宇宙和世界》［威尼斯（实际上是伦敦），1584年］；参阅D. W.辛格夫人的英文译本《论无限的宇宙和世界》，以及她的《焦拉达诺·布鲁诺的生平和思想》（纽约：阿贝拉德—舒曼出版社，1950年），第一篇对话，从第250页开始。——原注

〔2〕参阅《第一哲学沉思集》，第三卷，载于《笛卡尔全集》，第七卷，第45页。——原注

1649年4月23日，笛卡尔在给克莱尔色列的信中写道：

我用"无限"这个词，绝不仅仅是为了表示否定意义的"没有尽头"（我用"无定限"来表示），而是为了表示一种大到一切有尽头的物体都无法比拟的真实物体。我内心拥有的无限观念要先于有限观念，是因为我只依据这一观念来设想存在和存在的东西，而不论它是有限的存在还是无限的存在，我所设想的就是无限的存在。但是，为了我能设想出有限的存在，我必须从这一普遍存在观念中移去某种必然在先的东西。[1]

历史学家常常误解笛卡尔关于无限的观点，甚至认为这种观点是前后矛盾的。一方面，笛卡尔坚称无限观念具有优先性，因此，无限观念是完全有效的。他声称无穷数观念和某种物质是不矛盾的。这种物质不仅是无限可分的（这就意味着原子是不可能存在的），而且实际上被分为无限多部分。另一方面，他也坚决拒绝讨论关于连续体构成的问题，或者回答诸如无穷数是奇数还是偶数、无穷数是否比其他无穷数大还是小等问题。这是因为虽然无限是"清楚的"观念，因而是"真实的"观念，但它却不是"分明的"观念。甚至对于有限的心灵来说，它也不是"分明"的观念[2]。这是因为笛卡尔说：

我们必须仔细观察两件事：第一，我们常常坚信，上帝的能力和善良是无限的。这应该使我们明白，我们不能害怕自己把他的作品想象得太伟大、太美、太完美而陷入错误。而恰恰相反，如果我们假设上帝有我们不确定的界限，那么我们可能陷入错误中……我们必须始终留意，我们的思维能力是

---

〔1〕《笛卡尔全集》，第五卷，第356页。——原注
〔2〕《哲学原理》，第一部分，第26节，载于《笛卡尔全集》，第九卷，第36页。——原注

很平庸的，不要自以为是，不要在没有天启或起码是极为明显的自然理由的情况下，就认为宇宙有限制；因为这［意味着］，我们认为我们的思想能够想象某些超出上帝创世界限外的东西。[1]

当然，笛卡尔没有将"无限"一词应用于宇宙，除了有体系原因之外，也可能有"策略原因"。沙尼曾写信给笛卡尔，说瑞典的克里斯蒂娜女王疑惑基督教信仰和无限世界这一"假说"是否一致，笛卡尔在回信（1647年5月11日）里写道：

我记得库萨的红衣主教和其他几位博士曾认为世界是无限的，但却从未在这一问题上受到教会的谴责。相反，人们认为上帝造物的伟大，是在荣耀上帝。我的意见比起他们的意见来，并不会更难以接受。因为我不是说世界是"无限"的，而是说世界是"无定限"的。两者之间有相当明显的区别。因为要说一物是"无限"的，就必须有某种理由让人知道它是无限的，这就只能是上帝。但是说它是"无定限"的，只要没有任何理由来证明它有限度就足够了。所以，我认为人们不能证明甚至不能设想，组成世界的物质有什么界限。因为我没有任何理由去证明，甚至无法设想世界是有界限的，所以我称它为"无定限"的。但我不能否认……也许有一些界限只有上帝才知道，虽然这些界限我不能理解，所以我不能绝对地说世界是"无限"的。[2]

L 上帝与无限

众所周知，古希腊哲学传统（至少在通常情况和大多数情况下）里的无限

---

〔1〕《哲学原理》，第三部分，第1节和第2节；从第80页开始，以及第103页。——原注
〔2〕《笛卡尔全集》，第五卷，第19页。——原注

□ **气球宇宙**

　　假如宇宙是一个气球，时间维以球心为中心向四方八方辐射，三维空间的其中两维构成了"气球"的球面。宇宙膨胀，所以时间在流逝；宇宙收缩，时间就倒退。

（希腊语ἀπείρων）概念，意味着不完满、不确定和形式缺乏（缺失）。与之相反，基督教里的无限，则获得了积极的意义，表示上帝的完满，上帝的本质和存在超越了一切局限性和有限性。或者，正如圣托马斯·阿奎那所说的，这一概念应被理解为否定的和非缺乏的。因此，传统的"存在者"分为"必然物"和"偶然物"，"创造者"和"受造物"。这十分类似于把"存在者"分为"有限"和"无限"。"无限"是上帝臻于完美的特权，而"有限"则是必定不完满的受造物不可避免具有的缺陷。无限造物的观念是语词的矛盾，和"上帝是否可以造出无限的造物"这一问题通常得到否定的回答是一样的。此外，这一问题并不意味着对上帝（无限的）创造能力加以限制："不可能"不是"限制"。也就是说，上帝并不是不能创造无限的造物，而是受造物因本身性质的约束而不能维持无限性。甚至像圣托马斯·阿奎那这样的人，也承认无限多个（有限）事物有存在的可能性，也认为受造物的本体论结构和某种连续的无限并非不相容（所以世界一旦创造了出来，就可以认为能永恒存在，甚至不可能证明它在时间中创造出来，因为它从来就存在[1]）。可托马斯也没有

---

　　[1]托马斯·阿奎那，《神学大全》，第一部分，问题10，第5条，释疑四。——原注

声称受造物的实际无限性[1]，而认为它实际是有限的。然而，我们必须提到，在14世纪哲学家和逻辑学家对无限概念（无限概念的两个方面，即无限小和无限大）进行长期、深入和有趣的讨论之后，他们中有许多人超越了圣托马斯·阿奎那，甚至超越了邓斯·司各脱。

他们坚决反对亚里士多德对无限的谴责，不仅毫无保留地接受了潜无限（他们对概念作了更严格的逻辑分析后，称之为"虚词的"）概念，而且接受实无限（他们称之为"实词的"）概念。所以，例如弗朗索瓦·德梅罗纳、让·德巴索尔斯、罗伯特·霍尔科特，特别是尼古拉斯·博内和里米尼的格列高利（里米尼的格列高利是当时伟大的逻辑学家）等人，声称连续可以实际分为无限多个部分。此外，尽管不同于亚里士多德的观点，但他们认为这一无限多部分甚至可以在任何有限的运动中走完。他们还声称，上帝有可能画出一条无限长的线，等等。因此，他们得出结论说，上帝有可能创造出无限多的东西，例如造出无数块石头，甚至把它们组合成一个无限大的东西。里米尼的格列高利出色阐述了对这一"无限的"的看法，他在讨论某个问题（"上帝是否能凭借其无限能力而产生无限效果"）时认为，上帝不仅可以让无限多样物体同时存在（实无限），而且可以创造出无限大的东西，例如，无限大的物体（圣托马斯曾经否认过这点，后来的开普勒也表示否认），甚至可以把热或爱等某种形式或性质提升至无限，即无限提高它的强度，只要它是有意义的就行。[2]

---

〔1〕托马斯·阿奎那，《神学大全》，第一部分，问题7，第3条。——原注

〔2〕关于这些中世纪的讨论，参阅里米尼的格列高利的追随者让·迈尔（又名约翰内斯·马约里）写的《论无限》，新版，由贝尔·埃利翻译和注释（巴黎，1938年）；皮埃尔·迪昂，《世界体系》（巴黎，1956年），第七卷；关于无限概念的历史，参阅约纳斯·科恩，《西方思想中无限问题的历史》（莱比锡，1896年；希尔德斯海姆市，1960年），以及路易·库蒂拉的《论数学的无限》（巴黎，1896年）。——原注

□ 为纪念牛顿而种植的苹果树

剑桥大学牛物学院为纪念牛顿因苹果落地而推导出万有引力，在学院门口种植的苹果树。

很明显，这些讨论的很大一部分是关于上帝能否制造出无限多块石头或有无限多的爱（这与那些研究连续体的组成和世界的永恒性相反），是对逻辑—形而上学的训练，是在讨论纯粹的逻辑—形而上学的可能性。事实上，甚至里米尼的格列高利也没有声称，上帝实际上已经做了他所能做的一切。他只是坚称上帝可以做那件事，但他没有做。

认为上帝做了他所能做的一切，以便在世界上"阐明"他的无限复杂性（拉丁语infinitas complicata），这一想法我们只在库萨的尼古拉身上看到过。

尽管他强烈削弱了"创造"这一概念，但他从不声称受造物有无限性（任何如此确定的事物都不可能是无限的），一条无限的线不是一条线，而是无限；无限的量不是量，而是无限，等等[1]。他从不肯定世界具有无限性（笛卡尔误认为他是这样认为的），而总是称它为"无终止的"，并用它的无界限来反对上帝肯定的无限。如果焦拉达诺·布鲁诺做到了，那么尽管我们能将上帝的绝对简单的"无形无限"和宇宙的有形无限区分开来，而使无形无限

---

〔1〕参阅《论神视》，第13章。关于库萨的尼古拉，可参阅M. 德冈迪拉，《库萨的尼古拉的哲学》（巴黎：蒙泰涅出版社，1942年）。——原注

变得清晰可见，但有形无限作为原始起源的"无边无限的图像"[1]，就会成为其必不可少的附属品，而很难称为受造物[2]。

对于笛卡尔来说，他从上帝的观念来证明上帝存在（这是对圣安瑟尔谟论证的修正，邓斯·司各脱已经预见到了这个观点），明显是基于无限与存在的必然联系——上帝是存在的，并且把他的无限即他的无限完美，当作自因而存在[3]。但是，既然笛卡尔同时极力主张世界的偶然性，认为世界的存在和结构完全依赖于上帝的创造意志，那他就必须把上帝肯定的无限、绝对的无限和世界的无限性（不确定性）区分开来。肯定的无限、绝对的无限意味着统一、简单和不可分性，而世界的无限性意味着多样性、可分性和变化。所以，他这样说：

从无限实体出发，我理解了具有真实和意义且实际上是无限完满和广阔的实体。这种无限性，并不是偶然地被加在实体的概念上，而是实体具有的绝对本质，而不会受任何缺陷限制。这些缺陷就实体而言是偶然的，但无限或无限性则不是偶然的。[4]

M 运动、空间和位置

牛顿的朋友塞缪尔·克拉克在其《罗奥的自然哲学体系》里的注释里，

---

[1]《论无限宇宙和世界》[威尼斯（实际上是伦敦），1584年]；参阅D. W. 辛格夫人的英文译本《论无限的宇宙和世界》，以及她的《焦拉达诺·布鲁诺的生平和思想》（纽约：阿贝拉德—舒曼出版社，1950年），第一篇对话，第257页。——原注

[2] A. O. 洛夫乔伊，《伟大的存在之链》（马萨诸塞州剑桥市：哈佛大学出版社，1936年）；A. 柯瓦雷，《从封闭世界到无限宇宙》（巴尔的摩市：约翰·霍普金斯出版社，1957年）。——原注

[3] A. 柯瓦雷，《论笛卡尔关于上帝观念及其存在的证明》（巴黎：勒鲁出版社，1922年）。——原注

[4]《第一哲学沉思集》，第三卷，载于《笛卡尔全集》，第七卷，第40页。——原注

讨论了运动、空间和位置。他说：

运动的本性和定义，一直是哲学界争论的焦点，且令人困惑。我想，这大概是因为他们没有注意到这一歧义词的不同意思，而只是试图用一个定义来概括它的意思，而其意思本应精确地被区分为不同部分。一般而言的运动（或者说运动的效果）是物体"从一个位置转换到另一个位置"，这一点他们大多都同意。但这里的"从一个位置转换到另一个位置"意味着什么，是存在争议的，哲学家们对此有很大分歧。首先，有些人用运动物体和不同的、无限的空间相比较，而不是用运动物体和包围物体的东西相比较，以此来定义运动。这些人，可能永远不知道物体是否真的静止，也不知道那些运动物体到底运动得有多快。另外，由于整个地球都环绕着太阳公转，所以我们永远也不知道，在这个体系（所有与我们有关的物体都包含在这个体系里）的中心是静止的，还是做匀速直线运动。其次，有些人是用运动物体和其他物体以及在遥远距离处的物体相比较，而不是和无限空间来比较，以此来定义运动。这就必然使得某些物体成为测量运动的标志。而无论这一物体本身是静止的，或者相对于遥远距离的物体而运动，我们都不知道。最后，还有些人把他们认为是运动的物体和它直接接触的表面相比较，而不是和遥远物体比较，以此来定义运动。他们很难说明那些物体是否真的是静止的，因为它们和别的物体的微粒联系在一起，以极快的速度运动着，就像被空气包围着的地球一样，它是围绕着太阳公转的。相反，它们只能被说成是被移动了，它们只能用最大的力和最大的抵抗力来移动，只能勉强阻止自己和其他物体一起被带走，就像鱼在激流中前进一样。

但是，如果我们正确地区分这个歧义词的不同含义，就能让整团迷雾立刻消散。对于运动物体，我们可以从三个方面来考虑它，即把它和"无限的、不可移动的空间的部分"相比较，把它和"远处围绕着它的物体"相比较，把它和"直接接触它的表面"相比较。如果能将这三种考虑准确地区分为不同部分，那么今后关于运动的一切争论就能很容易解决。首先，我们把运动物体和"空间的部分"相比较。因为空间是无限的、不动的，且不能像物质一样发生任何改变，所以如果不考虑包含其物体，那么相对于部分空间而产生的状态变化，可以恰当地被称为"绝对而真正的固有运动"。其次，运动的物体可以和"远处物体"相比较。因为物体可以同它周围的其他物体一起移动；因此，相对于遥远物体而非近处物体而发生的

□ **牛顿塑像**

图为牛顿立体汉白玉雕像，位于今牛津大学博物馆门前。

状态变化，可以恰当地被称为"相对普通的运动"。最后，运动的事物可以和"直接接触它的表面"相比较。因为凡是这样运动的东西，很可能根本没有"绝对的"或"普通的"运动（就像一支射向西方的箭也同样会有地球向东自转的速度）。相反，在这意义上的静止物体，可能具有"绝对的"和"普通的"运动。因此，相对于那些直接接触运动物体表面而产生的状态变化，也可以称为"相对固有的运动"。

　　第一，"绝对和真正的固有运动，是物体在无限的、不可移动的空间的不同部分的运动"。这确实是唯一绝对的、固有的运动。这一运动总是由施加在运动物体上的力引发和改变的，并且只以这一方式引发和改变。所有物体通过推动来移动其他物体的真正的力，都是靠这种运动，并且它们和这种运动成正比（参阅牛顿《自然哲学的数学原理》，第一卷，定义2—8）。但当两个

物体以某种方式相互碰撞时，我们却不能找出或确定这唯一真正的运动，也无法区分出碰撞所产生的真正的运动和真正的力究竟来自何处。我们也不知道这种运动对我们而言，是运动得最快的、最慢的还是静止的。因为我们无法证明，如前所述的公共重心或整个体系的中心（我们可以足够恰当地把它定义为无限空间中的一点）是否处于静止状态。

第二，"相对普通的运动不是相对最近的物体，而是相对于一些遥远物体而产生的状态变化"。当我们说人、树和地球本身都是围绕太阳旋转时，我们指的是这种运动；当我们考虑运动的量，或考虑物体在运动中撞击任何物体而产生的力时，我们也是指这种运动。例如，当我们用手抛出一个球心为铅的重木球时，我们通常用球的快慢和含铅多少，来计算运动的量和球抛出的力。我说，我们"通常"是这样认为的，而且就力本身或它带来的任何感觉效果而言，确实如此。但如前所述，我们还不能十分肯定这种力或真正的运动究竟是存在于撞击的球体里，还是存在于被撞击的地球里。

第三，"相对固有的运动，是物体相对于和它直接接触的物体的不同部分所做的连续运动"。这就是我们一般在哲学争论中所指的运动。当我们说热、声或流体存在于运动中时，我们是在探讨特殊事物的本性。但应当特别注意，连续运动的物体要这样来理解，它是整个表面（法语写为"par tout ce qu'il a d'exterieur"）一起，相对于直接接触物体的不同部分而连续运动，就像抛出一个球，球的整个表面在空气的不同部分上滑行。当我们的手上下移动的时候，我们的手就连同它的整个表面而连续地运动起来，一边是空气的不同部分，另一边是与肢体相连的关节。

所以，克拉克先生对这一定义吹毛求疵是毫无意义的。罗奥在其《论物理学》一书第5册第5章里说："这会导致河岸和河道都和河水一样流动，因为河岸和河道远离流过的河水的程度，等于河水远离河岸和河道的其他部分的程度。"但河水的情况和河岸的情况是完全不同的。河水的整个表面，

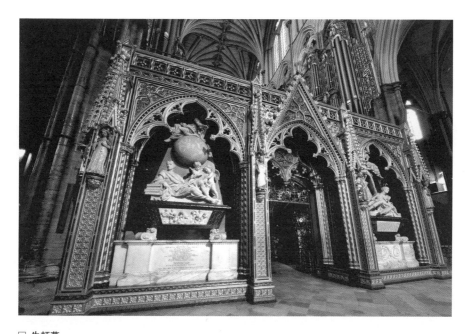

□ **牛顿墓**

　　牛顿墓地景观，位于伦敦威斯敏斯特教堂的"科学家之角"。

相对于它周围直接接触的物体的不同部位而连续运动，所以河水从周围的一些物体转移到了另一些物体上。但河岸却是部分固定在地球上，所以并没有直接被围绕它们的物体转移走。因为当我们说物体被转移时，我们的意思是它的整体被转移了。所以，一个耸立在河中央的岛屿，虽然有水从它旁边流过，但它并不移动（并不仅仅是相对运动），因为它是牢牢地固定在地球上的，并且没有被直接接触它的物体转移走。因此，在液体中能保持静止的物体是不会移动的，因为液体的各部分对它施加了同样的力。因为虽然它的表面的每一个特定部分，每时每刻都相对于它周围液体的不同部分而运动，但是它的整个表面并没有一下子从它周围各部分的凹面转移走。它仍然被认为是一个整体表面。

此外，根据对运动的这些不同定义，我们可以在不同的意义上理解"位置"这一词。因为当我们说到"真正的或绝对的运动"（或"静止"）时，我们所说的"位置"，是指"物体所占据的那部分无限的、不可移动的空间"。当我们说到"相对普通的运动"时，"位置"指的是"某一特定空间或可移动范围的一部分"。位置本身和放置在其中的东西，都是真实而适当转移了的。当我们说到"相对固有的运动"（这其实是非常不适当的）时，这里说的"位置"，是指"直接围绕着运动物体（或感觉空间）的那部分表面"[1]。

---

[1] 罗奥，《论物理学》，第一部分，第10章，第2节，第36页；塞缪尔·克拉克译《罗奥的自然哲学体系》（伦敦，1723年），第一卷，第39页，第一条注释。——原注

人名译名对照表
（按中译名拼音排序）

中译名	原名	中译名	原名
A. C. 弗雷泽	*Alexander Campbell Fraser*	艾萨克·牛顿	*Isaac Newton*
A. O. 洛夫乔伊	*Arthur Oncken Lovejoy*	爱德华·科尔内利	*Edouard Cornély*
A. 法瓦罗	*Antonio Favaro*	安德鲁·莫特	*Andrew Motte*
A. 柯瓦雷	*Alexandre koyré*	安东尼·勒格朗	*Antonii Le Grand*
A. 鲁珀特·霍尔	*Alfred Rupert Hall*	安东尼·伍德	*Anthony Wood*
A. 罗比内	*André Robinet*	奥尔登堡	*Henry Oldenburg*
A. 普拉拉德	*André Pralard*	B.罗舒	*Bernard Rochot*
阿巴思诺特	*John Arbuthnot*	巴登	*Barton*
阿贝拉德	*Abelard*	巴利亚尼	*Jean-Baptiste Baliani*
阿尔伯特·亚伯拉罕·迈克尔孙	*Albert Abraham Michelson*	柏拉图	*Plato*
阿尔康	*Alcan*	贝克莱	*George Berkeley*
阿方斯·博雷利	*Alphonse Borelli*	彼得里·伽桑狄	*Petri Gassendi*
阿方索·德萨尔维奥	*Alfonso De Salvio*	波舒哀	*Jacques-Bénigne Bossuet*
阿拉克西曼德	*Anaximander*	波伊提乌	*Anicius Manlius Severinus Boethius*
阿那克萨戈拉	*Anaxagoras*	伯纳德·科恩	*Ierome Bernard Cohen*
阿特伯里	*Francis Atterbury*	博杜安·弗雷尔	*Baudouin Frères*
埃德曼	*Edwin Arthur Burtt*	博里	*Borry*
埃德蒙·惠特克	*Edmund Whittaker*	布莱兹·帕斯卡	*Blaise Pascal*
埃尔曼	*Hermann*	布朗夏尔	*Blanchard*
埃莱娜·梅斯热	*Hélène Metzger*	布利奥	*Ismaël Bullialdus*
埃里克·阿迪克斯	*Erich Adickes*	布鲁斯特	*David W. Brewster*
艾迪生	*Joseph Addison*	布罗克豪斯	*Brockhaus*
艾蒂安·帕斯卡	*Étienne Pascal*	布瓦	*Jean-Baptiste Biot*
艾萨克·巴罗	*Isaac Barrow*	查理·蒙塔古	*Charles Montague*

续表

中译名	原名	中译名	原名
C. C. 吉利斯皮	Charles Coulston Gillispie	E. N. da C.安德拉德	Edward Neville da Costa Andrade
C. J. 格哈特	Carl Immanuel Gerhardt	E. 梅耶松	Émile Meyerson
C. 诺伊曼	Carl Neumann	法布里丘斯	Johannes Fabricius
C. 亚当	Charles Ernest Adam	法拉第	Michael Faraday
C. 伊森克拉赫	Caspar Isenkrahe	菲洛劳斯	Philolaus
查士丁	Marcus Juniaus Justins	菲韦格	Vieweg
查士丁尼	Justinian	费马	Pierre de Fermat
戴维·格雷戈里	David Gregory	丰特内勒	Bernard Le Bovier, sieur de Fontenelle
D. H. D. 罗勒	Duane Henry DuBose Roller	弗拉姆斯蒂德	John Flamsteed
D. W. 辛格	Dorothea Waley Singer	弗兰	Vrin
D. 帕特森	Louise Diehl Patterson	弗朗索瓦·德梅罗纳	François de Meyronne
但以理	Daniel	弗朗西斯·阿斯顿	Francis Aston
德博纳	Florimond de Beaune	弗朗西斯·霍克斯比	Francis Hauksbee
德迪利耶	Nicolas Fatio de Duillier	弗雷罗	Nicolas Fréret
德迈瑟克斯	Pierre des Maizeaux	弗里施	Christian Frisch
德蒙科尼	Balthasar de Monconys	弗洛里安·卡乔里	Florian Cajori
德谟克里特	Democritus	伏尔泰	Voltaire
德萨居利耶	John Theophilus Desaguliers	F. 罗森贝格尔	Ferdinand Rosenberger
邓斯·司各脱	John Duns Scotus	伽利略	Galileo Galilei
迪诺	Dunod	G. 米约	Gaston Milhaud
第谷	Tycho Brahe	哥白尼	Copernicus
第欧根尼·拉尔修	Diogenes Laërtius	格雷欣	Thomas Gresham
杜卡斯	Ducas	格里马尔迪	Francesco Maria Grimaldi
恩斯特·马赫	Ernst Mach	古斯塔夫·朗松	Gustave Lanson
E. A. 伯特	Edwin Arthur Burtt	哈得来	John Hadley
E. J. 艾顿	E. J. Aiton	哈雷	Edmund Halley

续表

中译名	原名	中译名	原名
H. G. 亚历山大	Henry Gavin Alexander	基根·保罗	Kegan Paul
H. 鲁宾逊	Henry William Robinson	基歇尔	Athanasius Kircher
哈丽雅特·艾斯库	Harriet Ayscough	吉尔伯特	William Gilbert
哈珀	Harper	加莱	Gallet
亥姆霍兹	Hermann von Helmholtz	加斯帕雷·阿塞利	Gaspare Aselli
赫恩	Thomas Hearne	焦拉达诺·布鲁诺	Giordano Bruno
赫维留	Johannes Hevelius	杰布	Jebb
亨利·戈登·盖尔	Henry Gordon Gale	金克惠森	Gerard Kinckhuyscn
亨利·格拉克	Henry Edward Guerlac	卡利普斯	Callippus of Cyzicus
亨利·克鲁	Henry Crew	K. 拉斯维茨	Kurd Lasswitz
亨利·莫尔	Henry More	卡罗琳	Wilhelmina Charlotte Caroline
亨利·彭伯顿	Henry Pemberton	卡瓦列里	Bonaventura Cavalieri
亨利·舍尔特	Henri Schelte	卡西尼	Domenico Cassini
惠更斯	Christiaan Huygens	开普勒	Johannes Kepler
惠斯顿	William Whiston	凯瑟琳·巴登	Catherine Barton
霍罗克斯	Jeremiah Horrox	凯瑟琳·沃洛普	Catherine Wallop
霍斯利	Samuel Horsley	坎农	Cannon
基尔	John Keill	康德	Immanuel Kant
J. F. 斯科特	Joseph Frederick Scott	科尔普雷斯	Samuel Colepress
J. M. 蔡尔德	James Mark Child	克拉卜特瑞	William Crabtree
J. Ph. 沃尔弗斯	Jakob Phillipp Wolfers	克拉伦登	Clarendon
J. R. 卡雷	Jean Raoul Carré	克莱尔色列	Claude Clerselier
J. W. 赫里维尔	John William Jamieson Herivel	克莱罗	Alexis Clairaut
J. 埃德斯顿	J. Edleston	克里斯蒂娜	Christina Augusta
J. 奥布里	John Aubrey	克里斯托弗·雷恩	Christopher Wren
J. 岑纳克	Jonathan Adolf Wilhelm Zenneck	孔德	Auguste Comte
J. 洛克	John Locke	孔蒂	Anthony Conti
J. 维耶曼	Jules Vuillemin	库萨的尼古拉	Nicolaus of Cusa

续表

中译名	原名	中译名	原名
拉夫逊	*Joseph Raphson*	罗伯特·波义耳	*Robert Boyle*
拉普拉斯	*Pierre-Simon Laplace*	罗伯特·胡克	*Robert Hooke*
L. 普勒南	*L. Prenant*	罗伯特·霍尔科特	*Robert Holkot*
莱昂·奥热	*Léon Auger*	罗伯特·牛顿	*Robert Newton*
莱昂·布兰斯维克	*Léon Brunschvicg*	罗伯特·史密斯	*Robert Smith*
莱布尼茨	*Gottfried Wilhelm Leibniz*	罗杰·科茨	*Roger Cotes*
赖特	*Wright*	罗默	*Ole Christensen Rømer*
劳埃德	*William Lloyd*	马蒂纳斯·奈霍夫	*Martinus Nijhoff*
劳顿	*Richard Laughton*	M. 戴维	*Michel Étienne David*
勒克莱尔	*Jean Le Clerc*	M. 德冈迪拉	*Maurice Patronnier de Gandillac*
勒鲁	*Leroux*	M.卡斯帕	*Max Caspar*
勒内·迪加	*René Dugas*	马基·德洛必达	*Marquis De L' Hopital*
勒内·笛卡尔	*René Descartes*	马修·帕里斯	*Matthew Paris*
勒帕耶	*Jacques Le Pailleur*	玛丽·博厄斯·霍尔	*Marie Boas Hall*
勒瑟尔	*Thomas Le Seur*	迈克尔·A.霍斯金	*Michael A. Hoskin*
勒西厄尔·德利耶韦斯	*le Sieur de Liergves*	迈克尔·杜卡斯	*Michael Ducas*
雷吉斯	*Pierre-Sylvain Régis*	麦克劳林	*Colin Maclaurin*
里米尼的格列高利	*Gregorius of Rimini*	麦克斯韦	*James Clerk Maxwell*
理查德·本特利	*Richard Bentley*	梅钦	*John Machin*
理查德·沃勒	*Richard Waller*	梅森	*Marin Mersenne*
利奇奥里	*Giovanni Battista Riccioli*	蒙蒂克拉	*Jean-Étienne Montucla*
留基伯	*Leucippus*	蒙泰涅	*Montaigne*
鲁比利亚克	*Louis-François Roubiliac*	米德	*Richard Mead*
路易·库蒂拉	*Louis Couturat*	米多尔热	*Claude Mydorge*
路易斯-伊曼纽尔·德瓦卢瓦	*Louis-Emmanuel de Valois*	莫佩尔蒂	*Pierre-Louis Moreau de Maupertuis*
罗贝瓦尔	*Gilles Personne de Roberval*	纳尔逊	*Nelson*
罗伯特·巴登	*Robert Barton*	N. 哈尔措克	*Nicolaas Hartsoeker*

续表

中译名	原名	中译名	原名
尼古拉斯·博内	*Nicolas Bonnet*	热纳维耶芙·刘易斯	*Geneviève Lewis*
尼古拉斯·马勒伯朗士	*Nicholas Malebranche*	萨摩斯的阿利斯塔克斯	*Aristarchus of Samos*
努马·庞皮留斯	*Numa Pompilius*	塞缪尔·克拉克	*Samuel Clarke*
欧多克斯	*Eudoxus of Cnidus*	塞姆尔·约翰逊	*Samuel Johnson*
欧文·N.希伯特	*Erwin N. Hiebert*	桑德森	*Robert Sanderson*
佩尔	*Pell*	沙尼	*Pierre Chanut*
P. 布吕内	*Pierre Brunet*	圣托马斯·阿奎那	*Saint Thomas Aquinas*
P. 米森布鲁克	*Pieter van Musschenbroek*	圣约翰	*Saint John*
P. 莫于	*Paul Mouy*	舒曼	*Schuman*
P. 塔内里	*Paul Tannery*	斯蒂尔曼·德雷克	*Stillman Drake*
皮埃尔·布特鲁	*Pierre Boutroux*	斯蒂林弗利特	*Edward Stillingfleet*
皮埃尔·迪昂	*Pierre Duhem*	斯图克利	*William Stukeley*
皮埃尔·科斯特	*Pierre Coste*	斯图米	*Samuel Sturmy*
皮卡德	*Jean Picard*	斯托里	*Storey*
皮卡尔	*Picart*	苏西特	*Soueiet*
珀蒂	*Petit*	索普	*Thorpe*
普拉闵	*Thomas Plume*	泰奥菲勒·博内	*Theophile Bonet*
齐扎特	*Johann Baptist Cysat*	泰勒	*Taylor*
乔治·勒默尔	*George Remeurs*	汤利	*Townley*
乔治一世	*George I.*	托勒密	*Ptolemy*
切恩	*George Cheyne*	托里拆利	*Evangelista Torricelli*
切泽尔登	*William Cheselden*	托马斯·伯奇	*Thomas Birch*
让·德巴索尔斯	*Jean de Bassols*	托内拉	*Marie-Antoinette Tonnelat*
让·迈尔	*Jean Mair*	瓦里尼翁	*Pierre Varignon*
R. S. 韦斯特福尔	*Richard Sam Westfall*	瓦伦廷·斯坦塞尔	*Valentin Stansel*
R. T. 冈瑟	*Robert Theodore Gunther*	W. J.'s 赫拉弗桑德	*Willem Jacob's Gravesande*
让·佩兰	*Jean Perrin*	W. W. 劳斯·鲍尔	*Walter William Rouse Ball*

续表

中译名	原名	中译名	原名
W. 亚当斯	*Walter Sydney Adams*	伊夫琳·沃克	*Evelyn Walker*
威廉·赫舍尔	*William Herschel*	于贝尔·埃利	*Hubert Elie*
威廉·克拉克	*William Clark*	约布斯·洛纳	*Johannes A. Lohne*
文德林	*Vendelin*	约翰·伯努利	*John Bernouilli*
文森特	*Vincent*	约翰·格里夫斯	*John Greaves*
西蒙·马里乌斯	*Simon Marius*	约翰·赫里韦尔	*John Herivel*
西米恩	*Symeon of Durham*	约翰·康迪特	*John Conduit*
喜帕恰斯	*Hipparchus*	约翰·柯林斯	*John Collins*
夏尔·亨利	*Charles Henry*	约翰·科尔森	*John Colson*
夏特莱	*Émilie du Châtelet*	约翰·克拉克	*John Clarke*
谢·奥拉斯·布瓦萨	*Chez Horace Boissat*	约翰·米勒	*Johann Müller*
雅各布·贝门	*Jacob Behmen*	约翰·沃利斯	*John Wallis*
雅基耶	*Francois Jacquier*	约翰斯·霍普金斯	*Johns Hopkins*
雅克·罗奥	*Jacques Rohault*	约纳斯·科恩	*Jonas Cohn*
亚伯拉罕·德拉普莱姆	*Abraham De La Pryme*	詹姆斯·艾斯库	*James Ayscough*
亚里士多德	*Aristotle*	詹姆斯·格雷戈里	*James Gregory*
亚历山大的帕普斯	*Pappus of Alexandria*	詹姆斯·纳普顿	*James Knapton*
伊壁鸠鲁	*Epicurus*	詹姆斯二世	*James Ⅱ.*

续